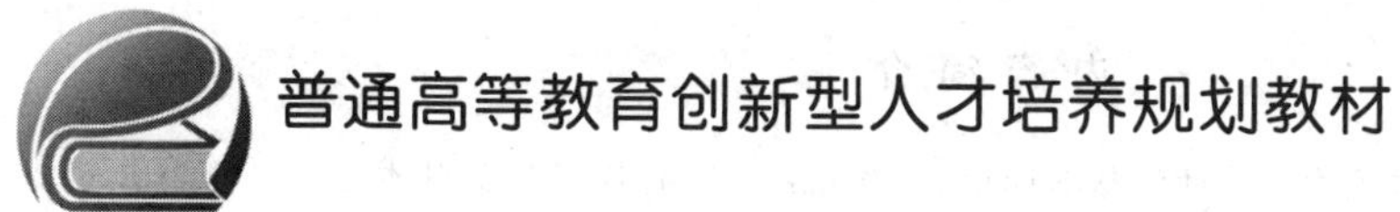

普通高等教育创新型人才培养规划教材

面向对象程序设计与VC程序设计入门

(第3版)

主　编　余祖龙　江少锋
副主编　王　玉　刘　波

北京航空航天大学出版社

内容简介

本教材系统地介绍了面向对象程序设计的基本理论和 Visual C++程序设计的基本方法。全书分 C++和 VC 两大部分，共 15 章。内容包括：C++概述，C++语言基础，C++基本控制结构，函数，类与对象，数组与指针，继承与派生，多态性，Visual C++ 6.0 集成开发环境，基于文档/视图的程序设计，菜单、工具栏、状态栏和快捷键，基于对话框的程序设计，定时器及其应用，Windows 标准控件，设备上下文与图形设备接口。

本书可作为高等学校相关课程的教材或参考书，也可作为 C++和 Visual C++的学习者自学或培训教材。

图书在版编目(CIP)数据

面向对象程序设计与 VC 程序设计入门 / 余祖龙，江少锋主编. -- 3 版. -- 北京 ：北京航空航天大学出版社，2018.8

ISBN 978-7-5124-2757-0

Ⅰ. ①面… Ⅱ. ①余… ②江… Ⅲ. ①C++语言－程序设计 Ⅳ. ①TP312.8

中国版本图书馆 CIP 数据核字(2018)第 164672 号

面向对象程序设计与 VC 程序设计入门(第 3 版)

主　编　余祖龙　江少锋

副主编　王　玉　刘　波

责任编辑　金友泉

*

北京航空航天大学出版社出版发行

北京市海淀区学院路 37 号(100191)　发行部电话：(010)82317024　传真：(010)82328026

http://www.buaapress.com.cn　E-mail:goodtextbook@126.com

保定市中画美凯印刷有限公司印装　各地书店经销

*

开本：787 mm×1 092 mm　1/16　印张：16.75　字数：429 千字

2018 年 8 月第 3 版　2018 年 8 月第 1 次印刷　印数：3 000 册

ISBN 978-7-5124-2757-0　定价：45.00 元

前　言

从20世纪60年代提出面向对象概念至今，面向对象技术已发展成为一种比较成熟的编程思想，并且逐步成为目前软件开发领域的主流技术。这种技术从根本上改变了人们以往设计软件的思维方式，它集抽象、封装、继承和多态于一体，实现了代码重用和代码扩充，极大地减少了软件开发的复杂性，提高了软件开发的效率。

目前，很多理工科院校都开设了"面向对象程序设计"课程，主要讲解C++的基本理论知识，而对VC部分通常不作介绍。学生在学习了C++的理论知识后，由于没有合适的开发平台让他们把所学的理论知识应用到实际的软件设计中去，从而很难具备工程软件设计能力。但是，当前的用人单位对学生工程软件的设计能力有较高的要求，通常需要他们具备用VC++开发工程软件的能力。因此，教学环节与人才的培养及用人单位的实际需求严重脱钩。针对存在的问题，根据实际需求，编者编写了本书，把面向对象程序设计的基本理论知识和Visual C++程序设计的基本方法有机地结合起来，以符合人才培养及社会发展的需求。

本书的编写宗旨与特色表现在以下几个方面：

1. 重点突出，理论联系实践。在对比十几本C++和Visual C++教材内容的基础上，在编写本书时选取了C++精髓部分，做到重点突出，结合VC，使C++的理论知识能够迅速应用到VC程序的开发中，并将所学的理论知识用于VC程序设计中，做到理论紧密联系实践。

2. 实例程序的趣味性。选取了大量耳熟能详的小游戏设计程序作为实例，如石头剪刀布、猜数字等，使读者在学习程序设计的过程中充分体会到编程带来的乐趣，寓学于乐，提高学习的效率和效果。

3. 内容选取上的创新性。根据程序设计的实际需要，在第2章加入了随机数知识的讲解，并在第13章介绍了定时器及其应用。

4. 代码的准确性。书中所有的例题源代码都在Visual C++ 6.0上调试通过，以确保程序代码准确无误。

本书分为两大部分：一是C++部分，内容包括C++概述，C++语言基础，C++基本控制结构，函数，类与对象，数组与指针，继承与派生，多态性；二是VC部分，内容包括Visual C++集成开发环境，基于文档/视图的程序设计，菜单、工具栏、状态栏和快捷键，基于对话框的程序设计，定时器，Windows标准控件，设备上下文与图形设备接口。

为了与书中程序对应及保证全书体例上的统一，本书中的符号全部采用正体书写。

本书由余祖龙、江少锋、王玉、刘波共同编写。余祖龙负责编写第1,9～15章,江少锋博士负责编写第2～6章,王玉老师负责编写7章,刘波博士负责编写第8章,全书由余祖龙统一修改、整理和定稿。

感谢我的学生马继鹏、周慧、苏成臣、宋红林、王超、陈波、劳万利和蒋空空,他们为本书的编写做了大量的文字输入与校对工作。

感谢为本书出版付出辛勤劳动的北京航空航天大学出版社的工作人员。

由于编者水平有限,书中的错误与疏漏之处,恳请读者批评指正。在使用本书时如遇到什么问题需要与作者交流,或想索取本书例题的源代码与电子讲稿,请与作者联系。联系方式:yuzulong1979@126.com。

本书配有教学课件,授课教师可发邮件至goodtextbook@126.com或者致电010-82317037申请索取,非常感谢您对北京航空航天大学出版社的关注与支持。

编　者

2018年4月

目　　录

第 1 章　C ++概述

1.1　C ++的产生

众所周知,C 语言是面向过程的结构化程序设计语言。在进行较小规模的程序设计时,设计者用 C 语言较为得心应手。但是,当问题比较复杂、程序的规模比较大时,特别是进行大型软件设计时,结构化程序设计方法就显现出它的不足,具体表现在数据的封装差和代码的重用性差等。

为了解决软件设计存在的问题,美国 AT&T(贝尔实验室)的 Bjarne Stroustrup 博士在 20 世纪 80 年代初期发明并实现了 C ++(最初这种语言被称为 C with Classes)。一开始,C ++是作为 C 语言的增强版出现的,从给 C 语言增加类开始,不断地增加新特性。虚函数(virtual function)、运算符重载(operator overloading)、多重继承(multiple inheritance)、模板(template)、异常(exception)、命名空间(namespace)逐渐被加入标准。1998 年,国际标准组织(ISO)颁布了 C ++程序设计语言的国际标准 ISO/IEC 14882—1998。C ++是具有国际标准的编程语言,通常称为 ANSI/ISO C ++。1998 年是 C ++标准委员会成立的第一年,以后每 5 年视实际需要更新一次标准。

C ++是由 C 语言发展而来的,与 C 语言兼容。用 C 语言编写的程序基本上可以不加修改地用于 C ++。从 C ++的名字可以看出它是 C 的超集。C ++既可用于面向过程的结构化程序设计,也可用于面向对象的程序设计,是一种功能强大的混合型程序设计语言。

目前,C ++越来越受到重视并已得到了广泛采用,许多软件公司为 C ++设计编译系统,提供不同应用级别的类库和越来越方便的开发环境,如 Microsoft 公司的 Visual C ++ 6.0 及以上版本、Borland 公司的 Borland C ++ 5.02,以及自由软件 GCC 等。

1.2　计算机程序语言的发展

1.2.1　程序和程序语言

程序是计算机处理对象和计算规则的描述。程序设计语言用来描述计算机事物处理过程、便于计算机执行的规范化语言。语言的基础是一组记号和规则,根据规则由记号构成记号串的总体就是语言。

人类自然语言是人们进行交流和表达思想的工具。那么,人与计算机如何进行“交流”呢?为此,就产生了计算机语言,其功能是人用计算机语言编写一系列动作,计算机能够“理解”这些动作,并按照指定的动作去执行。正是这种相同点,所以计算机语言和自然语言都称为“语言”。

自然由于其历史性和文化性,除了其语法外,还包含复杂的语义和语境,所以,人们也能理解很多不完全符合语法的语句。但计算机语言是由人发明的,它主要是用语法来表达人的思想,因而在编写程序时要严格遵守语法规则。

如同人类有很多种语言一样,计算机语言也有很多种。按照计算机历史的发展有如下几类:

1. 机器语言

它是面向机器的,是特定计算机系统所固有的语言。用机器语言进行程序设计,需要对机器结构有较多的了解。用机器语言编写的程序可读性差,程序难以修改和维护。

2. 汇编语言

为了提高程序设计效率,人们考虑用有助记忆的符号来表示机器指令中操作码和运算数,例如用 ADD 表示加法,SUB 表示减法等。相对于机器语言而言,用汇编语言编写程序的难度有所降低,程序的可读性有所提高,但仍与人类的思维相差甚远。

3. 高级语言

汇编语言和计算机语言十分接近,它的书写格式在很大程度上取决于特定计算机的机器指令,这对于人们抽象思维和交流十分不便。高级语言指的是像 FORTRAN、C、Pascal 和 Basic 等与具体机器无关的语言。有了高级语言,程序设计者不需要了解机器的内部结构,只要按照计算机语言的语法编写程序即可。

1.2.2 结构化程序设计

出现高级语言之后,如何用它来编写较大的程序呢?人们把程序看成是处理数据的一系列过程。过程或函数定义为一个接一个顺序执行的一组指令。数据与程序分开存储,程序设计的主要技巧在于追踪哪些函数和调用哪些函数,以及哪些数据发生了变化。为此,结构化程序设计应运而生。

结构化程序设计的主要思想是功能分解并逐步求精。也就是说,当要设计某个目标系统时,先从代表目标系统整体功能的单个处理着手,自顶向下不断地把复杂的处理分解为子处理,这样一层一层地分解下去,直到仅剩下若干个容易处理的子项目为止。当所分解出的子项目已经十分简单,其功能显而易见时,就停止这种分解过程,对每个这样的子项目程序加以实现。

结构化程序设计仍然存在诸多问题:生产率低下,软件代码重用程度低,软件维护复杂,等等。针对结构化程序设计的缺点,提出了面向对象的程序设计方法。

1.2.3 面向对象的程序设计

面向对象程序设计的本质是把数据和处理数据的过程当成一个整体,即对象。

一般认为,面向对象语言至少包含下面一些概念。

1. 类

把众多的事物归纳、划分成一些类,把具有共性的事物划分为一类,得出一个抽象的概念,是人类认识世界经常采用的思维方法。类是面向对象语言必须提供的用户定义的数据类型,它将具有相同状态、操作和访问机制的多个对象抽象成为一个对象类。在定义了类以后,属于这种类的一个对象称为类的实例或对象。一个类的定义应包括类名、类的说明和类的实现。

2. 对　象

对象是人们要进行研究的任何实际存在的事物,它具有状态(用数据来描述)和操作(用来改变对象的状态)。面向对象语言把状态和操作封装于对象体之中,并提供一种访问机制,使对象的“私有数据”仅能由这个对象的操作来执行。用户只能通过向允许公开的操作提出要求，才能查询和修改对象的状态。这样，对象状态的具体表示和实现都是隐蔽的。

3. 继　承

继承是面向对象语言的另一个必备要素。类与类之间可以组成继承层次，一个类的定义(称为子类)可以定义在另一个定义类(称为父类)的基础上。子类可以继承父类中的属性和操作，也可以定义自己的属性和操作，从而使在内部表示上有差异的对象可以共享与它们结构有共同部分的相关操作，达到代码重用的目的。

4. 多态性

多态性是指同样的消息被不同类型的对象接收时导致完全不同的行为。多态具有可替换性、可扩充性、灵活性以及简化性等特点，这也是面向对象程序设计和结构化程序设计的一个主要区别之一。

面向对象程序设计的主要优点如下：

(1) 与人类习惯的思维方式一致

结构化程序设计是面向过程的，以算法为核心，把数据和过程作为相互独立的部分。面向对象程序设计以对象为中心。对象是一个统一体，是由描述内部状态表示静态属性的数据以及可以对这些数据施加的操作封装在一起所构成的。面向对象设计方法是对问题域的模拟，模拟客观世界。

(2) 代码重用性好

面向对象的软件技术在利用可重用的软件成分构造新的软件系统时有很大的灵活性。有两种方法可以重复使用一个对象类：一种方法是创建该类的实例，从而直接使用它；另一种方法是从它派生出一个满足当前需要的新类。继承性机制使得子类不仅可以重用其父类的数据结构和程序代码，而且可以在父类代码的基础上方便地修改和扩充，这种修改并不影响对原有类的使用。人们可以像使用集成电路(IC)构造计算机硬件那样，比较方便地重用对象类来构造软件系统。

(3) 可维护性强

类是理想的模块机制，它的独立性好，修改一个类通常很少会牵扯到其他类。如果仅修改一个类的内部实现部分(私有数据成员或成员函数的算法)，而不修改该类的对外接口，则可以完全不影响软件的其他部分。面向对象软件技术特有的继承机制，使得对软件的修改和扩充比较容易实现，通常只要从已有类派生出一些新类，无须修改软件原有成分。面向对象软件技术的多态性机制，使得扩充软件时对原有代码所需作的修改进一步减少，需要增加的新代码也比较少。所以，面向对象方法设计的程序具有很好的可维护性。

正因为面向对象程序设计有众多的优点，所以，今天程序设计方法逐步由结构化程序设计发展为面向对象程序设计。

1.3　C++语言的特点

C++语言的主要特点表现在以下两个方面：

- 与 C 语言有较好的兼容性；
- 支持面向对象的方法。

由于 C ++是一个很好的 C 语言,它保持了 C 的简洁、高效和接近汇编语言等特点,对 C 的类型系统进行了改革和扩充,因此 C ++比 C 更安全,C ++的编译系统能检查出更多的类型错误。

由于 C ++与 C 保持兼容,从而使许多 C 代码不经修改即可为 C ++所用,用 C 编写的众多的库函数和实用软件也可以用于 C ++中。另外,由于 C 语言已被广泛使用,因而极大地促进了 C ++的普及和面向对象技术的广泛应用。也正是由于对 C 的兼容而使 C ++既支持面向过程的程序设计,又支持面向对象的程序设计。虽然与 C 的兼容使得 C ++具有双重特点,但它在概念上仍是和 C 语言完全不同的语言。因此,在程序设计的时候,应该注意按照面向对象的思维方式去编写程序。

如果读者已经有其他面向过程高级语言的编程经验,那么学习 C ++语言时应该着重学习它的面向对象的特征,对于与 C 语言兼容的部分只要了解一下就可以了。C 语言与其他面向过程的高级语言在程序设计方法上是类似的。

1.4 简单的 C ++程序

为了使读者对 C ++程序有一个基本的认识,下面首先介绍一个简单的 C ++程序。

例 1.1 在屏幕上输出字符“hello world!”。

程序如下:

```
#include <iostream>
using namespace std;  //使用标准命名空间
int main( )
{
cout << "hello world!" << endl;
return 0;
}
```

程序运行结果:

```
hello world!
```

程序说明:

① 在 C ++程序中,一般在主函数 main 前面加一个类型声明符 int,表示 main 函数的返回值为整型(标准 C ++规定 main 函数必须声明为 int 型,即此主函数带回一个整型的函数值)。“return 0;”的作用是向操作系统返回 0,如果程序不能正常执行,则会自动向操作系统返回一个非零值,一般为-1。

② 在 C ++程序中,可以使用 C 语言中的“/ * …… * /”形式的注释行,还可以使用以“//”开头的注释。从例 1.1 可以看到:以“//”开头的注释可以不单独占一行,它可以出现在一行中的语句之后。编译系统将“//”以后到本行末尾的所有字符都视为注释。应注意:它是单行注释,不能跨行。这种注释方法比较灵活方便,程序设计人员大多愿意用这种注释方法。

③ 在 C ++程序中,一般用 cout 进行输出。cout 是 C ++系统定义的对象名,称为输出流对象。对象和输出流对象的概念将在后面介绍。为了便于理解,把用 cout 和“ << ”实现输

出的语句简称为 cout 语句。“ << ”是“插入运算符”，与 cout 配合使用，在本例中，它的作用是将运算符“ << ”右侧双撇号内的字符串“hello world!”插入到输出流，C ++系统将输出流 cout 的内容输出到系统指定的设备(一般为显示器)中。除了可以用 cout 进行输出外，在 C ++程序中还可以用 printf 函数进行输出。

④ 使用 cout 需要用到头文件 iostream。程序的第一行＃include 〈iostream〉是一个预处理命令。文件 iostream 的内容是提供输入或输出时所需要的一些信息，从它的形式就可以知道它代表输入或输出流的意思。由于这类文件都放在程序单元的开头，所以称为头文件(head file)。

注　意　在 C 语言中所有的头文件都带后缀. h(如 stdio. h)，而按 C ++标准要求，由系统提供的头文件不带后缀. h，用户自己编制的头文件可以有后缀. h。在 C ++程序中也可以使用 C 语言编译系统提供的带后缀. h 的头文件，如“＃include 〈math. h〉”。

⑤ 程序中“using namespace std;”的意思是使用命名空间 std。C ++标准库中的类和函数是在命名空间 std 中声明的，因此程序中如果需要使用 C ++标准库中的有关内容(此时需要用＃include 命令行)，就需要用“using namespace std;”语句作声明表示要用到命名空间 std 中的内容。命名空间的概念暂可不必深究，只需知道：如果程序有输入或输出时，必须使用＃include 〈iostream〉以提供必要的信息，同时要用“using namespace std;”语句使程序能够使用这些信息，否则程序编译时将出错。本书中几乎所有的 C ++程序的开头都包含此两行。

1.5　C++程序开发

1.5.1　C++程序开发过程

程序的开发通常要经过编辑、编译、链接、运行调试这几个步骤。编辑是将源程序输入计算机中，生成后缀为. cpp 的磁盘文件。编译是将程序的源代码转换为机器语言代码。但是，编译后的程序还不能由计算机执行，还需要链接。链接是将多个目标文件以及库中的某些文件连在一起，生成一个后缀为. exe 的可执行文件。最后，还要对程序进行运行、调试。

在编译和链接时，都会对程序中的错误进行检查，并将查出的错误显示在屏幕上。编译阶段查出的错误是语法错误，链接时查出的错误称为链接错误。只有将错误修改正确才能最终运行正确的可执行程序。

1.5.2　C++程序开发环境

C ++程序的开发编译环境有很多，如 Borland 公司开发的 Turbo C ++ 3.0 等，不过最方便、应用最广泛的还是微软公司的 Visual C ++集成开发环境，本书所有的程序都是在 Visual C ++ 6.0(简称 VC 6.0)中设计并调试完成的。

以例 1.1 为例，下面介绍如何在 VC 6.0 环境下开发和运行 C ++程序。

当启动 VC 6.0 以后，可以看到如图 1 - 1 所示的 VC 6.0 集成开发环境窗口。

选择菜单命令 File | New，出现如图 1 - 2 所示的 New 对话框，单击 Projects 标签，在该选项卡中选择 Win32 Console Application(Win32 控制台应用程序)，在 Location 列表框中选择存放的路径，可以单击其右侧的浏览按钮“…”来对默认的存放路径进行修改，在 Project name (项目名称)文本框中为项目输入一个名字 Mycpp，然后单击 OK 按钮。

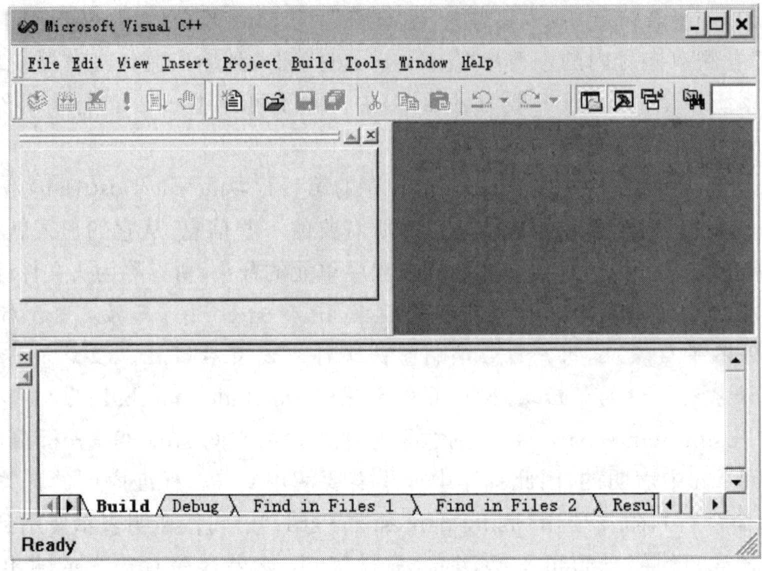

图 1-1 VC 6.0 开发环境窗口

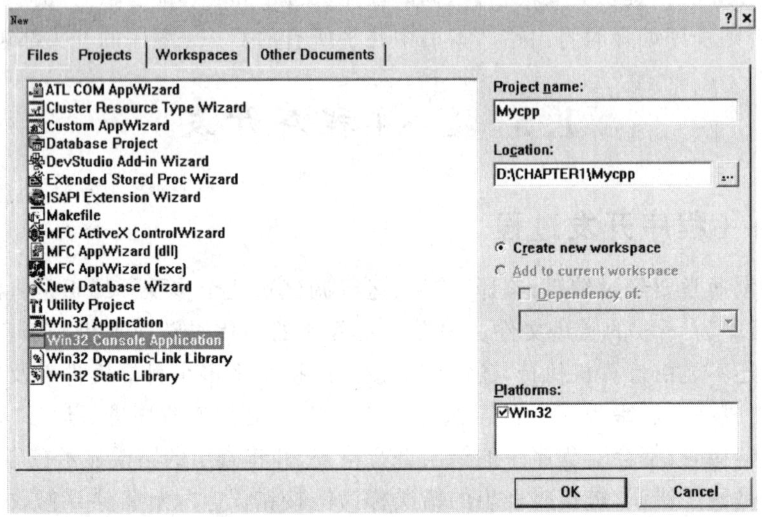

图 1-2 New 对话框

在弹出的 Win32 Console Application - Step 1 of 1 对话框中选择 An empty project 选项，如图 1-3 所示。然后单击 Finish 按钮，弹出如图 1-4 所示的 New Project Information 对话框，单击 OK 按钮，完成项目的建立。

选择菜单命令 Project|Add to Project|New，在弹出的 New 对话框中的 Files 选项卡中选择 C++ Source File，并在 File 文本框中输入文件名称 cpp1，如图 1-5 所示。

单击图 1-5 中的 OK 按钮，出现程序编辑区，如图 1-6 所示。光标在程序编辑区闪烁，提示用户在此处输入程序代码。

代码编辑完毕，按 F7 快捷键，或者选择菜单命令 Build|Build Mycpp.exe，或单击工具栏上的工具按钮，进行编译、链接，将会在输出区显示程序的编译和链接报告，如图 1-7 所示。

如果程序有错误，则屏幕下方的输出区就会显示错误信息，根据这些错误信息对源程序进行修改后，重新进行编译、链接，生成可执行程序。

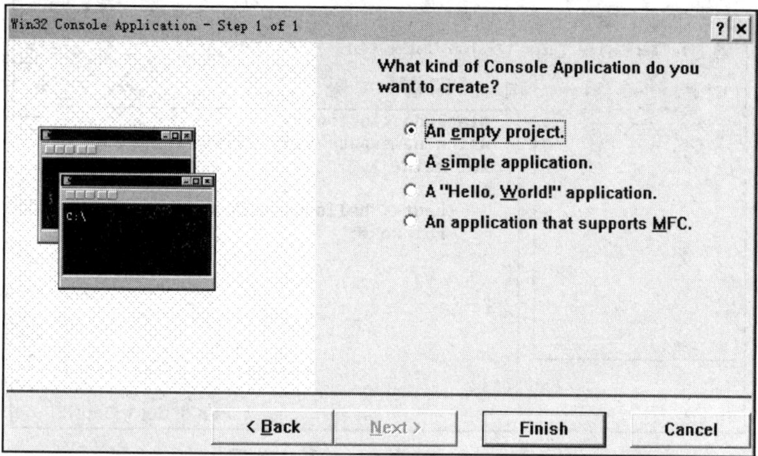

图 1-3　Win32 Console Application - Step 1 of 1 对话框

New Project Information
Win32 Console Application will create a new skeleton project with the following specifications:
+ Empty console application.
+ No files will be created or added to the project.
Project Directory:
D:\CHAPTER1\Mycpp
OK
Cancel

图 1-4　New Project Information 对话框

New
Files | Projects | Other Documents
Active Server Page
Binary File
Bitmap File
C/C++ Header File
C++ Source File
Cursor File
HTML Page
Icon File
Macro File
Resource Script
Resource Template
SQL Script File
Text File
Add to project:
Mycpp
File
cpp1
Location:
D:\CHAPTER1\Mycpp
OK
Cancel

图 1-5　为工程项目添加 C++源文件

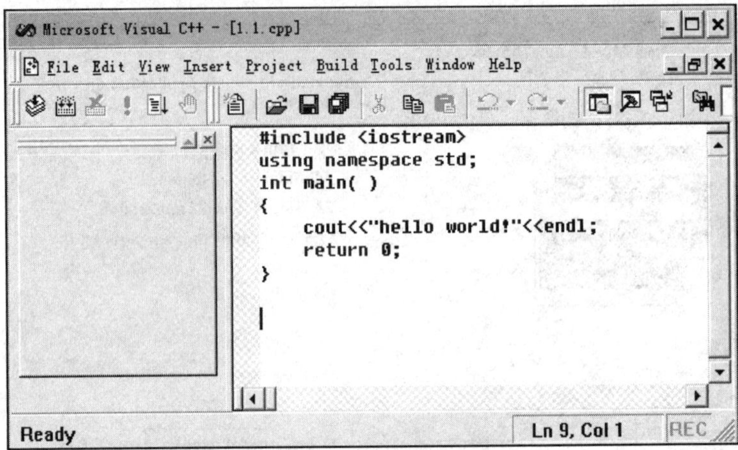

图 1－6　编辑 C＋＋程序代码

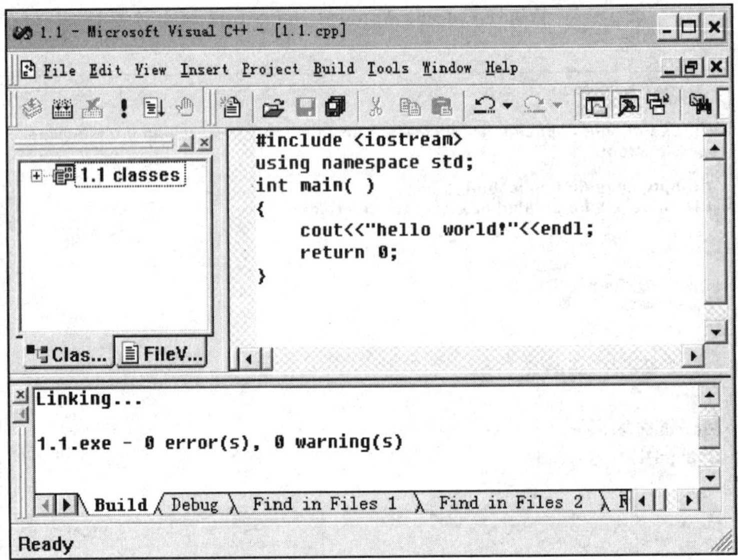

图 1－7　编译、链接结果显示

按组合键 Ctrl＋F5，或选择菜单命令 Build|Execute Mycpp.exe，或单击工具栏上的!工具按钮，运行程序，则在屏幕上弹出如图 1－8 所示的可执行程序运行窗口。

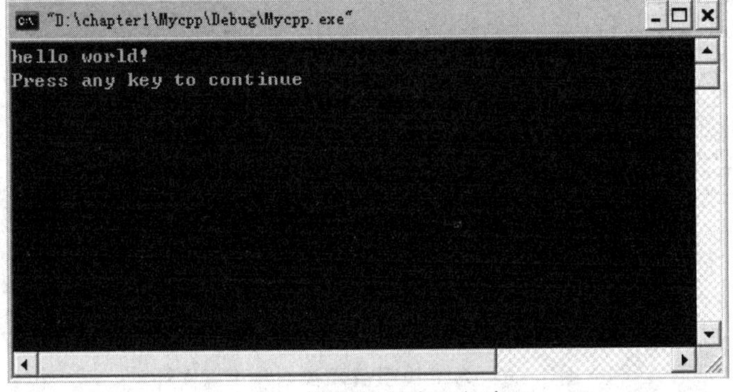

图 1－8　可执行程序运行窗口

第 2 章　C ++语言基础

2.1　基本数据类型

C ++的基本数据类型如表 2-1 所列。

表 2-1　C ++的基本数据类型

类型名	长度/字节	取值范围
bool	1	false，true
char(signed char)	1	−128～127
unsigned char	1	0～255
short(signed short)	2	−32 768～32 767
unsigned short	2	0～65 535
int(signed int)	4	−2 147 483 648～2 147 483 647
unsigned int	4	0～4 294 967 295
long(signed long)	4	−2 147 483 648～2 147 483 647
unsigned long	4	0～4 294 967 295
float	4	3.4×10^{-38}～3.4×10^{38}(绝对值精度)
double	8	1.7×10^{-308}～1.7×10^{308}(绝对值精度)
long double	8	1.7×10^{-308}～1.7×10^{308}(绝对值精度)

注：此表的字节长度是 16 位系统的结果，在 32 位系统中，int unsigned int 的字节长度都是 4 字节。

从表 2-1 中可以看到，C ++的基本数据类型有 bool(布尔型)、char(字符型)、int(整型)、float(浮点型，表示实数)和 double(双精度浮点型，简称双精度型)等。除了 bool 型外，主要有两大类：整数和浮点数。因为 char 型从本质上说是整数类型，它的长度为 1 字节的整数，通常用来存放字符的 ASCII 码。其中关键字 signed 和 unsigned，以及关键字 short 和 long 被称为修饰符。

用 short 修饰 int 时，short int 表示短整型，占 2 字节。此时 int 可以省略，因此表 2-1 中列出的是 short 型而不是 short int 型。long 可以用来修饰 int 和 double。用 long 修饰 int 时，long int 表示长整型，占 4 字节，同样，此时也可以省略。

signed 和 unsigned 可以用来修饰 char 型和 int 型(包括 long int)，signed 表示有符号数，unsigned 表示无符号数。有符号整数在计算机内是以二进制补码形式存储的，其最高位为符号位，“0”表示“正”，“1”表示“负”。无符号整数只能是正数，在计算机内是以绝对值形式存放的。char 型和 int 型(包括 long int)在默认(不加修饰)情况下是有符号(signed)的。

bool 型(布尔型，也称逻辑型)数据的趋势只能是 false(假)和 true(真)。在 VC ++ 6.0

编译环境中 bool 型数据占 1 字节。

程序所处理的数据不仅分为不同的类型,而且每种类型的数据还有常量与变量之分。下面将详细介绍各种基本数据类型的数据。

2.2 常　量

所谓常量是指在程序运行的整个过程中其值始终不可改变的量,也就是直接使用符号(文字)表示的值。例如,12,3.5,'A'都是常量。

1. 整型常量

整型常量即以文字形式出现的整数,包括正整数、负整数和零。整型常量的表现形式有十进制、八进制和十六进制。

十进制整型变量的一般形式与数学中所熟知的表示形式是一样的:

[±]若干个 0～9 的数字

即符号加若干个 0～9 的数字,但数字部分不能以 0 开头,正数前边的正号可以省略。

八进制整型常量的数字部分要以数字 0 开头,一般形式为:

[±] 若干个 0～7 的数字

十六进制整型常量的数字部分要以数字 0x 开头,一般形式为:

[±]0x 若干个 0～9 的数字及 A～F 的字母(大小写均可)

整型常量可以用后缀字母 L(或 l)表示长整型,后缀字母 U(或 u)表示无符号型,也可同时用后缀 L 和 U(大小写无关)。

2. 实型常量

实型常量即以文字形式出现的实数,实数有一般形式和指数形式两种表现形式。

一般形式,例如,12.5,－12.5 等。

指数形式,例如,0.345E＋2 表示 0.345×10^{2},－34.4E－3 表示 -34.4×10^{3},其中字母 E 可以大写或小写。当以指数形式表示一个实数时,整数部分和小数部分可以省略其一,但不能都省略。例如,.123E－1,12.E2 都是正确的,但不能写成 E－3 这种形式。

实型常量默认值为 double 型,如果后缀是 F(或 f),可以使其成为 float 型,例如 11.5f。

3. 字符常量

字符常量是单引号括起来的一个字符,如'a''D''?''$'等。

另外,还有一些字符是不可显示字符,也无法通过键盘输入,例如响铃、换行、制表符、回车等。这样的字符常量该如何写到程序中呢? C＋＋提供了一种称为转义字符的表示方式来表示这些字符。表 2－2 列出了 C＋＋预定义的转义字符及其含义。

无论是不可显示字符还是一般字符,都可以用十六进制或八进制 ASCII 码来表示,表示形式如下:

\nnn　　　八进制形式

\xnnn　　　十六进制形式

其中,nnn 表示 3 为八进制或十六进制数。例如,'a'的十六进制 ASCII 码是 61,于是'a'也可以表示为'\x61'。

由于单引号是字符的界限符,所以单引号本身就要用转移序列表示为'\'。

表 2-2　C++预定义的转义字符及其含义

字符常量形式	ASCII 码(十六进制)	含　义
\a	07	响铃
\n	0A	换行
\t	09	水平制表符
\v	0B	竖直制表符
\b	08	退格
\r	0D	回车
\\	5C	字符"\"
\"	22	双引号
\'	27	单引号

字符数据在内存中以 ASCII 码的形式存储,每个字符占 1 字节,使用 7 个二进制位。

4. 字符串常量

字符串常量简称字符串,是用一对双引号括起来的字符序列,例如"abcd""China""This is a string."都是字符串常量。由于双引号是字符串的界限符,所以字符串中间的双引号就要用转义序列来表示。例如,"Please enter \"Yes\" or \"No\""表示的是下列文字:

```
Please enter "Yes" or "No"
```

字符串与字符是不同的,它在内存中的存放形式是:按串中字符的排列次序顺序存放,每个字符占 1 字节,并在末尾添加'\0'作为结尾标记。

5. 布尔常量

布尔常量只有两个:false(假)和 true(真)。

2.3　变　量

在程序的执行过程中其值可以变化的量称为变量,变量是需要用名字来标识的。

2.3.1　变量的声明和定义

就像常量具有各种类型一样,变量也具有相应的类型。变量在使用之前需要首先声明其类型和名称。在同一条语句中可以声明同一类型的多个变量,变量声明语句的形式如下:

数据类型　变量 1,变量 2,…,变量 n;

例如,下列两条语句声明了 2 个 int 型变量和 3 个 float 型变量:

```
int num,total;
float v,r,h;
```

声明一个变量只是将变量名称的有关信息通知编译器,但是声明并不一定引起内存的分配。而定义一个变量意味着给变量分配内存空间,用于存放对应类型的数据,变量名就是对相应内存单元的标识。在 C++程序中,大多数情况下变量声明就是变量定义,声明变量的同时也就完成了变量的定义,只有声明外部变量时例外。在定义一个变量的同时,也可以给它赋以初值,而这实质上就是给对应的内存单元赋值。例如:

```
int i = 1;
double a = 3.14;
char a = 'a';
```

在定义变量的同时赋初值还有另外一种形式,例如:

```
int a(1);     //相当于 int a = 1;
```

C++允许将变量的声明放在程序的任何位置,但必须在使用该变量之前。

2.3.2 变量的存储类型

变量除了具有数据类型外,还具有存储类型。变量的存储类型决定了其存储方式:

- auto 存储类型 采用堆栈方式分配内存空间,属于暂时性存储,其存储空间可以被若干变量多次覆盖使用。
- register 存储类型 存放在通用寄存器中。
- extern 存储类型 在所有函数和程序段中都可以引用。
- static 存储类型 在内存中是以固定地址存放的,在整个程序运行期间都有效。

2.3.3 变量的作用域、可见性和生存期

1. 变量作用域

作用域是一个变量在程序中的有效区域。在 C++中,变量的作用域有函数原型作用域、块作用域、类作用域和文件作用域。

(1) 函数原型作用域

函数原型作用域是 C++中最小的作用域。在函数原型中一定要包含形参的类型说明。在函数原型声明时形参的作用范围就是函数原型作用域。

例如,如下函数声明:

```
double Area(int r);
```

此时,变量 x,y,z 的作用范围就在函数 Area 形参列表的左右括号之间,在其他地方不能引用这些变量。因此,其作用域就是函数原型作用域。由于在函数原型的形参列表中起作用的只是形参类型,变量名并不起作用,所以在这里省略变量名也不影响程序的运行效果。通常,为了考虑程序的可读性,在函数原型声明时给出具体的变量。

例 2.1 函数原型作用域举例。

程序如下:

```
#include <iostream>
using namespace std;
double Area(int r);  //函数原型作用域,此处 r 可以省略
int main()
{
```

```
    int radius;
    double s;
    cout << "Enter a radius:";
    cin >> radius;
    s = Area(radius);
    cout << "The area of circle is" << s << endl;
    return 0;
}
double Area(int r)
{
    return 3.14 * r * r;
}
```

程序运行结果如下：

```
Enter a radius:2↙
The area of circle is 12.56
```

注："↙"表示按了回车键。

(2) 块作用域

所谓块，就是一对大括号括起来的一段程序。在块中声明的变量，其作用域从声明处开始，一直到块结束的大括号为止。具有块作用域的变量也称为局部变量。不同的变量，根据其声明的位置不同，其作用域的范围有大有小，并且可能会有包含关系。

例 2.2　块作用域举例。

程序如下：

```
#include <iostream>
using namespace std;
int main()
{
    int x;                                                        ┐
    cin >> x;                                                     │
    if(x>=0)                                                      │
    {                                                             │
        int y;                                       ┐            │
        y = x;                                       │y 的作用域   ├x 的作用域
        cout << "x is a positive number " << y << endl;┘          │
    }                                                             │
    else                                                          │
        cout << "x is a negative number " << x << endl;           ┘
    return 0;
}
```

程序运行结果如下：

```
-5↙
A is a negative number -5
```

```
12↙
x is a positive number 12
```

(3) 类作用域

类作用域将在后续的章节中作详细介绍。

(4) 文件作用域

一个源程序中可以包含一个或若干个函数,在函数内定义的变量是局部变量,而在函数体外定义的变量称为全局变量(或者外部变量)。全局变量具有文件作用域,该文件中的其他函数都可以引用该变量,它的有效范围从定义变量的位置开始到源文件的结束。

2. 变量的可见性

可见性是从对变量引用的角度来谈的概念,程序运行到某一点,能够引用到的变量,就是该处可见的变量。如果变量在某处可见,则可以在该处引用此变量。

为了理解可见性,先来看不同作用域之间的关系图。文件作用域的范围最大,接下来依次是类作用域和块作用域。图 2-1 所示为不同作用域的关系图。

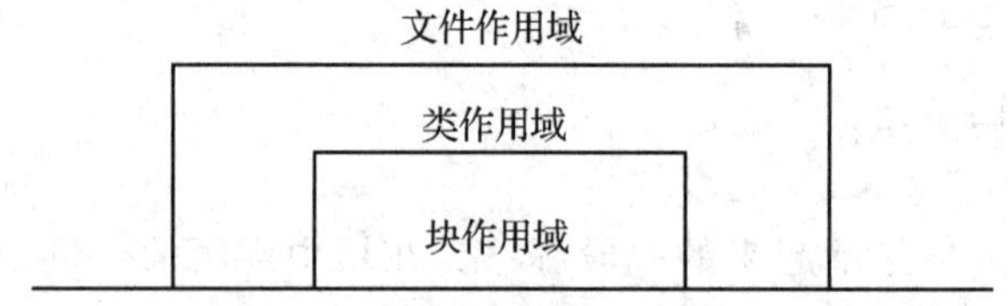

图 2-1　不同作用域的关系

作用域与可见性的一般规则:

- 变量应声明在先,引用在后;
- 在同一作用域中,不能声明同名的变量;
- 如果某个变量在外层中声明,且在内层中没有同名变量的声明,则该变量在内层可见;
- 对于两个嵌套的作用域,如果在内层作用域内声明了与外层作用域中同名的变量,则外层作用域的变量在内层不可见。

例 2.3　作用域和可见性举例。

程序如下:

```
#include <iostream>
using namespace std;
int i;                                    //文件作用域,全局变量
int main()
{
    i = 1;                                //给文件作用域的 i 赋初值
    {
        int i;                            //给块作用域 i 赋初值
        i = 2;
        cout << "局部变量 i = " << i << endl;    //局部变量输出
    }
    cout << "全局变量 i = " << i << endl;        //全局变量输出
    return 0;
```

```
}
```

程序运行结果如下：

```
局部变量 i=2
全局变量 i=1
```

如果要在内层作用域中输出外层作用域中同名的变量，以例 2.3 为例，要在内层输出文件作用域的 i，这时候该如何输出呢？

C++提供了作用域运算符“::”，用它可以访问具有文件作用域的变量。

例 2.4　在内层中输出外层作用域中同名的变量举例。

程序如下：

```
#include <iostream>
using namespace std;
int i;                                          //文件作用域，全局变量
int main()
{
    i=1;                                        //给文件作用域的 i 赋初值
    {
        int i;                                  //给块作用域 i 赋初值
        i=2;
        cout << "局部变量 i=" << i << endl;     //局部变量输出
        cout << "全局变量 i=" << ::i << endl;   //全局变量输出
    }
    cout << "全局变量 i=" << i << endl;         //全局变量输出
    return 0;
}
```

程序运行结果如下：

```
局部变量 i=2
全局变量 i=1
全局变量 i=1
```

3. 变量的生存期

变量从诞生到结束的这段时间就是它的生存期。在生存期内，变量将保持它的值直到被更新为止。变量的生存期可分为静态生存期和动态生存期两种。

(1) 静态生存期

如果变量的生存期与程序的运行期相同，则称其具有静态生存期。在文件作用域中声明的变量具有静态生存期。如果要在函数内部的块作用域中声明具有静态生存期的变量，则要使用关键字 static，并且在函数内部的块作用域中声明具有静态生存期的变量只第一次进入时被初始化。

(2) 动态生存期

块作用域中声明的变量，声明是没有冠以 static 的变量具有动态生存期的，习惯称为局部变量。动态生存期的变量生存期开始于程序执行到声明点时，结束于该变量的作用域结束处。

例 2.5 变量的生存期举例。

程序如下：

```
#include<iostream>
using namespace std;
void func();
int main()
{
    func();
    func();
    return 0;
}
void func()
{
    static int a1 = 1;          //a1 具有静态生存期
    int a2 = 1;                 //a2 具有动态生存期
    a1 ++ ;
    a2 ++ ;
    cout << "a1 = " << a1 << endl;
    cout << "a2 = " << a2 << endl;
}
```

程序运行结果如下：

```
静态生存期的变量 a1 = 2
动态生存期的变量 a2 = 2
静态生存期的变量 a1 = 3
动态生存期的变量 a2 = 2
```

2.3.4 外部变量的声明和引用

在软件设计中，当一个工程比较复杂时，经常会遇到一个源文件中的变量(函数)被其他源文件引用的情况。为了做到这一点，可以将需要被调用的变量(函数)在源文件中声明为全局变量(函数)，调用变量(函数)的源文件在程序的开始处用 extern 关键字进行引用。

例 2.6 外部变量的声明和引用举例。

设计说明：

① 选择菜单命令 File|New，在弹出的 New 对话框中选择 Projects 标签，在该选项卡的列表框中选择 Win32 Console Application 选项，在 Project name(工程名)编辑框中输入 var_extern，在 Location 列表框中选择工程存放的路径(见图 2-2)，单击 OK 按钮。

② 在弹出的 Win32 Console Application - Step 1 of 1 对话框中选择 An empty project 单选项(见图 2-3)，单击 Finish 按钮。

③ 为生成的工程项目添加文件。选择菜单命令 Project|Add to Project|New。在 New 对话框中的 Files 选项卡中选择 C++ Source File，并在 File 文本框中输入文件名称 file1，如图 2-4 所示。

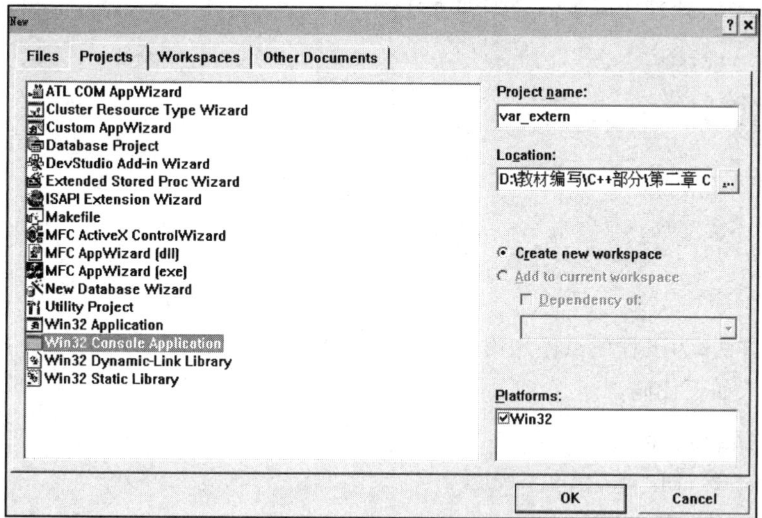

图 2－2　新建 Win32 Console Application 工程

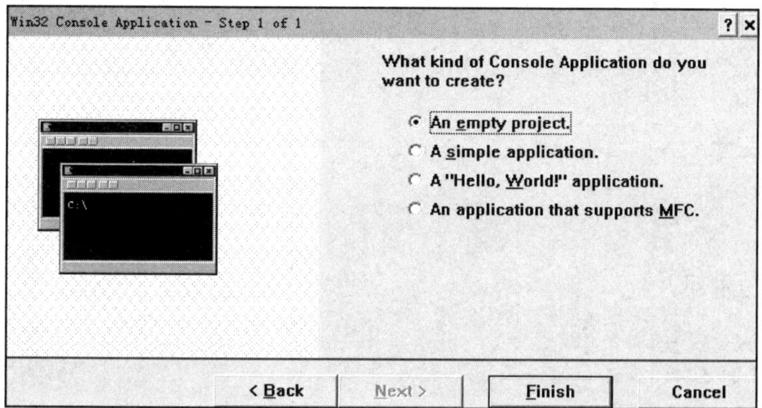

图 2－3　Win32 Console Application－Step 1 of 1 对话框

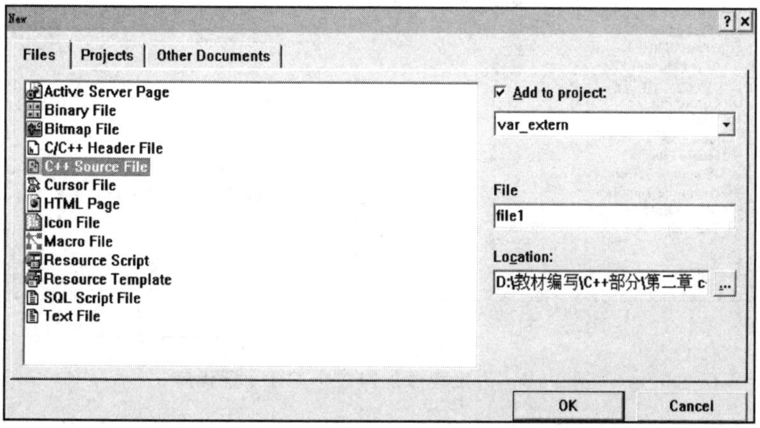

图 2－4　为工程添加第一个 C＋＋源程序

单击 OK 按钮,在程序编辑区添加如下代码:

```
#include<iostream>
using namespace std;
int i = 1;
void func()
{
    cout << "The i of file1 is " << i << endl;
}
```

用同样的方法,为工程项目添加第二个 C++源程序,如图 2-5 所示。单击 OK 按钮,在程序编辑区加入如下代码:

```
#include<iostream>
using namespace std;
extern int i;
extern void func();
int main()
{
    func();
    i++;
    cout << "The i of file2 is " << i << endl;
    return 0;
}
```

程序运行结果如下:

```
The i of file1 is 1
The i of file2 is 2
```

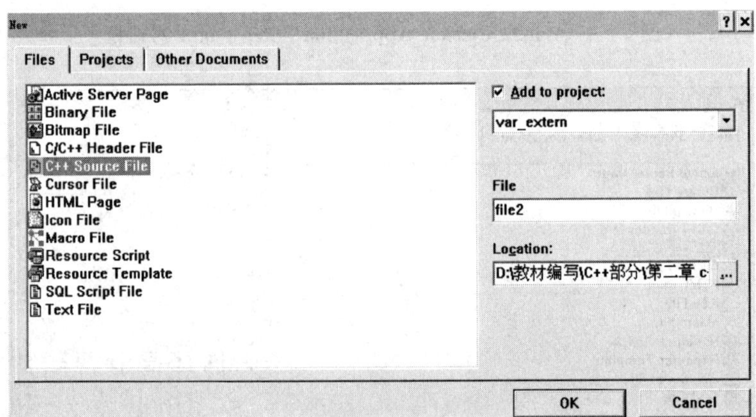

图 2-5 为工程添加第二个 C++源程序

2.4　运算符与表达式

到现在为止，已了解了 C++语言中各种类型数据的特点及其表示形式。那么如何对这些数据进行处理和计算呢？通常当要进行某种计算时，都要首先列出运算式，然后求解其值。利用 C++语言编写程序求解问题时也是这样。在程序中，表达式是计算求值的基本单位。

可以简单地将表达式理解为用于计算的公式，它由运算符（例如：+ - * /）、运算量（也称操作数，可以是常量、变量等）和括号组成。执行表达式所规定的运算，所得到的结果值便是表达式的值。例如，a+b，x/y 都是表达式。

下面再用较严格的语言给表达式下一个定义。表达式可以定义如下：

- 一个常量或标识对象的标识符是一个最简单的表达式，其值是常量或对象的值。
- 一个表达式的值可以用来参与其他操作，即用做其他运算符的操作数，这就形成了更复杂的表达式。
- 包含在括号中的表达式仍是一个表达式，其类型和值与未加括号时的表达式相同。

C++语言中定义了丰富的运算符，如算术运算符、关系运算符和逻辑运算符等。一些运算符需要两个操作数，使用形式如下：

操作数 1　　运算符　　操作数 2

这样的运算符称为二元运算符（或双目运算符）。另一些运算符只需要一个操作数，称为一元运算符（或单目运算符）。

运算符具有优先级和结合性。当一个表达式中包含多个运算符时，先进行优先级高的运算，再进行优先级低的运算。如果表达式中出现了多个相同优先级的运算，运算顺序就要看运算符的结合性了。所谓结合性是指当一个操作数左右两边的运算符优先级相同时，按什么样的顺序进行运算，是自左向右，还是自右向左。

下面详细讨论各种类型的运算符及表达式。

2.4.1　算术运算符与算术表达式

C++中的算术运算符包括基本算术运算符和自增自减运算符。由算术运算符、操作数和括号构成的表达式称为算术表达式。

基本算术运算符有：+（加）、-（减）、*（乘）、/（除）、%（取余）。其中：

“-”作为负号时为一元运算符，其余都为二元运算符。这些基本算术运算符的意义与数学中相应符号的意义是一致的。它们之间的相对优先级关系与数学中也是一致的，即先乘除、后加减，同级运算自左向右进行。

“%”是取余运算，只能用于整型操作数，表达式 a%b 的结果是 a 被 b 除的余数。“%”的优先级与“/”相同。

当“/”用于两整型数据相除时，其结果取商的整数部分，小数部分被自动舍弃。因此，表达式 1/2 的结果为 0，这一点要特别注意。

另外，C++中的“++”（自增）、“--”（自减）运算符是使用方便且效率很高的两个运算符，均属一元运算符。这两个运算符都有前置和后置两种使用形式，如 i++，--j 等。无论写成前置还是后置的形式，其作用都是将操作数的值增 1（减 1）后，重新写回该操作数在内存中原有的位置。所以如果变量 i 原来的值是 1,计算表达式 i++后,表达式的结果为 2,并且 i 的值也被改为 2;如果变量 j 原来的值是 2,计算表达式--j 后,表达式的结果为 1,并且 j 的值也被改为 1。但是,当自增、自减运算的结果要用来继续参与其他操作时,前置与后置时的情况就完全不同了。例如,如果 i 的值为 1,则下列两条语句的执行效果是不一样的:

```
cout << i++ ;    //首先输出 i 当前的值 1,然后 i 自增,其值变为 2
cout << ++i;     //首先使 i 自增为 2,然后输出 i 的值 2
```

2.4.2 赋值运算符与赋值表达式

C++提供了几个赋值运算符,最简单的赋值运算符就是"="。带有赋值运算符的表达式称为赋值表达式。例如,n=n+5 就是一个赋值表达式。赋值表达式的作用就是将等号右边表达式的值赋给等号左边的对象。赋值表达式的类型为等号左边对象的类型,其结果值为等号左边对象被赋值后的值,运算的结合性为自右向左。请看下列赋值表达式的例子:

a=5

表达式值为 5。

a=b=c=5

表达式值为 5,a,b,c 均为 5,这个表达式从右向左运算,在 c 被更新为 5 后,表达式 c=5 的值为 5,接着 b 的值被更新为 5,最后 a 被赋值为 5。

a=5+(c=6)

表达式值为 11,a 为 11,c 为 6。

a=(b=4)+(c=6);

表达式值为 10,a 为 10,b 为 4,c 为 6。

a=(b=10)/(c=2)

表达式值为 5,a 为 5,b 为 10,c 为 2。

除"="以外,C++还提供了 10 种复合的赋值运算符:+=,-=,*=,/=,%=,<<=,>>=,&=,^=,|=。其中,前 5 个是赋值运算符与算术运算符复合而成的,后 5 个是赋值运算符与位运算符复合而成的。这 10 种复合的赋值运算符都是二元运算符,优先级与"="相同,结合性也是自右向左。现在举例说明复合赋值运算符的功能,例如:

a+=3

等价于 a=a+3

x*=y+8

等价于 x=x*(y+8)

a+=a-=a*a

等价于 a=a+(a=a-a*a)

2.4.3 逗号运算符与逗号表达式

在 C++中,逗号也是一个运算符,它的使用形式如下:

表达式 1,表达式 2

求解顺序为先求解 1,再求解 2,最终结果为表达式 2 的值。例如:

```
a = 3 * 5,a * 4;            //最终结果为 60
```

2.4.4　逻辑运算符与逻辑表达式

在解决许多问题时都需要进行情况判断，对复杂的条件进行逻辑分析。C ++中也提供了用于比较、判断的关系运算符和拥有逻辑分析的逻辑运算符。

关系运算是比较简单的一种逻辑运算，关系运算符及其优先次序如下：

<(小于)、<=(小于等于)、>(大于)、>=(大于等于)　　==(等于)、!=(不等于)

优先级相同(较高)　　　　　　　　优先级相同(较低)

用关系运算符将两个表达式连接起来，就是关系表达式。关系表达式是一种最简单的逻辑表达式，其结果类型为 bool，值只能为 true 或 false。例如，a>b，c<=a+b，x+y==3 都是关系表达式。当 a 大于 b 时，表达式 a>b 的值为 true，否则为 false；当 c 小于或者等于 a+b 时，表达式 c<=a+b 的值为 true，否则为 false；当 x+y 的值为 3 时，表达式 x+y==3 为 true，注意，这里连接的两个等号，不要误写为赋值运算符"="。

只有简单的关系比较是远不能满足编程需要的，还需要用逻辑运算符将简单的关系表达式连接起来，构成较复杂的逻辑表达式。逻辑表达式的结果类型为 bool，值为 true 或 false。C ++中的逻辑运算符及其优先次序如下：

!（非）　　&&（与）　　||（或）

优先级次序：　高　——→　低

"!"是一元运算符，使用形式为：! 操作数。"非"运算的作用是对操作数取反。如果操作数 a 的值为 true，则表达式!a 的值为 false；如果操作数 a 的值为 false，则表达式!a 的值为 true。

"&&"和"||"都是二元运算符。"&&"运算的作用是求两个操作数的逻辑与，只有当两操作数的值都为 true 时，"与"运算结果才为 true，其他情况下的"与"运算结果均为 false。"||"运算的作用是求两个操作数的逻辑或，只有当两个操作数的值都为 false 时，"或"运算结果才为 false，其他情况下的"或"运算结果均为 true。

逻辑运算符的运算规则可以用真值表来说明，表 2-3 列出了操作数 a 和 b 值的各种组合及逻辑运算结果。

例如，假设已有如下声明：

```
int a = 5,b = 3,x = 10,y = 20;
```

则逻辑表达式(a>b)&&(x>y)的值为 false。

表 2-3　逻辑运算符的真值表

a	b	!a	a&&b	a||b
true	true	false	true	true
true	false	false	false	true
false	true	true	false	true
false	false	true	false	false

2.4.5 条件运算符与条件表达式

C++中唯一的三元运算符是条件运算符“?”,它能够实现简单的选择功能。条件表达式的形式如下:

表达式 1? 表达式 2:表达式 3

其中,表达式 1 必须是 bool 类型,表达式 2,3 可以是任何类型,且类型可以不同。条件表达式的最终类型为 2 和 3 中较高的类型。

条件表达式的执行顺序是:先求解表达式 1。若表达式 1 的值为 true,则求解表达式 2,表达式 2 的值为最终结果;若表达式 1 的值为 false,则求解表达式 3,表达式 3 的值为最终结果。例如:

```
cout << (score>= 60? "pass": "fail");
```

2.4.6 sizeof 操作符

sizeof 运算符用于计算某种类型的对象在内存中所占的字节数。该操作数使用的语法形式为:

sizeof(类型名)

或

sizeof(表达式)

运算结果值为“类型名”所指定的类型或“表达式”的结果类型所占的字节数。

注意:在这个计算过程中,并不对括号中的表达式本身求值。

2.4.7 位运算

C++语言可以对数据按二进制位进行操作。

C++中提供了 6 个运算符,可以对整数进行位操作。

1. 按位“与”(&)

按位“与”操作的作用是将两个操作数对应的每一位分别进行逻辑与操作。例如,计算 3&5:

```
3:          00000011
5:  (&)     00000101
3&5:        00000001
```

按位与操作常用来将操作数的某些位清 0,而其他位保持不变。

2. 按位“或”(|)

按位“或”操作的作用是将两个操作数对应的每一位分别进行逻辑或操作。例如,3|5:

```
3:          00000011
5:  (|)     00000101
3|5:        00000111
```

按位“或”操作通常用来将操作数中的某些位置位，其他位保持不变。

3. 按位“异或”(^)

按位“异或”操作的作用是将两个操作数对应的每一位进行逻辑异或操作，具体运算规则是：若对应位相同，则该位的运算结果为 0；若对应位不同，则该位的运算结果为 1。例如，计算 071^052：

71：		01110001
52：	(^)	01010010
71|52：		00100011

按位“异或”操作通常用来将操作数的某些位取反。

4. 按位取反(～)

按位取反是一个单目运算符，其作用是对一个二进制数的每一位取反。例如：

25：	00100101
～25：	11011010

5. 移　位

C++中有两个移位运算符——左移运算(<<)和右移运算(>>)，都是二元运算符。移位运算符左边的操作数是需要移位的数值，右边的操作数是左移或右移的位数。

(1) *左移运算符(<<)*

左移是按照指定的位数将一个数的二进制值向左移位。左移后，低位补 0，移出的高位舍弃。

例如：

```
a=15,a << 2;
```

表示 a 二进制位左移 2 位。二进制表示 a 为 00001111，a<<2 后二进制表示为 00111100，代表十进制数 60。

左移一位相当于该数乘以 2，左移 n 位相当于乘以 2^n。

(2) *右移运算符(>>)*

右移是按照指定的位数将一个数的二进制值向右移位。右移后，移出的低位舍弃。

例如：

```
a=15,a >> 2;
```

表示 a 二进制位右移 2 位。二进制表示 a 为 00001111，a>>2 后二进制表示为 00000011。

右移一位相当于除以 2，右移 n 位相当于除以 2^n。

在右移时，需要注意符号位问题。如果是无符号数，则高位补 0；如果是有符号数，则移位补符号位或补 0。

2.5　C++的输入/输出

为了方便用户，除了可以利用 printf 和 scanf 函数进行输出和输入外，C++还增加了标准输入/输出流 cout 和 cin。

cout 可以看成是由 c 和 out 两个单词组成的，代表 C++的输出流；cin 是由 c 和 in 两个单词组成,代表 C++的输入流。它们是在头文件 iostream 中定义的。键盘和显示器是计算机的标准输入/输出设备,所以在键盘和显示器上的输入/输出称为标准输入/输出,标准流式不需要打开和关闭文件即可直接操作的流式文件。

表 2-4 给出了 C++预定义的标准流。

表 2-4　C++预定义的标准流

流　名	含　义	隐含设备
cin	标准输入	键　盘
cout	标准输出	屏　幕
cerr	标准出错输出	屏　幕
clog	cerr 的缓冲形式	屏　幕

1. 用 cout 进行输出

cout 必须和输出运算符“<<”一起使用。“<<”在这里不作为位运算的左移运算符,而是起插入的作用,例如:“cout << "Hello! \n";”的作用是将字符串"Hello! \n"插入到输出流 cout 中,也就是输出在标准输出设备上。

也可以不用“\n”控制换行,在头文件 iostream 中定义了控制符 endl 代表回车换行操作,作用与“\n”相同。endl 的含义是 end of line,表示结束一行。

可以在一个输出语句中使用多个“<<”运算符将多个输出项插入到输出流 cout 中,“<<”运算符的结合方向为自左向右,因此各输出项按自左向右顺序插入到输出流中。

例如:

```
for (i = 1;i<= 3;i ++ )
cout << "cout = " << i << endl;
```

输出结果如下:

```
cout = 1
cout = 2
cout = 3
```

注意:每输出一项要用一个“<<”符号。不能写成“cout << a,b,c,A”形式。

用 cout 和“<<”可以输出任何类型的数据,如:

```
float a = 3.45;
int  b = 5;
char c = 'A';
cout << "a = " << a << "," << "b = " << b << "," << "c = " << c << endl;
```

输出结果如下:

```
A = 3.45,b = 5,c = A
```

可以看到在输出时并未指定数据的类型(如浮点型、整型等),系统会自动按数据的类型进行输出。这比用 printf 函数方便,在 printf 函数中要指定输出格式符(如%d,%f,%c 等)。

在 C++中将数据送到输出流称为插入(inserting)或放到(putting)。“<<”常称为插入运算符。

2. 用 cin 进行输入

输入流是指从输入设备向内存流动的数据流。标准输入流 cin 是从键盘向内存流动的数据流。用“>>”运算符从输入设备键盘取得数据送到输入流 cin 中，然后送到内存。在 C++中，这种输入操作称为提取(extracting)或得到(getting)。“>>”常称为提取运算符。

cin 要与“<<”配合使用。例如：

```
int a;             //定义整型变量 a
float b;           //定义浮点型变量 b
cin >> a >> b;     //输入一个整数和一个实数，注意不要写成 cin >> a,b
```

可以从键盘输入

```
20, 32.45
```

a 和 b 分别获得值 20 和 32.45 。用 cin 和“>>”输入数据同样不需要在本语句中指定数据类型。

例 2.7　cin 与 cout 使用举例。

程序如下：

```
#include<iostream>
using  namespace std;
int main()
{
    cout << "please input your name and age:" << endl;
    char  name[20];
    int age;
    cin >> name;
    cin >> age;
    cout << "your name is " << name << endl;
    cout << "your age is" << age << endl;
    return 0;
}
```

程序运行结果如下：

```
please input your name and age:
Lee 21 ↙
your name is Lee
your age is 21
```

由上可知，C++的输入/输出简单易用。使用 C++的程序员都喜欢用 cin 和 cout 语句进行输入/输出。

当使用 cin、cout 进行数据的输入和输出时，无论处理的是什么类型的数据，都能够自动按照正确的默认格式处理。但这还是不够，经常需要设置特殊的格式。

C++ I/O 流类库提供了一些操纵符，可以直接嵌入输入/输出语句中来实现 I/O 格式控制。使用操纵符，首先必须在源程序的开头包含 iomanip 头文件。表 2-5 中列出了几个常用的 I/O 流类库操纵符。

表 2-5 常用的 I/O 流类库操纵符

操纵符	含 义
dec	数值数据采用十进制表示
hex	数值数据采用十六进制表示
oct	数值数据采用八进制表示
ws	提取空白符
endl	插入换行符,并刷新流
ends	插入空字符
setprecision(int)	设置浮点数的小数位数(包括小数点)
setw(int)	设置域宽

例如,要输出浮点数 3.1415 并换行,设置域宽为 5 个字符,小数点后保留两位有效数字,输出语句如下:

```
cout << setw(5) << setprecision(3) << 3.1415 << endl;
```

2.6 随机数

在程序设计中,尤其在设计游戏程序中,随机数得到了广泛应用。为了让大家更好地掌握随机数的使用方法,本书较多地使用了随机数的应用程序,随机数的产生一定程度上增加了程序设计的灵活性和趣味性。

首先需要声明的是,计算机不会产生绝对随机的随机数,计算机只能产生"伪随机数"。其实,绝对随机的随机数只是一种理想的随机数,无论计算机怎样发展,它也不会产生一串绝对随机的随机数。计算机只能生成相对的随机数,即伪随机数。

伪随机数并不是假随机数,这里的"伪"是有规律的意思,就是计算机产生的伪随机数既是随机的又是有规律的。那么,C++中随机数是怎样产生的呢?如何又让随机数更具有随机性呢?首先看以下两个随机数函数:

(1) rand()函数

函数原型:int rand();

其功能是产生一个 0～32 767 之间的随机整数。

(2) srand()函数

函数原型:void srand(unsigned int seed);

其功能是通过无符号整型变量 seed 设置随机数的种子,不同的随机数种子产生的随机数不同,因此随机数种子的不断变化,使随机数就越随机。

例 2.8 中国古代博彩问题。

设计说明:

掷 3 颗骰子,每个骰子有 6 面,点数分别为 1,2,3,4,5,6。如果 3 个骰子的点数之和大于等于 12,则输出"大";如果 3 个骰子的点数之和小于等于 10,则输出"小",不断地掷 3 颗骰子直到 3 颗骰子之和等于 11 停止，输出“庄家全收”，如果 3 个骰子的点数相同，则输出“豹子”。

程序如下：

```
#include<iostream>
#include<iomanip>
#include<ctime>
#include <Windows.h>
using namespace std;
int main()
{
    int die1,die2,die3, sum;
    srand(time(NULL));
    do
    {
        die1 = 1 + rand() % 6;
        die2 = 1 + rand() % 6;
        die3 = 1 + rand() % 6;
        sum = die1 + die2 + die3;
        cout << die1 << setw(5) << die2 << setw(5) << die3 << endl;
        if(die1 == die2&&die2 == die3) cout << "豹子" << endl;
        if(sum>= 12) cout << "大" << endl;
        if(sum<= 10) cout << "小" << endl;
        Sleep(3000);
    }
    while(sum! = 11);
    cout << "庄家全收" << endl;
    return 0;
}
```

程序运行结果如下：

```
6    5    6
大
5    6    2
大
5    5    4
大
4    2    1
小
3    5    3
庄家全收
```

在程序中，函数 time(NULL)返回自 1970 年 1 月 1 日午夜 0 时 0 分 0 秒到当前时间所经过的秒数，使用该函数要在程序开始添加头文件 #include<ctime>，使用该函数的返回值作为随机数种子可以使产生的随机数更随机，语句 Sleep(3000)的作用是程序暂停执行 3 s，便于动态地观察程序运行的结果。使用该函数应该在程序开始添加头文件#include〈Windows.h〉。

注意:由于随机数种子每次产生的随机数都不一样,所以每次程序运行的结果几乎都不一样。

例 2.9　两个人玩掷骰子游戏。

设计说明:

两人玩掷骰子,每次掷两个骰子,输赢的规则如下:

① 如果两个人掷出的两个骰子点数不同,则两个骰子点数相加的和大的人获胜,相加的和相等则平局。

② 如果一个人掷出的两个骰子的点数相同,另一个人掷出的两个骰子的点数不同,则掷出的两个骰子的点数相同的人获胜。

③ 如果两个人掷出的两个骰子的点数相同,则骰子点数大的人获胜,如果点数也完全相同则平局。

程序如下:

```
#include<ctime>
#include <iostream>
using namespace std;
int main()
{
    srand(time(NULL));
    int die1,die2,die3,die4,sum1,sum2;
    die1 = rand() % 6 + 1;
    die2 = rand() % 6 + 1;
    die3 = rand() % 6 + 1;
    die4 = rand() % 6 + 1;
    sum1 = die1 + die2;
    sum2 = die3 + die4;
    cout << "die1 = " << die1 << " die2 = " << die2 << " sum1 =   " << sum1 << endl;
    cout << "die3 = " << die3 << " die3 = " << die4 << " sum2 =   " << sum2 << endl;
    if ((die1! = die2)&&(die3! = die4))
        if(sum1>sum2)
            cout << "play1 win" << endl;
        else if(sum1<sum2)
            cout << "play2 win" << endl;
        else
            cout << "平局" << endl;
    else if ((die1! = die2)&&(die3 = die4))
        cout << "play2 win" << endl;
    else if ((die1 = die2)&&(die3! = die4))
        cout << "play1 win" << endl;
    else
        if(sum1>sum2)
            cout << "play1 win" << endl;
```

```
        else if(sum1<sum2)
            cout << "play2 win" << endl;
        else
            cout << "平局" << endl;
    return 0;
}
```

程序运行结果如下：

```
die1 = 3 die2 = 1 sum1 =    4
die3 = 1 die3 = 4 sum2 =    5
play2 win
```

注意：由于每次产生的随机数不一样，所以每一次程序的运行结果也都不一样。

例 2.10 随机数范围的测试程序。

程序如下：

```
#include<ctime>
#include <iostream>
using namespace std;
int main()
{
    srand(time(NULL));
    int max = 0;
    int min = 0;
    for(int i = 0;i<1000000;i++)
    {
        int rnd = rand();
        if(rnd<min) min = rnd;
        if(rnd>max) max = rnd;
    }
    cout << "min = " << min << endl;
    cout << "max = " << max << endl;
    return 0;
}
```

程序运行结果如下：

```
min = 0
max = 32767
```

第 3 章　C＋＋基本控制结构

学习了数据类型、表达式、赋值语句和数据的输入/输出后，还须掌握一些算法的基本控制结构，就可以编写程序完成一些简单的功能了。

基本的算法控制结构通常分 3 种：

- 顺序结构；
- 选择结构；
- 循环结构。

3.1　顺序结构

所谓顺序结构，就是按照语句的顺序一条一条地执行指令。顺序控制结构是程序设计中最简单的结构。顺序结构可以独立使用构成一个简单的完整程序，常见的输入、计算、输出三部曲的程序就是顺序结构。

例 3.1　顺序结构举例。

程序说明：从键盘输入一个圆的半径，计算圆的面积并在屏幕上输出。程序如下：

```
#include<iostream>
using namespace std;
int main()
{
    int r;
    float s;
    cout << "请输入圆的半径:";
    cin >> r;
    s = 3.14 * r * r;
    cout << "圆的面积 = " << s << endl;
    return 0;
}
```

程序运行结果如下：

```
请输入圆的半径:3↙
圆的面积 = 28.26
```

3.2　选择结构

选择程序结构用于判断给定的条件，根据判断的结果来控制程序的流程。

3.2.1　用 if 语句实现选择结构

if 语句是专门用来实现选择型结构的语句。其语法形式如下：

if(表达式) 语句 1

else　语句 2

执行顺序是：首先计算表达式的值，若表达式值为 true，则执行语句 1，否则执行语句 2。其中语句 1 和语句 2 可以是一条语句，也可以是大括号括起来的多条语句(称为复合语句)。

例 3.2　从键盘输入一个学生的成绩，如果该成绩大于等于 60 分，则输出"Congratulations，you pass！"，否则输出"Sorry，you fail."。

程序如下：

```
#include<iostream>
using namespace std;
int main()
{
    int score;
    cout << "Please input a score:";
    cin >> score;
    if(score>= 60)
        cout << "Congratulations,you pass!" << endl;
    else
        cout << "Sorry,you fail." << endl;
    return 0;
}
```

程序运行结果如下：

```
Please input a score:87↙
Congratulations,you pass!
Please input a score:59↙
Sorry,you fail.
```

if 语句中的语句 2 可以为空。当语句 2 为空时，else 可以省略，成为如下形式：

if(表达式) 语句

例如：

```
if(score>= 60)
    cout << "Congratulations,you pass!" << endl;
```

例 3.3　输入一个年份，判断是否是闰年。

程序如下：

```
#include<iostream>
using namespace std;
int main()
{
```

```
    int year;
    bool IsLeapYear;
    cout << "Enter the year: ";
    cin >> year;
    IsLeapYear = ((year % 4 == 0 && year % 100 != 0) || (year % 400 == 0));
    if (IsLeapYear)
        cout << year << " is a leap year" << endl;
    else
        cout << year << " is not a leap year" << endl;
    return 0;
}
```

程序运行结果如下：

```
Enter the year: 2008↙
2008 is a leap year
Enter the year: 2009↙
2009 is not a leap year
```

3.2.2 多重选择结构

在实际问题中,有很多问题是无法通过一次简单的判断就能解决的,需要进行多次判断选择。这可以有以下几种方法。

1. 嵌套的 if 语句

语法形式如下：

```
if  (表达式 1)
    if  (表达式 2)    语句 1
    else  语句 2
else
    if  (表达式 3)    语句 3
    else  语句 4
```

注意:语句 1、2、3、4 可以是复合语句,每层的 if 与 else 配对,或用{}来确定层次关系。

例 3.4 比较两个数的大小。

程序说明:将两个数 x 和 y 进行比较,结果有 3 种可能性:x＝y,x＞y,x＜y。因此需要进行多次判断,要用多重选择结构,这里选用嵌套的 if … else 语句。

程序如下：

```
#include<iostream>
using namespace std;
int main()
{
    int x,y;
    cout <<"Enter x and y:";
    cin >> x >> y;
```

```
    if (x! = y)
        if (x>y)
            cout << "x>y" << endl;
        else
            cout << "x<y" << endl;
    else
        cout << "x = y" << endl;
    return 0;
}
```

程序运行结果如下：

```
Enter x and y:3 4↙
x<y
Enter x and y:4 3↙
x>y
Enter x and y:3 3↙
x = y
```

2. if … else if 语句

如果 if 语句的嵌套都是发生在 else 分支中,就可以应用 if … else if 语句。语法形式如下：

if　(表达式 1)　语句 1
else　if　(表达式 2)　语句 2
else　if　(表达式 3)　语句 3
……
else　语句 n

图 3-1 所示为 if … else if 语句的执行流程图。

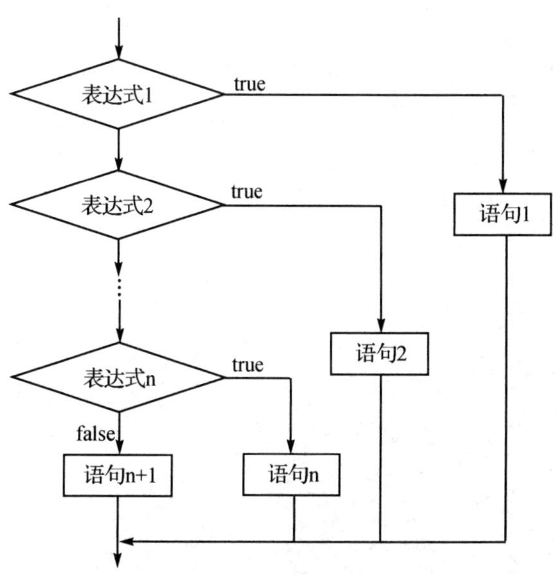

图 3-1　if … else if 语句的执行流程

例 3.5 从键盘输入一个成绩，如果成绩在 90～100 分，则输出“优秀”；如果成绩在 80～89 分，则输出“良好”；如果在 70～79 分，则输出“中等”；如果在 70～79 分，则输出“及格”；如果在 0～59 分，则输出“不及格”；如果大于 100 或小于 0，则输出“输入的分数不正确”。

程序如下：

```
#include<iostream>
using namespace std;
int main()
{
    int score;
    cout << "请输入一个分数:";
    cin >> score;
    if (score>= 90&&score<= 100)
        cout << "优秀" << endl;
    else if(score>= 80&&score<= 89)
        cout << "良好" << endl;
    else if(score>= 70&&score<= 79)
        cout << "中等" << endl;
    else if(score>= 60&&score<= 69)
         cout << "及格" << endl;
    else if(score>= = 0&&score<= 59)
         cout << "不及格" << endl;
    else
         cout << "输入的分数不正确" << endl;
    return 0;
}
```

程序运行结果如下：

```
请输入一个分数:45↙
不及格
请输入一个分数:85↙
良好
请输入一个分数:126↙
输入的分数不正确
请输入一个分数:98↙
优秀
请输入一个分数:75↙
中等
请输入一个分数:67↙
及格
```

3. switch 语句

在有些问题中，虽然需要进行多次判断选择，但是每一次都是判断同一表达式的值，这样就没有必要在每一个嵌套的 if 语句中都计算一遍表达式的值，为此 C++中有 switch 语句专门用来解决这类问题。switch 语句的语法形式如下：

```
switch  (表达式)
  {  case    常量表达式 1:语句 1
     case    常量表达式 2:语句 2
     ……
     case    常量表达式 n:语句 n
     default :              语句 n+1
  }
```

switch 语句的执行顺序是:首先计算 switch 语句中表达式的值,然后在 case 语句中寻找值相等的常量表达式,并以此为入口标号,由此开始顺序执行;如果没有找到相等的常量表达式,则从 default 开始执行。

使用 switch 语句应注意下列问题：

- switch 语句后面的表达式可以是整型、字符型和枚举型。
- 各常量表达式的值不能相同,但次序不影响执行结果。
- 每个 case 分支可以有多条语句,但不必用{}。
- 每个 case 语句只是一个入口标号,并不能确定执行的终止点,因此每个 case 分支的最后应该加 break 语句,用来结束整个 switch 结构,否则会从入口点开始一直执行到 switch 结构的结束点。
- 当若干分支需要执行相同操作时,可以使多个 case 分支共用一组语句。

例 3.6　输入一个 0～6 的整数,转换成星期输出。

程序如下：

```
#include<iostream>
using namespace std;
int main( )
{
    int day;
    cin >> day;
    switch (day)
    {
        case 0:  cout << "Sunday" << endl;    break;
        case 1:  cout << "Monday" << endl;   break;
        case 2:  cout << "Tuesday" << endl;   break;
        case 3:  cout << "Wednesday" << endl;   break;
        case 4:  cout << "Thursday" << endl;   break;
        case 5:  cout << "Friday" << endl;   break;
        case 6:  cout << "Saturday" << endl;   break;
        default:  cout << "Day out of range Sunday .. Saturday" << endl;
                  break;
    }
    return 0;
}
```

程序运行结果如下:

```
1↙
Monda
```

例 3.7 将例 3.5 用 switch 语句完成。

程序如下:

```
#include<iostream>
using namespace std;
int main()
{
    int score,n;
    cout << "请输入一个分数:";
    cin >> score;
    n = score/10;
    switch(n)
    {
    case 9:cout << "优秀" << endl;break;
    case 10:cout << "优秀" << endl;break;
    case 8:cout << "良好" << endl;break;
    case 7:cout << "中等" << endl;break;
    case 6:cout << "及格" << endl;break;
    case 5:cout << "不及格" << endl;break;
    case 4:cout << "不及格" << endl;break;
    case 3:cout << "不及格" << endl;break;
    case 2:cout << "不及格" << endl;break;
    case 1:cout << "不及格" << endl;break;
    case 0:cout << "不及格" << endl;break;
    default: cout << "输入的分数不正确" << endl;break;
    }
    return 0;
}
```

程序运行结果与例 3.5 一致。

3.3 循环结构

循环结构可以减少源程序重复书写的工作量,用来描述重复执行某段算法的问题,这是程序设计中最能发挥计算机特长的程序结构。当条件成立时,执行循环体的代码,当条件不成立时,跳出循环,执行循环结构后面的代码。

一个循环一般由四部分操作组成:

- 循环初值设置;
- 循环操作;
- 循环参数改变;

● 循环条件控制。

例 3.8　求 $\sum_{i=1}^{10} i$。

程序如下：

```
#include<iostream>
using namespace std;
int main()
{
    int sum = 0;                    //循环初值设置
    int i;
    for(i = 1;i<= 10;i++)           //循环参数改变和循环条件控制
        sum += i;                   //循环操作
    cout << "sum = " << sum << endl;
    return 0;
}
```

程序运行结果如下：

```
sum = 55
```

循环通常分为两类：

(1) 直到循环

直到循环的执行流程如图 3-2 所示。

直到循环的特点:先执行循环体,再判断循环控制条件。如果满足条件,则继续执行循环体;如果不满足条件,则跳出循环。

(2) 当循环

当循环的执行流程如图 3-3 所示。

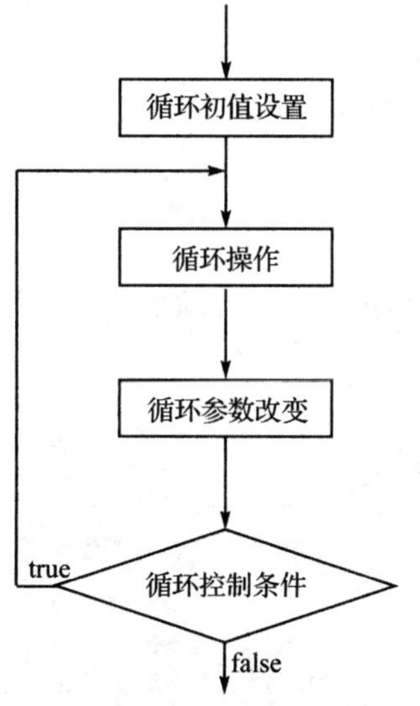

图 3-2　直到循环的执行流程

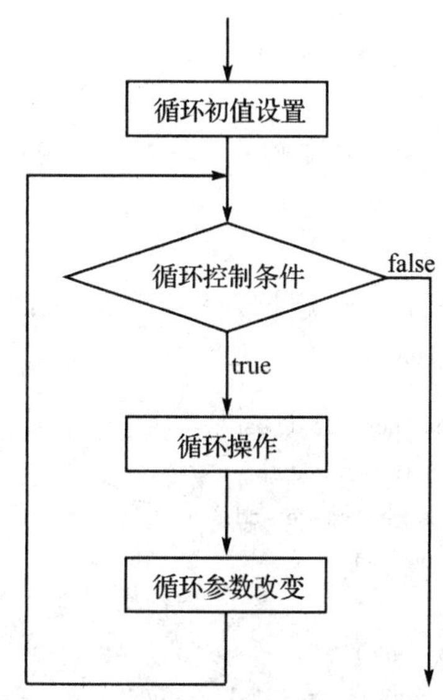

图 3-3　当循环的执行流程

当循环的特点:先判断循环控制条件,如果满足条件,则执行循环体;如果不满足条件,则跳出循环;再执行循环操作。

3.3.1 while 语句

while 语句的语法形式如下:

```
while (表达式)
{
    循环体;
}
```

该语句的执行顺序是:先判断表达式(循环控制条件)的值,若表达式的值为 true,再执行循环体(语句)。

使用 while 语句应注意,在循环体中,一般应包含改变循环条件表达式值的语句,否则便会造成无限循环(死循环)。

例 3.9 用 while 语句实现 $\sum_{i=1}^{10} i$。

程序如下:

```
#include<iostream>
#include<iostream>
using namespace std;
int main()
{
    int i(1), sum(0);
    while(i<=10)
    {
        sum += i;
        i++;
    }
    cout << "sum = " << sum << endl;
    return 0;
}
```

例 3.10 求超越方程 $e^x=x+2$ 的解,要求解的误差小于 0.001,并求出迭代次数。

程序如下:

```
#include <iostream>
#include <cmath>
using namespace std;
int main()
{
    long n = 0;
    double x = 1.0,h = 0.001;
    while(fabs(exp(x) - x - 2)>0.001)
    {
```

```
        x = x + h;
        n = n + 1;
    }
    cout << "x = " << x << endl;
    cout << "迭代次数:" << n << endl;
    return 0;
}
```

程序运行结果如下：

```
x = 1.146
迭代次数:146
```

3.3.2 do…while 语句

do…while 语句的语法形式如下：

```
do
{
    循环体;
}
while (表达式);
```

该语句的执行顺序是：先执行循环体语句，再判断循环表达式的值。表达式值为 true 时，继续执行循环体，表达式为 false 则结束循环。

与应用 while 语句时一样，应该注意，在循环体中要包含改变循环条件表达式值的语句，否则便会造成无限循环（死循环）。

例 3.11　用 do…while 语句实现 $\sum_{i=1}^{10} i$。

程序如下：

```
#include<iostream>
using namespace std;
int main()
{
    int i(1), sum(0);
    do
    {
        sum += i;
        i++;
    }
    while(i<=10);
    cout << "sum = " << sum << endl;
    return 0;
}
```

例 3.12　用 do…while 语句实现例 3.10 的求解。

程序如下：

```
#include<iostream>
#include <cmath>
using namespace std;
int main()
{
    long n = 0;
    double x = 1.0,h = 0.001;
    do
    {
        x = x + h;
        n = n + 1;
    }
    while(fabs(exp(x) - x - 2)>0.001);
    cout << "x = " << x << endl;
    cout << "迭代次数:" << n << endl;
    return 0;
}
```

程序运行结果如下：

```
x = 1.146
迭代次数:146
```

例 3.13　从键盘输入三角形的三条边,求三角形的面积。

程序说明:三角形的面积公式为 $S=\sqrt{(p-a)(p-b)(p-c)}$,$p=\frac{1}{2}(a+b+c)$,a,b,c 分别为三角形的三条边。

程序如下：

```
#include<iostream>
#include<cmath>
using namespace std;
int main()
{
    float a,b,c;
    float p,s;
    do
    {
        cout << "输入三角形的三条边 a,b,c:";
        cin >> a >> b >> c;
        p = (a + b + c)/2;
    }
    while((p - a)<= 0||(p - b)<= 0||(p - c)<= 0);
    s = sqrt(p * (p - a) * (p - b) * (p - c));
    cout << "三角形的面积为:" << s << endl;
```

```
    return 0;
}
```

程序运行结果如下：

```
输入三角形的三条边 a,b,c:3 4 5↙
三角形的面积为 6
```

3.3.3　for 语句

for 语句的使用最为灵活，既可以用于循环次数确定的情况，也可以用于循环次数未知的情况。for 语句的语法形式如下：

for　(表达式 1;表达式 2;表达式 3)
语句

图 3-4 所示为 for 语句的执行流程。

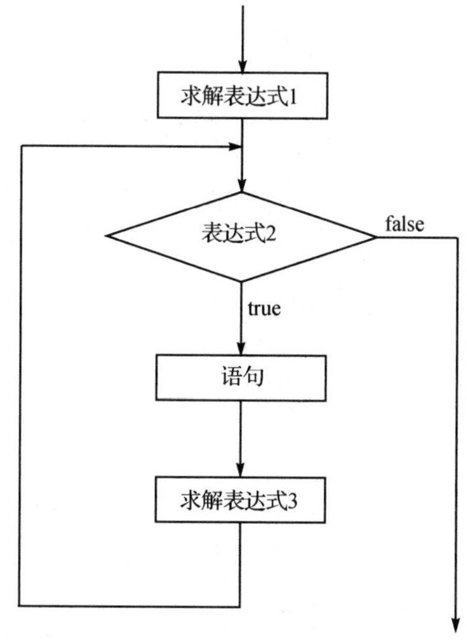

图 3-4　for 语句的执行流程

由图 3-4 可以看到，for 语句的执行流程是：首先计算一次表达式 1 的值，再计算表达式 2 (循环控制条件)的值，并根据表达式 2 的值判断是否执行循环体。如果表达式 2 的值为 true，则执行一次循环体；如果表达式 2 的值为 false，则退出循环。每执行一次循环体后，计算表达式 3 的值，然后再计算表达式 2，并根据表达式 2 的值决定是否继续执行循环体。

for 语句是功能极强的循环语句，完全包含了 while 语句的功能，除了可以给出循环条件外，还可以赋初值，使循环变量自动增值等。用 for 语句可以解决编程中的所有循环问题。

例 3.14　用 for 循环实现例 3.10 的求解。

程序如下：

```
#include<iostream>
```

```
#include<cmath>
using namespace std;
int main()
{
    long n=0;
    double x,h=0.001;
    for(x=1.0;fabs(exp(x)-x-2)>0.001;x=x+h)
        n=n+1;
    cout << "x=" << x << endl;
    cout << "迭代次数:" << n << endl;
    return 0;
}
```

程序运行结果如下:

```
x=1.146
迭代次数:146
```

例 3.15 百马百担问题。

程序说明:有100匹马驮100担货,大马驮3担,中马驮2担,两匹小马驮1担,问有大、中、小各多少匹马?

程序如下:

```
#include<iostream>
using namespace std;
int main()
{
    int i,j,k;
    for(i=1;i<100;i++)//大马
        for(j=1;j<100;j++)//中马
            for(k=2;k<100;k=k+2)//小马
                if((i+j+k==100)&&(3*i+2*j+k/2==100))
                {
                    cout << "大马=" << i << "中马=" << j << "小马=" << k << endl;
                }
return 0;
}
```

程序运行结果如下:

```
大马=2     中马=30     小马=68
大马=5     中马=25     小马=70
大马=8     中马=20     小马=72
大马=11    中马=15     小马=74
大马=14    中马=10     小马=76
大马=17    中马=5      小马=78
```

例 3.16　输出三位数的水仙花数。

程序说明:水仙花数是指一个 n (≥3)位数字的数,它等于每个数字的 n 次幂之和。

程序如下:

```
#include <iostream>
using namespace std;
int main( )
{
    int a,b,c;
    for(a = 1;a<= 9;a ++ )
        for(b = 0;b<= 9;b ++ )
            for(c = 0;c<= 9;c ++ )
            if(100 * a + 10 * b + c == a * a * a + b * b * b + c * c * c)
            cout << "水仙花数:" << 100 * a + 10 * b + c << endl;
return 0;
}
```

程序运行结果如下:

```
水仙花数:153
水仙花数:370
水仙花数:371
水仙花数:407
```

例 3.17　输入一个整数,求出它的所有因子。

程序如下:

```
#include <iostream>
using namespace std;
int main(void)
{
    int i, f;
    cout << "输入一个正整数: ";
    cin >> i;
    cout << "其因子为:";
    for (f = 1; f <= i; f ++ )
        if (i % f == 0)
            cout << f << "  ";
        cout << endl;
    return 0;
}
```

程序运行结果如下:

```
输入一个正整数: 24↙
其因子为:1  2  3  4  6  8  12  24
```

3.4 其他控制语句

除了前面讲述的控制语句外,其他比较控制语句中常用的控制语句有 break 语句,continue 语句和 goto 语句。

3.4.1 break 语句

break 语句使程序从循环体和 switch 语句内跳出,继续执行逻辑上的下一条语句。

例 3.18 break 应用举例。

程序说明:设计从键盘输入一个整数,如果输入的整数不为 0,则执行求和操作;如果是 0,则退出并显示累加和的值。

程序如下:

```
#include<iostream>
using namespace std;
int main( )
{
int sum(0),i;
while(1)
{
    cout << "请输入一个整数:";
    cin >> i;
    if(i == 0) break;
    sum += i;
}
cout << "sum = " << sum << endl;
return 0;
}
```

程序运行结果如下:

```
请输入一个整数:1↙
请输入一个整数:2↙
请输入一个整数:3↙
请输入一个整数:4↙
请输入一个整数:5↙
请输入一个整数:0↙
sum = 15
```

例 3.19 找出 1～100 之间的质数。

程序如下:

```
#include <iostream>
#include <cmath>
using namespace std;
```

```
int main()
{
int i,j,k,flag;
for(i = 2;i<= 100;i ++ )
{
    flag = 1;
    k = sqrt(i);
    for(j = 2;j<= k;j ++ )
    {
        if(i % j == 0)
        {
            flag = 0;
            break;
        }
    }
    if(flag)
        cout << i << "为质数" << endl;
}
return 0;
}
```

程序运行结果如下：

```
2 为质数      13 为质数      31 为质数      53 为质数      73 为质数
3 为质数      17 为质数      37 为质数      59 为质数      79 为质数
5 为质数      19 为质数      41 为质数      61 为质数      83 为质数
7 为质数      23 为质数      43 为质数      67 为质数      89 为质数
11 为质数     29 为质数      47 为质数      71 为质数      97 为质数
```

3.4.2　continue 语句

continue 语句的作用是结束本次循环，接着执行下一次循环。

例 3.20　输出 1～50 之间能被 3 整除的数。
程序如下：

```
#include<iostream>
using namespace std;
int main( )
{
    int n;
    for(n = 1;n<= 50;n ++ )
    {
        if (n % 3!  = 0) continue;
        cout << n << "能被 3 整除" << endl;
    }
    return 0;
}
```

程序运行结果如下:

```
3 能被 3 整除        15 能被 3 整除        27 能被 3 整除        39 能被 3 整除
6 能被 3 整除        18 能被 3 整除        30 能被 3 整除        42 能被 3 整除
9 能被 3 整除        21 能被 3 整除        33 能被 3 整除        45 能被 3 整除
12 能被 3 整除       24 能被 3 整除        36 能被 3 整除        48 能被 3 整除
```

3.4.3 goto 语句

goto 语句的语法格式为:

goto 语句标号;

其中,标号是用来表示目标程序的标识符,放在语句的最前面,并用冒号(:)与语句分开。

goto 语句的作用是使程序的执行流程跳转到语句标号所指定的语句。goto 语句的使用会破坏程序的结构,应该少用或不用。不过,在汇编语言程序设计中,这种程序的跳转编程方法应用得比较广泛。

例 3.21 求出满足 $1^3+2^3+\cdots+i^3\leqslant 1\,000$ 的最大的 i。

程序如下:

```
#include<iostream>
using namespace std;
int main()
{
    int sum = 0,i = 0;
    while(1)
    {
        sum = sum + i * i * i;
        if(sum>1000) goto exit1;
        i++;
    }
    exit1:cout << "满足条件最大的 i = " << i - 1 << endl;
    return 0;
}
```

程序运行结果如下:

```
满足条件最大的 i = 7
```

第4章　函　数

在程序设计中，通常将相对独立的、经常使用的程序部分设计为函数。函数编写好以后，可以重复使用。使用时可以只关心函数的功能和使用方法，而不必关心函数功能的具体实现。这样有利于代码重用，并且缩短了代码的长度，提高了程序的开发效率，增强了程序的可读性和可靠性。

如果要设计一个非常复杂的程序，往往需要划分为若干个模块，然后对各个模块分别进行开发和调试。如果将各个模块设计成函数(或子程序)，则便于分工合作，并且程序调试和维护更加方便。

C++继承了C语言的语法，也包括函数的定义与使用方法。在面向过程的结构化程序设计中，函数是模块划分的基本单位。在面向对象的程序设计中，函数同样有着重要的作用。

一个C++程序可以由一个主函数和若干个子函数构成。主函数是程序执行的开始点，由主函数调用子函数，子函数还可以再调用其他子函数。调用其他函数的函数称为主调函数，被其他函数调用的函数称为被调函数。

4.1　函数的定义

在使用函数时，要先对函数进行定义，确定具体要完成的功能，函数的使用就是调用函数的过程。

函数定义的语法形式如下：

```
函数类型 函数名(形式参数表)
{
    函数体;
}
```

函数类型是指函数的返回值的类型，形式参数表(简称形参表)中一般包括形参类型和参数名，也可以只包括参数类型而不包括参数名，如下面两种写法等价：

```
int max(int x, int y);
int max(int, int);
```

在编译时只检查参数类型，而不检查参数名。

在函数体中，return关键字负责将后面的值作为函数的返回值，并且将程序控制返回到调用此函数的位置处，无返回值的函数类型为void。一旦执行了return语句，则函数体内return语句后面的语句就不再执行。

4.2 函数的调用

4.2.1 函数的调用形式

调用函数之前先要在主调函数中声明函数原型。在主调函数中,或所有函数之前,按如下形式声明:

函数类型 被调用函数名 (形参表);

如果是在所有函数之前声明了函数原型,那么该函数原型在本程序文件中任何地方都有效。也就是说,在本程序文件中任何地方都可以依照该原型调用相应的函数。如果是在某个主调函数内部声明了被调函数原型,那么该原型就只能在这个主调函数内部有效。

声明了函数原型后,就可以按如下形式调用函数:

函数名(实参表);

实参表中应给出与函数原型形参个数相同、类型相符的实参。函数调用可以作为一条语句,这时函数可以没有返回值。函数调用也可以出现在表达式中,这时就必须有一个明确的返回值。

例 4.1 设计程序完成 $\sum_{i=1}^{2} i + \sum_{j=1}^{3} + \sum_{k=1}^{5} k$。

编程说明:为了对比使用函数和没有使用函数程序的效果,本例给出了两种情况的程序。

没有使用函数的程序如下:

```
#include <iostream>
using namespace std;
int main()
{
    int i;
    int k = 1;
    int sum = 0;
    for(i = 1;i< = 2;i ++ )
    {
        k = k * i;
        sum = sum + k;
    }
    k = 1;
    for(i = 1;i< = 3;i ++ )
    {
        k = k * i;
        sum = sum + k;
    }
    k = 1;
    for(i = 1;i< = 5;i ++ )
```

```
    {
        k = k * i;
        sum = sum + k;
    }
    printf("sum = % d\n",sum);
    return 0;
}
```

使用函数后的程序如下：

```
#include <iostream>
using namespace std;
int power(int a);
int main()
{
    int sum;
    sum = power(2) + power(3) + power(5);
    printf("sum = % d",sum);
    return 0;
}
int power(int a)
{
    int sum = 0, k = 1;
    for(int i = 1;i< = a;i ++ )
    {
    k = k * i;
    sum = sum + k;
    }
    return sum;
}
```

从没有使用函数的程序和使用函数后的程序对比可以看出，使用函数后由于代码的重用使得程序的代码量明显减少，而且求和的项数越多，效果越明显。

例 4.2　从键盘输入三角形的三条边，判断其能否构成三角形。如果不能，则重新从键盘输入；如果能，则调用求面积的函数，完成面积的计算。

编程说明：由三条边构成三角形的条件是三角形的任意两边之和大于第三边。如果三角形的三条边分别为 a，b，c，则要满足：$a+b>c$，$a+c>b$ 且 $b+c>a$，三角形的面积公式为

$$S=\sqrt{p(p-a)(p-b)(p-c)}$$

其中，S 表示三角形的面积，$p=(a+b+c)/2$。

程序如下：

```
#include<iostream>
#include<cmath>
using namespace std;
double Area(float x,float y,float z)
```

```
{
    double p,s;
    p = (x + y + z)/2;
    s = sqrt(p * (p - x) * (p - y) * (p - z));
    return s;
}
int main()
{
    int a,b,c;
    double s;
    do
    {
        cout << "请输入三角形的三条边:" << endl;
        cin >> a >> b >> c;
    }
    while(a + b<= c||b + c<= a||a + c<= b);
    s = Area(a,b,c);
    cout << "三角形的面积 = " << s << endl;
    return 0;
}
```

程序运行结果如下:

```
请输入三角形的三条边:
3 4 5↙
三角形的面积 = 6
```

例 4.3　寻找并输出 11～999 之间的数,满足 m、m^2 和 m^3 均为回文数。

编程说明:

所谓回文数是指其各位数字左右对称的整数,如 121,676,94 249 等。满足上述条件的数如 m=11,m^2=121,m^3=1 331。

分析:判断一个数是否回文,可以用除以 10 取余的方法,从最低位开始,依次取出该数的各位数字,然后用最低位充当最高位,按反序重新构成新的数,比较与原数是否相等。若相等,则原数为回文数。

程序如下:

```
#include<iostream>
using namespace std;
bool symm(long n);
int main()
{
    long m;
    for(m = 11; m<1000; m++)
        if (symm(m)&&symm(m * m)&&symm(m * m * m))
            cout << "m = " << m << "  m * m = " << m * m << "  m * m * m = " << m * m * m << endl;
    return 0;
```

```
}
bool symm(long n)
{
    long i,m;
    i = n;
    m = 0;
    while(i)
    {
        m = m * 10 + i % 10;
        i = i/10;
    }
    return ( m == n );
}
```

程序运行结果如下：

```
m = 11    m * m = 121     m * m * m = 1331
m = 101   m * m = 10201   m * m * m = 1030301
m = 111   m * m = 12321   m * m * m = 1367631
```

例 4.4　编写程序求 π 的值，公式如下：

$$\pi=16\arctan\left(\frac{1}{5}\right)-4\arctan\left(\frac{1}{239}\right)$$

其中，arctan 用如下形式的级数计算：

$$\arctan(x)=x-\frac{x^3}{3}+\frac{x^5}{5}-\frac{x^7}{7}+\cdots$$

直到级数某项绝对值不大于 10^{-15} 为止；π 和 x 均为 double 型。

程序如下：

```
#include<iostream>
using namespace std;
double arctan(double x);
int main()
{
  double a,b;
  a = 16.0 * arctan(1/5.0);
  b = 4.0 * arctan(1/239.0) ;
  cout << "PI = " << a - b << endl;
  return 0;
}
double arctan(double x)
{
  int i;
  double r,e,f,sqr;
  sqr = x * x;
  r = 0;
  e = x;
```

```
    i = 1;
    while(e/i>1e - 15)
    {
      f = e/i;
      r = (i % 4 = = 1)? r + f : r - f;
      e = e * sqr;
      i + = 2;
    }
    return  0;
}
```

程序运行结果如下：

```
PI = 3.141 59
```

4.2.2 函数的嵌套调用

函数的嵌套调用就是在一个函数里调用其他的函数。

例 4.5 从键盘输入 3 个整数，求它们的立方和。

程序如下：

```
#include<iostream>
using namespace std;
int main()
{
     int a,b,c;
     int func1(int x,int y,int z);
     cin >> a >> b >> c;
     cout << "a、b、c 的立方和 = " << func1(a,b,c) << endl;
     return 0;
}
int func1(int x,int y,int z)
{
     int func2(int m);
     return (func2(x) + func2(y) + func2(z));
}
int func2(int m)
{
     return m * m * m;
}
```

程序运行结果如下：

```
1 2 3↙
a、b、c 的立方和 = 36
```

4.2.3 递归调用

函数可以直接或间接地调用自身，称为递归调用。所谓调用自身，是指一个函数的函数体出现了自身的调用表达式。

递归调用的实质就是将原有的问题分解为新的问题，而解决新问题时又用到了原有问题的解法。按照这一原则分解下去，每次出现的新问题都是原有问题的简化的子集，而最终分解出来的问题，是一个已知解的问题。这便是有限的递归调用。只有有限的递归调用才是有意义的，无限的递归调用永远得不到解，没有实际意义。

例 4.6　用递归调用的方法求 n!。

程序如下：

```
#include<iostream>
using namespace std;
long func(int n);
int main()
{
    int n;
    long y;
    cout << "请输入一个正整数:";
    cin >> n;
    y = func(n);
    cout << n << "! = " << y << endl;
    return 0;
}
long func(int n)
{
    long f;
    if (n<0)
        cout << "n<0,data error!" << endl;
    else if
        (n == 0) f = 1;
    else
        f = func(n - 1) * n;
    return f;
}
```

程序运行结果如下：

```
请输入一个正整数:5↙
5! = 120
```

4.3　函数的参数传递

在函数未被调用时，函数的形参并不占有实际的内存空间，也没有实际的值。只有在函数被调用时才为形参分配存储单元，并将实参与形参结合。实参可以是常量、变量或表达式，其类型必须与形参相符。函数的参数传递指的是形参与实参结合（简称形实结合）的过程，形实结合的方式有值调用和引用调用。

4.3.1 值调用

值调用是指当发生函数调用时,给形参分配内存空间,并用实参来初始化形参(直接将实参的值传递给形参),这一过程是参数值的单向传递过程,一旦形参获得了值便与实参脱离关系。此后无论形参发生了怎样的改变,都不会影响到实参的值。

例 4.7 两个整数,交换后输出,按值传递。

程序如下:

```
#include<iostream>
using namespace std;
void Swap(int a, int b);
int main()
{
    int x, y;
    cin >> x >> y;
    cout << "采用值传递之前:" << endl;
    cout << "x = " << x << endl;
    cout << "y = " << y << endl;
    Swap(x,y);
    cout << "采用值传递之后:" << endl;
    cout << "x = " << x << endl;
    cout << "y = " << y << endl;
    return 0;
}
void Swap(int a, int b)
{
    int t;
    t = a;
    a = b;
    b = t;
}
```

程序运行结果如下:

```
11 22 ↙
采用值传递之前:
x = 11
y = 22
采用值传递之后:
x = 11
y = 22
```

从程序的执行结果看,使用值传递函数的参数,形参在函数体中的执行过程中值发生了变化,但是没有影响到实参。

4.3.2　引用调用

引用也可以作为形参,如果将引用作为形参,情况便稍有不同。这是因为形参的初始化不在类型说明时进行,而是在执行主调函数中的调用语句时才为形参分配内存空间,同时用实参来初始化形参。这样,引用类型的形参就通过形实结合,成为实参的一个别名,对形参的任何操作也就会直接作用于实参。用引用作为形参的函数调用,称为引用调用。

例 4.8　用引用调用来实现数据交换。

程序如下:

```
#include<iostream>
using namespace std;
void Swap(int &a, int &b);
int main( )
{
    int x, y;
    cin >> x >> y;
    cout << "x = " << x << endl;
    cout << "y = " << y << endl;
    Swap(x,y);
    cout << "采用值传递:" << endl;
    cout << "x = " << x << endl;
    cout << "y = " << y << endl;
    return 0;
}
void Swap(int &a, int &b)
{
    int t;
    t = a;
    a = b;
    b = t;
}
```

程序运行结果如下:

```
11 22↙
采用引用传递之前:
x = 11
y = 22
采用引用传递之后:
x = 22
y = 11
```

从程序的执行情况看,很显然,通过引用传递参数时,在执行函数体程序的过程中,形参的值发生了交换直接作用于实参,所以实参值也发生了交换。

4.4　带默认参数的函数

一般情况下,在函数调用时形参从实参那里获取传递来的值,因此实参的个数应与形参相同。但是,有时多次调用同一函数时用的是同样的实参值,C ++提供简单的处理方法,给形参一个默认值,这样形参就不必一定要从实参取值了。如有一函数声明

```
double Area(int r = 2);
```

指定 r 的默认值为 2,如果在调用此函数时确认 r 的值是 2,则可以不必给出实参的值。如

```
Area();                    //相当于 Area(2)
```

如果不想使形参值取此默认值,则通过实参另行给出。如

```
Area(4);                   //形参得到的值为 4,而不是 2
```

这种方法比较灵活,可以简化编程,提高运行效率。

如果有多个形参,可以使每个形参有一个默认值,也可以只对一部分形参指定默认值,另一部分形参不指定默认值。如有一个求圆柱体体积的函数,形参 h 代表圆柱体的高,r 为圆柱体半径。函数原型如下:

```
double volume(float h,float r = 12.5);
```

函数调用可以采用以下形式:

```
volume(45.6);          //相当于 volume(45.6,12.5)
volume(34.2,10.4)      //h 的值为 34.2,r 的值为 10.4
```

实参与形参的结合是从左向右进行的,第一个实参必然与第一个形参结合,第二个实参必然与第二个形参结合,以此类推。因此,指定默认值的参数必须放在形参列表中的最右端,否则出错。例如:

```
void f1(float a,int b = 0,int c,char d = 'a');        //错误
void f2(float a,int c,int b = 0,char d = 'a');        //正确
```

如果要调用上面的 f2 函数,可以采取下面的形式:

```
f2(3.5,5,3, 'x');          //形参的值全部从实参得到
f2(3.5,5,3);               //最后一个形参的值取默认值'a'
f2(3.5,5);                 //最后两个形参的值取默认值,b = 0,d = 'a'
```

可以看到,在调用有默认参数的函数时,实参的个数可以与形参不同,实参为给定的,从形参的默认值中得到值。利用这一特性,可以使函数的使用更加灵活。

例 4.9　带默认形参的函数举例。

程序如下:

```
#include<iostream>
using namespace std;
int volume(int length, int width  =  2, int height  =  3);
```

```
int main( )
{
    int x = 10, y = 12, z = 15;
    cout << "体积1=" << volume(x, y, z) << endl;
    cout << "体积2=" << volume(x, y) << endl;
    cout << "体积3=" << volume(x) << endl;
    cout << "体积4=" << volume(x, 7) << endl;
    cout << "体积5=" << volume(5, 5, 5) << endl;
    return 0;
}

int volume(int length, int width, int height)
{
    cout << "长=" << length << " " << "宽=" << width << " " << "高=" << height << " ";
    return length * width * height;
}
```

程序运行结果：

```
长=10  宽=12  高=15  体积1=1800
长=10  宽=12  高=3  体积2=360
长=10  宽=2  高=3  体积3=60
长=10  宽=7  高=3  体积4=210
长=5  宽=5  高=5  体积5=125
```

在使用带有默认参数的函数时有两点要注意：

① 如果函数的定义在函数调用之前，则应在函数定义中给出默认值。如果函数的定义在函数调用之后，则在函数调用之前需要有函数声明，此时必须在函数声明中给出默认值，在函数定义时可以不给出默认值。也就是说，必须在函数调用之前将默认值的信息通知编译系统。由于编译是从上到下逐行进行的，如果在函数调用之前未得到默认值信息，在编译到函数调用时，就会认为实参个数与形参个数不匹配而报错。如果在声明函数时已对形参给出了默认值，而在定义函数时又对形参给出默认值，有的编译系统会给出"重复给定指定值"的报错信息，有的编译系统对此不报错，甚至允许在声明时和定义时给出的默认值不同，此时编译系统以先遇到的为准。由于函数声明在函数定义之前，因此以声明时给出的默认值为准。为了避免混淆，最好只在函数声明时指定默认值。

② 一个函数不能既作为重载函数，又作有默认参数的函数。因为当调用函数时，如果少写一个参数，系统将无法判定是利用重载函数还是利用默认参数的函数，会出现二义性，系统将无法执行。

4.5 函数重载

所谓函数重载是指同一个函数名可以对应着多个函数的实现。例如，可以给函数名add()定义多个函数实现，该函数的功能是求和，即求两个操作数的和。其中，一个函数实现是求两个 int 型数之和,另一个实现是求两个浮点型数之和,再一个实现是求两个复数之和。每种实现对应着一个函数体,这些函数的名字相同,但是函数的参数的类型不同。这就是函数重载的概念。

函数重载要求编译器能够唯一地确定调用一个函数时应执行的函数代码,即采用哪个函数实现。确定函数实现时,要求从函数参数的个数和类型上来区分。这就是说,进行函数重载时,要求同名函数在参数个数上不同,或者参数类型上不同。否则,将无法实现重载。

如果没有重载机制,那么对不同类型的数据进行相同的操作就需要定义名称完全不同的函数。例如定义加法函数,就必须对整数的加法和浮点数的加法使用不同的两个函数名:

```
int iadd(int x, int y);
float fadd(float x, float y);
```

这样,调用在函数很多时会有大量的函数名不便于记忆,不符合人类思维的一般习惯。

C++允许功能相近的函数在相同的作用域内以相同函数名定义,从而形成重载,方便使用,便于记忆。

例如:

- 形参类型不同

```
int add(int x, int y);
float add(float x, float y);
```

- 形参个数不同

```
int add(int x, int y);
int add(int x, int y, int z);
```

注意: 重载函数的形参必须不同,即形参个数不同或类型不同。编译程序对实参和形参的类型及个数进行最佳匹配,以此来选择调用哪一个函数。如果函数名相同,则形参类型也相同(无论返回值类型如何),在编译时会被认为是语法错误,即函数重复定义。

例如:

- ```
  int add(int x, int y);
  int add(int a, int b);        //不能以形参名来区分函数
  ```
- ```
  int add(int x, int y);
  float add(int x, int y);      //不能以返回值来区分函数
  ```

例 4.10 编写三个名为 add 的重载函数,分别实现两整数相加、两实数相加和两复数相加的功能。

程序如下:

```
#include<iostream>
using namespace std;
struct complex
{
    double real;
    double imag;
};
```

```
complex c1, c2, c3;
int add(int m, int n);
double add(double x, double y);
complex add(complex c1, complex c2);
int main()
{
    int m, n;
    double x, y;
    cout << "请输入 2 个整数:";
    cin >> m >> n;
    cout << "两个整数的和 = " << add(m,n) << endl;
    cout << "请输入 2 个实数: ";
    cin >> x >> y;
    cout << "两个实数的和 = " << add(x,y) << endl;
    cout << "请输入第 1 个复数的实部和虚部: ";
    cin >> c1.real >> c1.imag;
    cout << "请输入第 2 个复数的实部和虚部: ";
    cin >> c2.real >> c2.imag;
    c3 = add(c1,c2);
    cout << "两个复数之和 = " << c3.real << " + " << c3.imag << "j" << endl;
    return 0;
}
int add(int m, int n)
{
    return m + n;
}
double add(double x, double y)
{
    return x + y;
}
complex add(complex c1, complex c2)
{
    complex c;
    c.real = c1.real + c2.real;
    c.imag = c1.imag + c2.imag;
    return c;
}
```

运行结果如下：

```
请输入 2 个整数:1 2↙
两个整数的和 = 3
请输入 2 个实数: 1.2 2.3↙
两个实数的和 = 3.5
请输入第 1 个复数的实部和虚部: 1 2↙
请输入第 2 个复数的实部和虚部: 3 4↙
```

```
两个复数之和=4+6j
```

例4.11　求三个数中的最大数,分别考虑整型、浮点型和长整型的情况,用函数重载完成。

程序如下:

```
#include<iostream>
using namespace std;
int max(int a,int b,int c)
{
    if(b>a) a=b;
    if(c>a) a=c;
    return a;
}
float max(float a,float b,float c)
{
    if(b>a) a=b;
    if(c>a) a=c;
    return a;
}
char max(char a,char b,char c)
{
    if(b>a) a=b;
    if(c>a) a=c;
    return a;
}
int main()
{
    int i1,i2,i3;
    float f1,f2,f3;
    char c1,c2,c3;
    cout << "请输入三个整数:";
    cin >> i1 >> i2 >> i3;
    cout << "最大的整数=" << max(i1,i2,i3) << endl;
    cout << "请输入三个浮点数:";
    cin >> f1 >> f2 >> f3;
    cout << "最大的浮点数=" << max(f1,f2,f3) << endl;
    cout << "请输入三个字符:";
    cin >> c1 >> c2 >> c3;
    cout << "最大的字符=" << max(c1,c2,c3) << endl;
    return 0;
}
```

程序运行结果如下:

```
请输入三个整数:1 3 2↙
最大的整数=3
```

```
请输入三个浮点数:2.3 4.5 5.6↙
最大的浮点数 = 5.6
请输入三个字符:a j v↙
最大的字符 = v
```

从上面的程序可以看到,三个重载函数里面的代码一样,这样编写程序代码长度较长,效率较低,下面用函数模板实现上面的程序。

4.6　函数模板

函数的重载可以实现一个函数名的多用,将实现相同的或相似功能的函数用同一个函数名来定义。这样可以使编程者在调用同类函数时感到含义清楚,方法简单。但是,在程序中仍要分别定义每一个函数。能否简化呢?

为了解决这个问题,C++提供了函数模板(function template)。所谓函数模板,实际上是建立一个通用函数,其函数类型和形参类型不具体指定,用一个虚拟的类型来代表。这个通用函数就成为函数模板。凡是函数体相同的函数都可以用这个模板来代替,不必定义多个函数,只须在模板中定义一次即可。在调用函数时系统会根据实参的类型来取代模板中的虚拟类型,从而实现了不同函数的功能。

定义函数模板的一般形式为

template ⟨typename T⟩　或　**template ⟨class T⟩**

　　通用函数定义　　　　　通用函数定义

template 的含义是"模板",尖括号中先写关键字 typename(或 class),后面跟一个类型参数 T,这个类型参数实际上是一个虚拟的类型名,表示模板中出现的 T 是一个类型名,但是现在并未指定它的具体类型。在函数定义时用 T 来定义变量 a,b,c,显然变量 a,b,c 的类型也是未确定的,要等到函数调用时根据实参的类型来确定 T 的类型。其实,也可以不用 T 而用任何一个标识符,许多人习惯用 T(T 是 Type 的第一个字母),而且是大写,可以与实际的类型名相区别。

class 和 typename 的作用相同,都表示"类型名",二者可以互换。以前的 C++程序员都用 class。typename 是不久前才加入到标准 C++中的,因为用 class 容易与 C++中的类混淆。而用 typename 其含义就很清楚,是类型名而非类名。

类型参数可以不止一个,可根据需要确定个数。如

```
template<class T1,typename T2>
```

例 4.12　求三个数中的最大数,分别考虑整型,实型和字符型的情况,用函数模板完成。程序如下:

```
#include <iostream>
using namespace std;
template<typename T>
T max(T a,T b,T c)
{
    if(b>a) a = b;
```

```
    if(c>a) a = c;
    return a;
}
int main()
{
    int i1,i2,i3;
    float f1,f2,f3;
    char c1,c2,c3;
    cout << "请输入三个整数:";
    cin >> i1 >> i2 >> i3;
    cout << "最大的整数 = " << max(i1,i2,i3) << endl;
    cout << "请输入三个浮点数:";
    cin >> f1 >> f2 >> f3;
    cout << "最大的浮点数 = " << max(f1,f2,f3) << endl;
    cout << "请输入三个字符:";
    cin >> c1 >> c2 >> c3;
    cout << "最大的字符 = " << max(c1,c2,c3) << endl;
    return 0;
}
```

程序运行结果如下:

```
请输入三个整数:1 3 2
最大的整数 = 3
请输入三个浮点数:2.3 4.5 5.6
最大的浮点数 = 5.6
请输入三个字符:a j v
最大的字符 = v
```

可以看到,用函数模板比函数重载程序更简洁,更方便。但应注意,它只适用于函数的参数个数相同而类型不同,但函数体相同的情况。如果参数的个数不同,则不能用函数模板。

第 5 章　类与对象

类是 C ++中非常重要的概念,是实现面向对象程序设计的基础。对象则是类的实例。

C ++对 C 的改进,最重要的是引入了类,所以 C ++开始时被称为“带类的 C”。类是所有面向对象程序设计语言的共同特征。如果一种计算机语言不包括类,则不能称为面向对象程序设计的语言。类是 C ++的灵魂,如果没有真正掌握类,就不能真正掌握 C ++。

本章首先介绍类形成的基础,即抽象和封装;接着着重讲解面向对象设计方法的类与对象,包括类的声明和实例化,类成员定义和访问控制,类的构造函数和析构函数;最后讲解友元和类模板。

5.1　类形成的基础

5.1.1　抽　象

对象是人们要进行研究的任何事物,从最简单的整数到复杂的飞机等均可看做对象,它不仅能表示具体的事物,还能表示抽象的规则、计划或事件。一些对象是活的,一些对象不是。比如这辆汽车、这个人、这间房子、这张桌子、这株植物、这张支票、这件雨衣。概括来说:万物皆对象。抽象是从众多的事物中抽取出共同的、本质性的特征,而舍弃其非本质的特征。

对类似的对象进行抽象,找出其共同属性,便构成一种类型,然后再用计算机语言来描述和表达。作为一种面向对象程序设计语言,C ++支持这种抽象。将抽象后的数据和函数封装在一起,便构成了 C ++的“类”。在面向对象的软件开发中,首先注意的是对问题的描述,其次是解决问题的具体过程。一般来讲,对一个问题的抽象应该包括两个方面:数据抽象和行为抽象(或称为功能抽象、代码抽象)。前者描述的是某类对象共同的属性,后者描述某类对象共同的行为或功能特征。

如果要在计算机上来实现一个简单的时钟程序。通过对时钟进行分析可以看出,需要三个整型数来表达时间,分别表示时、分、秒,这就是对时钟所具有的数据进行抽象。另外,时钟要具有显示时间、设置时间等简单功能,这就是对它的行为抽象。在 C ++中,就可以用变量来实现其数据抽象。

数据抽象:

```
int hour,int minute,int second
```

同理,在 C ++中,可以用函数来实现行为抽象:

```
ShowTime( ),SetTime ( )
```

如果对人进行抽象,通过对人类的特点进行描述、归纳、抽象,提取出的共同属性和行为,可以得到如下的抽象描述:

① 共同的属性,如姓名、性别、年龄等,它们组成了人的数据抽象部分,如果用变量来表

达,可以是:

```
char name[10]; char gender[10]; int age;
```

② 共同的行为,比如吃饭、工作、学习和晋升等行为。这构成了人的行为抽象部分,也可以用 C ++语言的函数表达:

```
Eat( ); Work( ); Study( );Promote( )
```

5.1.2 封 装

封装就是将抽象得到的数据和行为(或功能)相结合,形成一个有机的整体,也就是将数据与操作数据的函数代码进行有机地结合,形成类,其中的数据和函数都是类的组成部分,称为类的成员。

封装的目的是增强安全性和简化编程,使用者不必了解具体的实现细节,而只是要通过外部接口这一特定的访问权限来使用类的成员。

例如:在抽象的基础上,将时钟的数据和行为用变量和函数表示并封装起来,则构成一个时钟类。按照 C ++的语法,时钟类的声明如下:

```
class clock                                          //class 关键字    类名
{                                                    //边界
   public:                                           //外部接口
         void SetTime(int h, int m, int s);          //行为,代码成员
         void ShowTime();                            //行为,代码成员
   private:                                          //特定的访问权限
         int hour, minute, second;                   //属性,数据成员
};                                                   //边界
```

这里定义了一个名为 clock 的类,其中的函数成员和数据成员描述了抽象的结果。{}限定了类的边界。关键字 public 和 private 是用来指定成员的不同访问权限的。声明为 public 的两个函数为类提供了外部接口,外界只能通过这个接口来与 clock 类发生联系。声明为 private 的三个整型数据是本类的私有数据,外部无法直接访问。

可以看到,通过封装使一部分成员充当类与外部的接口,而将其他成员隐蔽起来,这样就达到了对成员访问权限的合理控制,使不同的类之间的相互影响减小到最低限度,进而增强数据的安全性。将数据和代码封装为一个可重用的程序模块,在编写程序时就可以有效地利用已有的成果。由于通过外部接口依据特定的访问规则就可以使用封装好的模块,使用时便不必了解类的实现细节。

5.2 类和对象

5.1 节讲解了类形成的基础,即抽象和封装。通过抽象,把事物的共同的本质特性用属性和行为来描述,在计算机中,用变量来描述属性特征,用函数来描述行为特征。封装就是将抽象得到的数据和行为相结合,形成一个有机的整体,即类。那么,类到底该如何定义呢?

类是具有相同属性和行为的一组对象的集合。

当声明一个类后，便可以声明该类的变量，这个变量就称为类的对象（或实例），这个声明的过程也称为类的实例化。

在面向过程的结构化程序设计中，程序的模块是由函数构成的，函数将逻辑上相关的语句与数据封装，用于完成特定的功能。在面向对象程序设计中，程序模块是由类构成的。类是对逻辑上相关的函数与数据的封装，它是对问题的抽象描述。因此，后者的集成度更高，也就适合用于大型复杂程序的开发。

5.2.1 类的声明

这里还是以时钟为例，时钟类的声明如下：

```
class clock
{
public:
    void SetTime(int h, int m, int s);
    void ShowTime();
private:
    int hour, minute, second;
};
```

这里，封装了时钟的属性和行为，分别称为 clock 类的成员变量（或称数据成员）和函数成员。声明类的语法形式如下：

```
class 类名称
{
    public:
        外部接口
    protected:
        保护型成员
    private:
        私有成员
};
```

其中：public、protected、private 分别表示对成员的不同访问权限控制。

注意： 在类中可以只声明函数的原型，函数的实现（即函数体）可以在类外定义：

```
void clock::SetTime(int h,int m,int s)
{
    hour = h;
    minute = m;
    second = s;
}
void clock::ShowTime()
{
    cout << hour << ":" << minute << ":" << second << endl;
}
```

可以看出，与普通函数不同，类的成员函数在类体外实现时，必须在函数名前加上类名，予以限定,“::”是作用域限定符(field qualifier),用它声明函数所属的类。

虽然成员函数的实现在类的外部,但是在调用成员函数时会根据在类中声明的函数原型找到函数的函数体,从而执行该函数。

成员函数的实现也可以在类体里面完成。例如:

```
class clock
{
public:
    void SetTime(int h, int m, int s)
    {
        hour = h;
        minute = m;
        setcond = s;
    }
    void SetTime( )
    {
        cout << hour << ":" << minute << ":" << second << endl;
    }
private:
    int hour, minute, second;
};
```

在类体里对成员函数进行声明,在类体外实现,这是程序设计一种良好习惯。如果一个函数,其函数体只有 2～3 行,一般函数的实现可以在类体里面完成,如果超过 3 行,一般在类体里声明,类体外实现。这样,不仅可以缩短类体的长度,使类体清晰,便于阅读,而且有助于把类的接口和类的实现细节相分离,从而提高所设计程序的质量。

5.2.2 类成员的访问控制

类的成员包括成员变量和成员函数,分别描述问题的属性和行为,是不可分割的两个方面。成员变量的声明方式与一般的变量相同,只要将这个声明放在类的主体中即可。类的成员变量与一般变量的区别在于其访问权限可以用类来控制。

成员函数是描述类行为,一般在类中声明原型,在类体外实现,函数名前面使用类名“::”加以限定,标识它和类之间的关系。

为了理解类成员的访问权限,先来看钟表这个熟悉的例子。不管哪一种钟表,都记录着时间值,都有显示面板、旋钮或按钮。可以将所有钟表的共性抽象为钟表类。正常使用者使用时只能通过面板察看时间,通过旋钮或按钮来调整时间。当然,修理师可以拆开钟表,但一般人最好别尝试。这样,面板、旋钮或按钮就是使用者接触和使用钟表的仅有途径,因此将它们称为类的外部接口。而钟表记录的时间值,便是类的私有成员,使用者只能通过外部接口去访问私有成员。

对类成员访问权限的控制,是通过设置成员的访问控制属性实现的。访问控制属性有三种:公有类型(public)、私有类型(private)和保护类型(protected)。

公有类型声明了类的外部接口。公有类型成员用 public 关键字声明,在类体外只能访问类的公有成员。对于时钟类,从类体的外部只能调用 SetTime()和 ShowTime()这两个公有类型的成员函数来访问或查看时间。

在关键字 private 后面声明的就是类的私有类型成员。如果私有成员紧接着类名称,则关键字 private 可以省略。私有成员只能被本类的成员函数访问,来自于外部的任何访问都是非法的。

保护类型成员的性质与私有成员的性质相似,其差别在于继承过程中对产生的新类影响不同。

在类的声明中,具有不同访问属性的成员,可以按任意顺序出现。修饰访问属性关键字也可以多次出现。但是,一个成员只能具有一种访问属性。例如,将时钟类写成以下形式也是正确的:

```
class clock
{
public:
    void SetTime(int h, int m, int s);
private:
    int hour, minute, second;
    void ShowTime( );
};
```

在书写时通常习惯将公有类型放在最前面,这样便于阅读,因为它们是外部访问时要了解的。一般情况下,一个类的成员变量都应该声明为私有成员,这样,内部数据结构就不会对该类以外的其余部分造成影响,程序模块之间的相互作用就被降到最小。

5.2.3 类的成员函数

类的成员函数描述的是类的行为,例如时钟类的成员函数 SetTime()和 ShowTime()。成员函数是程序算法的实现部分,是对封装的数据进行操作的方法。

1. 成员函数的声明和实现

函数的原型声明要写在类体中,原型说明了函数参数表的返回值类型。而函数的具体实现是写在类体之外的。与普通函数不同的是,实现成员函数时要指明类的名称,具体形式如下:

```
返回值类型　　类名::函数成员名(参数表)
{
    函数体
}
```

2. 带默认形参值的成员函数

类的成员函数也可以有默认形参值,其调用规则与普通函数相同。有时候这个默认值可以带来很大方便,比如时钟类的 SetTime()函数,就可以使用以下默认值:

```
void clock::SetTime(int h = 0,int m = 0,int s = 0)
{
    hour = h;
    minute = m;
```

```
    second = s;
}
```

这样,如果调用这个函数时没有给出实参,就会按照默认形参值将时钟设置到午夜零点。

3. 内联成员函数

函数的调用过程要消耗一些内存资源和运行时间来传递参数和返回值,要进行必要的现场保护,以保证调用完成后能够正确地返回并继续执行。如果有的函数成员需要被频繁调用,而且代码比较简单,这个函数也可以定义为内联函数(inline function)。内联成员函数的函数体也会在编译时被插入到每一个调用它的地方。这样做可以减少调用开销,提高执行效率,但是却增加了编译后代码的长度。所以,要在权衡利弊的基础上慎重选择,只有对相当简单的成员函数才可以声明为内联函数。

内联函数的声明有两种方式:隐式声明和显式声明。

将函数体直接放在类体内,这种方法可以称为隐式声明。比如,将时钟类的ShowTime()函数声明为内联函数,可以写作:

```
class clock
{
public:
    void SetTime(int h,int m,int s);
    void ShowTime()
    {
        cout << hour << ":" << minute << ":" << endl;
    }
private:
    int hour,minute,second;
};
```

为了保证类定义的简洁,一般采用关键字inline显式声明的方式,即在函数体实现时,在函数返回值类型前加上inline;类定义中不加入ShowTime的函数体。请看下面的表达方式:

```
inline void clock::ShowTime()
{
    cout << hour << ":" << minute << ":" << second << endl;
}
```

效果与前面隐式表达是完全相同的。

5.2.4 对　象

类实际上是一种抽象机制,它描述了一类问题的共同属性和行为。在C++中,类的对象就是该类的某一特定实体(也称实例)。例如,将整个公司的雇员看做一个类,那么每一个雇员就是该特定实体,也就是一个对象。

实际上,每一种数据类型都是对一类数据的抽象,在程序中声明的每一个变量都是其所属数据类型的一个实例。如果将类也看做是自定义的类型,那么类的对象就可以看成是该类型的变量。好比建造房屋先要设计图纸,然后按图纸在不同的地方建造若干栋同类的房屋。可以说，类是对象的模板，是用来定义对象的一种抽象类型。

类是抽象的，不占用内存，而对象是具体的，占用存储空间。

声明一个对象和声明一个一般变量相同，采用以下的方式：

类名 对象名;

例如：

```
clock c1;
```

就声明了一个时钟类型的对象 c1。

5.2.5　类成员的访问

1. 通过对象名访问类的成员

声明了类及其对象，就可以访问对象的公有成员，例如设置和显示对象 myClock 的时间值。这种访问采用的是“.”操作符，其一般形式如下：

对象名.公有成员函数名(参数表);

例如，访问了 clock 的对象 c1 的成员函数 ShowTime()的方式如下：

```
c1.ShowTime();
```

在类的外部只能访问到类的公有成员，在类的内部，所有成员之间都可以通过成员名称直接访问，这就实现了对访问范围的有效控制。

例 5.1　通过类的对象访问类的成员。

程序如下：

```
#include<iostream>
using namespace std;
class Time
{
public:
    void display();
    int hour,minute,sec;
};
void Time::display()
{
    cout << hour << ":" << minute << ":" << sec << endl;
}
int main()
{
    Time t1;
    cin >> t1.hour >> t1.minute >> t1.sec;
    cout << t1.hour << ":" << t1.minute << ":" << t1.sec << endl;
    t1.display();
    cout << sizeof(t1) << endl; //对象的大小
    return 0;
}
```

程序运行结果如下：

```
12 45 56 ↙
12:45:56
12:45:56
12
```

2. 通过指向对象的指针访问类的成员

如果是用对象指针来访问对象的成员，则其语法形式如下：

对象指针名->成员名;

例 5.2 通过对象指针访问类的成员。

程序如下：

```
#include<iostream>
using namespace std;
class Time
{
public:
    void display();
    int hour,minute,sec;
};
void Time::display()
{
    cout << hour << ":" << minute << ":" << sec << endl;
}
int main()
{
    Time *t1;
    t1 = new Time;  //为对象指针动态分配内存空间
    cin >> t1->hour >> t1->minute >> t1->sec;
    cout << t1->hour << ":" << t1->minute << ":" << t1->sec << endl;
    t1->display();
    delete t1;     //销毁对象指针,释放存储空间
    return 0;
}
```

程序运行结果如下：

```
12 45 56 ↙
12:45:56
12:45:56
```

3. 通过对象的引用访问类的成员

如果为一个对象定义了一个引用，它们是共用了一段存储单元，实际上它们是同一个对象，只是用不同的名字而已。因此完全可以通过引用来访问对象中的成员。

例 5.3　通过对象的引用来访问类的成员。

程序如下：

```
#include<iostream>
using namespace std;
class Time
{
public:
    void display();
    int hour,minute,sec;
};
void Time::display()
{
    cout << hour << ":" << minute << ":" << sec << endl;
}
int main()
{
    Time t1;
    Time &t2 = t1;
    cin >> t1.hour >> t1.minute >> t1.sec;
    t2.display();
    return 0;
}
```

程序运行结果如下：

```
12 45 56↙
12:45:56
```

5.3　构造函数和析构函数

类和对象的关系就相当于基本数据类型与其变量的关系，也就是一个一般与特殊的关系。每个对象区别于其他对象的地方主要有两个，外在的区别就是对象的名称，而内在的区别就是对象自身的属性值，即成员变量值。

就像声明基本类型变量时可以同时进行初始化一样，在声明对象的时候，也可以同时对它的成员变量赋初值。在声明对象的时候进行的成员变量设置，称为对象的初始化。在特定对象使用结束时，还经常需要进行一些清理工作。C++程序中的初始化和清理工作，分别由两个特殊的成员函数来完成，它们就是构造函数和析构函数。

5.3.1　构造函数

要理解构造函数，首先需要理解对象的建立过程。为此，先来看一个基本类型变量的初始化过程；每一个变量在程序运行时都要占据一定的内存空间，在声明一个变量时对变量进行初始化，就意味着在为变量分配内存单元的同时，在其中写入了变量的初始值。这样的初始化在C++源程序中看似很简单，但是编译器却需要根据变量的类型自动产生一些代码来完成初始化过程。

对象的建立过程也是类似的:在程序执行过程中,当遇到对象声明语句时,程序会向操作系统申请一定的内存空间用于存放新建的对象。希望程序能像对待普通变量一样,在分配内存空间的同时将数据成员的初始值写入。但是不幸的是,做到这一点不那么容易,因为与普通变量相比,类的对象太复杂了,编译器不知道如何产生代码来实现其初始化。因此如果需要进行对象初始化,程序员要编写初始化程序。如果程序员没有自己编写初始化程序,却在声明对象时贸然指定对象初始值,不仅不能实现初始化,还会引起编译时的语法错误。这就是本书中此前的例题都没有进行对象初始化的原因。

尽管如此,C++编译系统在对象初始化的问题上还是做了很多工作。C++中严格规定了初始化程序的接口形式,并有一套自动的调用机制。这里所说的初始化程序便是构造函数。

构造函数的作用就是在创建对象时利用特定的值构造对象,将对象初始化为一个特定的状态。构造函数也是类的一个成员函数,除了具有一般成员函数的特征外,还有一些特殊的性质:构造函数的函数名与类名相同,而且没有返回值;构造函数通常被声明为公有函数。只要类中有了构造函数,编译器就会在建立新对象的地方自动插入对构造函数的调用代码。因此,构造函数在对象被创建的时候将被自动调用。

如果类中没有写构造函数,编译器会自动生成一个默认形式的构造函数——没有参数,也不做任何事情的构造函数。如果类中声明了构造函数(无论有否参数)编译器便不会再为之生成任何形式的构造函数。

在前面的时钟类例子中,没有定义与类 clock 同名的成员函数——构造函数,这时编译系统就会在编译时自动生成一个默认形式的构造函数,这个构造函数的功能是不做任何事。为什么要生成这个不做任何事情的函数呢?这是因为在建立对象时自动调用构造函数是 C++程序“例行公事”的必然行为。如果程序员定义了恰当的构造函数,clock 类的对象在建立时就能够获得一个初始的时间值。现在将 clock 类修改如下:

```
class clock
{
public:
    clock(int h,int m,int s);              //构造函数
    void SetTime(int h,int m,int s);
    void ShowTime();
private:
    int hour,minute,second;
};
```

构造函数的实现如下:

```
clock::clock(int h,int m,int s)
{
    hour = h;
    minute = m;
    second = s;
}
```

下面来看看建立对象时构造函数的作用:

```
int main()
{
clock c1(0,0,0);
    c1.ShowTime( );
    c1.SetTime(12,35,56);
    return 0;
}
```

在建立对象 c 时，会隐含调用构造函数，将实参值传递给构造函数的形参。

由于 clock 类中定义了构造函数，所以编译系统就不会在为其生成默认构造函数了。而这里自定义的构造函数带有形参，所以建立对象时就必须给出初始值，用来作为调用构造函数时的实参。如果在 main 函数中这样声明对象：

```
clock c2;
```

编译时就会指出语法错误，因为没有给出必要的实参。

作为类的成员函数，构造函数可以直接访问类的所有数据成员，可以是内联函数，可以带有参数表，可以带默认的形参值，也可以重载。这些特征可以根据不同问题的需要，有针对性地选择合适的形式将对象初始化成特定的状态。请看下面例子中重载的构造函数及其调用情况：

```
class clock
{
public:
    clock(int h,int m,int s);                //构造函数
    clock()                                  //构造函数
    {
        hour = 0;
        minute = 0;
        second = 0;
    }
    void SetTime(int h,int m,int s);
    void ShowTime();
private:
    int hour,minute,second;
};
//其他函数实现略
int main()
{
    clock c1(0,0,0);
    clock c2;
    //…
}
```

这里的构造函数有两种重载形式：有参数的和无参数的。无参数的构造函数也称为默认形式的构造函数。

另外,值得注意的是,对象所占据的内存空间只是用于存放成员变量,函数成员不在每一个对象中存储副本。

例 5.4 构造函数的应用举例。

程序如下:

```
#include<iostream>
using namespace std;
class Time
{
public:
    Time(int h,int m, int s);
    void display()
    {
        cout << hour << ":" << minute << ":" << sec << endl;
    }
private:
    int hour,minute,sec;
};
Time::Time(int h,int m, int s)
{
    hour = h;
    minute = m;
    sec = s;
}
int main()
{
    Time t1(12,12,12);
    t1.display();
    return 0;
}
```

程序运行结果如下:

```
12:12:12
```

如果是对象指针,则为其动态分配内存空间时对其进行初始化,以例 5.4 为例,则主程序作如下修改:

```
int main()
{
    Time *t1;
    t1 = new Time(12,12,12);
    t1->display();
    return 0;
}
```

5.3.2　析构函数

做任何事情都要有始有终，因此做好扫尾工作是必须的。编程时也要考虑扫尾工作。在 C ++程序中当对象消失时，往往需要处理好扫尾事宜。

对象会消失吗？当然会！自然界万物都是有生有灭，程序中的对象也是一样。我们已经知道对象在声明时诞生，至于在何时消亡，就牵涉到对象的生存期问题。这里只考虑一种情况：如果在一个函数中声明了一个局部对象，那么当这个函数运行结束返回调用者时，函数中的对象也就消失了。

在对象要消失时，通常有什么善后工作需要做呢？最典型的情况是：构造对象时，在构造函数中分配了资源，例如动态申请了一些内存单元，在对象消失时就要释放这些内存单元。

简单来说，析构函数与构造函数的作用正好相反，它用来完成对象被删除前的一些清理工作，也就是专门做扫尾工作的。析构函数是在对象的生存期即将结束的时刻被自动调用的。它的调用完成之后，对象也就消失了，相应的内存空间也被释放。

与构造函数一样，析构函数通常也是类的一个公有函数成员，它的名称是由类名前面加"～"构成，没有返回值。与构造函数不同的是析构函数不接受任何参数。如果不进行显示说明，则系统也会生成一个不做任何事的默认析构函数。

例如，给时钟类加入一个空的内联析构函数，其功能和系统自动生成的默认析构函数相同。程序如下：

```
class clock
{
public:
    clock();
    void SetTime(int NewH,int NewM,int NewS);
    void ShowTime();
    ~clock() {}
private:
    int hour,minute,second;
};
```

一般来讲，如果希望程序在对象被删除之前的时刻自动(不需要认为进行函数调用)完成某些事情，就可以把它们写到析构函数中。

例 5.5　构造函数和析构函数的调用次序举例。

程序如下：

```
#include<iostream>
using namespace std;
class A
{
public:
    int x;
    A();
    ~ A();
```

```
};
A::A()                          //构造函数的实现
{
    x = 10;
    cout << "Object Created" << endl;
}
A::~A( )                        //析构函数的实现
{
    cout << "Object Destroyed" << endl;
}
int main()
{
    A *a;
    a = new A;                  //对象被创建时调用构造函数
    cout << a->x << endl;
    delete a;                   //对象被销毁时调用析构函数
    return 0;
}
```

程序运行结果如下:

```
Object Created
10
Object Destroyed
```

如果通过单步运行的方法看程序执行的效果,会更好地理解构造函数和析构函数的调用过程。

5.4 类的组合

在面向对象程序设计中,可以对复杂对象进行分解、抽象,把一个复杂对象分解为简单对象的组合,由比较容易理解和实现的部件对象装配完成。

如果类中的至少有一个成员变量是另一个类的对象,则把这样的成员变量称为内嵌对象,把这种情况称为类的组合。

例如,程序如下:

```
class Point
{
private:
        float x,y;                  //点的坐标
public:
        Point(float h,float v);     //构造函数
        float GetX(void);           //取X坐标
        float GetY(void);           //取Y坐标
        void Draw(void);            //在(x,y)处画点
};
```

```
//...函数的实现略
class Line
{
      private:
            Point   p1,p2;              //成员变量是 Point 类的对象
      public:
            Line(Point a,Point b);      //构造函数
            void Draw(void);            //画出线段
            int  LineWidth;
};
```

在上面的程序中,Line 类的两个 private 类型的成员变量的 p1 和 p2 就是 Point 类的两个对象。

当创建类的对象时,如果这个类具有内嵌对象成员,那么各个内嵌对象将首先被自动创建。因为部件是复杂对象的一部分。因此,在创建对象时既要对本类的基本类型成员变量进行初始化,又要对内嵌对象成员进行初始化。这时,理解这些对象的构造函数被调用的顺序就很重要。

组合类构造函数定义的一般形式如下:

类名::类名(形参表):内嵌对象 1(形参表),内嵌对象 2(形参表),……
{
本类成员变量的初始化
}

其中,"内嵌对象 1(形参表),内嵌对象 2(形参表),……"称为初始化列表,其作用是对内嵌对象进行初始化。

在创建一个组合类的对象时,不仅它自身的构造函数将被调用,而且还将调用其内嵌对象的构造函数。具体的调用顺序如下:

① 调用内嵌对象的构造函数完成内嵌对象的初始化,调用次序按照内嵌对象在组合类的声明中出现的次序。

② 调用本类的构造函数。

析构函数的调用执行顺序与构造函数正好相反。

例 5.6　组合类构造函数举例。

程序如下:

```
#include<iostream>
#include <iostream>
using namespace std;
class Point
{
public:
    Point(float xx,float yy)
    {
        x = xx;
        y = yy;
```

```
        cout << "point 类的构造函数" << endl;
        cout << "x = " << x << endl;
        cout << "y = " << y << endl;
    }
private:
    int x,y; //点的坐标
};
class Line
{
 public:
     Line(int x1,int y1,int x2,int y2,int lw1):p1(x1,y1),p2(x2,y2)
     {
         lw = lw1;
         cout << "line 类的构造函数" << endl;
         cout << "lw = " << lw << endl;
     }
private:
    Point  p1,p2;                    //内嵌对象
    int  lw;
};
int main()
{
    Line L1(1,2,3,4,5);
    return 0;
}
```

程序运行结果如下:

```
point 类的构造函数
x = 1
y = 2
point 类的构造函数
x = 3
y = 4
line 类的构造函数
lw = 5
```

例 5.7 已知 point 类,有私有成员变量 x,y;有 line 类;有成员变量是 point 类的两个内嵌对象,而成员函数 GetLength()计算线段的长度。

注意:point 类和 line 类都有自己的构造函数。

程序如下:

```
#include<iostream>
#include<cmath>
using namespace std;
class Point
```

```
{
private:
    double x,y;
public:
    Point(double  xx,double yy)
    {
        x = xx;
        y = yy;
    }
    double  Getx( )
    {
        return x;
    }
    double  Gety( )
    {
        return y;
    }
class Line
{
private:
    Point p1,p2;
public:
    Line(double x1,double y1,double x2,double y2):p1(x1,y1),p2(x2,y2)
    { }
    double  Getlength()
    {
        double  l;
        l = sqrt((p1.Getx() - p2.Getx()) * (p1.Getx() - p2.Getx()) +
                (p1.Gety() - p2.Gety()) * (p1.Gety() - p2.Gety()));
        return l;
    }
};
```

5.5 友　元

友元关系提供了不同类或对象的成员函数之间、类的成员函数与一般函数之间进行数据共享的机制。通俗地说，友元关系就是一个类主动声明哪些其他类或函数是它的朋友，进而给它们提供对本类的访问特许。也就是说，通过友元关系，一个普通函数或者类的成员函数可以访问封装于另外一个类中的数据。从一定程度上讲，友元是对数据隐蔽和封装的破坏。但是为了数据共享，提高程序的效率和可读性，很多情况下这种小的破坏也是必要的，关键是一个度的问题，要在共享和封装之间找到一个恰当的平衡。

在一个类中，可以利用关键字 friend 将其他函数或类声明为友元。如果友元是一般函数或类的成员函数，则称为友元函数；如果友元是一个类，则称为友元类。友元类的所有成员函数都自动成为友元函数。

5.5.1 友元函数

友元函数是在类中用关键字 friend 修饰的非成员函数。友元函数可以是一个普通的函数,也可以是其他类的成员函数。虽然它不是本类的成员函数,但是在它的函数体中可以通过对象名访问类的私有和保护成员。友元函数不仅可以是一个普通函数,也可以是另外一个类的成员函数。友元成员函数的使用和一般友元函数的使用基本相同,只是要通过相应的类或对象名来访问。

1. 将普通函数声明为友元函数

将普通函数声明为友元函数的具体方法是将一个普通函数在类体中进行声明,如同声明一个成员函数,不过前面要冠以关键字 friend,经过声明后,友元函数就可以调用该类的成员。

例 5.8 将普通函数声明为友元函数举例。

程序如下:

```
#include<iostream>
using namespace std;
class Time
{
public:
    Time(int,int,int);
    friend void display(Time &t);
private:
    int hour;
    int minute;
    int sec;
};
Time::Time(int h,int m,int s)
{
    hour = h;
    minute = m;
    sec = s;
}
void display(Time &t)
{
    cout << t.hour << ":" << t.minute << ":" << t.sec << endl;
}

int main()
{
    Time t1(12,36,56);
    display(t1);
    return 0;
}
```

程序运行结果如下：

```
12:36:56
```

在例 5.8 的程序中，由于声明了函数 display()是 Time 类的友元函数，则函数 display()可以调用 Time 类的私有成员 hour，minute 和 sec。注意，在调用这些私有的成员变量时，必须通过 Time 类的对象进行访问，而不能直接在 display()函数的函数体中写成如下形式：

```
cout << hour << ":" << minute << ":" << sec << endl;
```

因为函数 display()不是 Time 类的成员函数，不能直接引用 Time 类的成员变量，必须直接指定要 Time 类的对象进行访问。

例 5.9　声明 Boat 类和 Car 类，两者都有 weight 属性，定义两者的一个友元函数 totalWeight()，计算两者的总量和。

程序如下：

```
#include<iostream>
using namespace std;
class Boat;                    //前向引用声明,提前用到其他的类先声明
class Car
{
private:
    int weight;
public:
    Car(int j){weight = j;}
    friend int totalWeight(Car aCar,Boat aBoat);
};
class Boat
{
private:
    int weight;
public:
    Boat(int j){weight = j;}
    friend int totalWeight(Car aCar,Boat aBoat);
};

int totalWeight(Car aCar,Boat aBoat)
{
    return aCar.weight + aBoat.weight;
}
int main()
{
    int m1,m2;
    cin >> m1 >> m2;
    Car c1(m1);
    Boat b1(m2);
    cout << "The totalWeight of Car and Boat = " << totalWeight(c1,b1) << endl;;
```

```
    return 0;
}
```

程序运行结果如下：

45 68↙

The totalWeight of Car and Boat=113

2. 友元成员函数

友元函数可以是一般的函数，也可以是另一个类的成员函数。

例 5.10　友元成员函数举例。

程序如下：

```
#include<iostream>
using namespace std;
class Date;                          //前向引用声明
class Time
{
public:
    Time(int y,int m,int d);
     void display(Date d);
private:
    int hour;
    int minute;
    int sec;
};
class Date
{
public:
    Date(int y,int m,int d);
    friend void Time::display(Date d);
private:
    int year;
    int month;
    int day;
};
Time::Time(int h,int m,int s)
{
    hour = h;
    minute = m;
    sec = s;
}
void Time::display(Date d)
{
    cout << d.year << "-" << d.day << "-" << d.month << endl;
    cout << hour << ":" << minute << ":" << sec << endl;
```

```
}
Date::Date(int y,int m,int d)
{
    year = y;
    month = m;
    day = d;
}
int main()
{
    Time t1(12,36,56);
    Date d1(2008,8,8);
    t1.display(d1);
    return 0;
}
```

程序运行结果如下：

```
2008 - 8 - 8
12:36:56
```

5.5.2　友元类

与友元函数一样，一个类可以将另一个类声明为友元类。若 A 类为 B 类的友元类，则 A 类的所有成员函数都是 B 类的友元函数，都可以访问 B 类的私有和保护成员。声明友元类的语法形式如下：

```
class B
{
    …                          //B 类的成员声明
    friend class A;            //声明 A 为 B 的友元类
    …
};
```

声明友元类，是建立类与类之间的联系，实现类之间数据共存的一种途径。在 UML 语言中，两个类之间的友元关系是通过 << friend >> 构造型依赖来表征。现在，将本节开头部分的程序段修改为如下形式，其中 B 类是 A 类的友元类，B 的成员函数可以直接访问 A 的私有成员 x。

```
class A
{
    public:
        void Display()          {cout << x << endl;}
        int Getx()          {return x;}
        friend class B;                  //B 类是 A 类的友元类
    //其他成员略
    private:
        int x;
```

```
}
class B
{
    public:
        void Set(int i);
        void Display();
    private:
        A a;
};
void B::Set(int i)
{
        a.x = i;//由于 B 是 A 的友元,所以在 B 的成员函数中可以访问 A 类对象的私有成员
}
//其他函数的实现略
```

关于友元,还有以下几点需要注意:

① 友元关系是不能传递的,B 类是 A 类的友元,C 类是 B 类的友元,C 类和 A 类之间,如果没有声明,就没有任何友元关系,不能进行数据共享。

② 友元关系是单向的,如果声明 B 类是 A 类的友元,B 类的成员函数就可以访问 A 类的私有和保护数据,但 A 类的成员却不能访问 B 类的私有和保护数据。

③ 友元关系是不被继承的,如果 B 类是 A 类的友元,B 类的派生类并不会自动成为 A 类的友元。打个比方说,就好像别人信任你,但是不见得信任你的孩子。

关于友元利弊的分析:面向对象程序设计的一个基本原则就是封装性和信息隐蔽,而友元却可以访问其他类中的私有成员,不能不说是对封装原则的一个小的破坏。但是友元却有助于数据共享,能提高程序的效率,增加了编程的灵活性,在使用友元时,要注意它的副作用,不要过多地使用友元,只有在使用它能使程序精炼,并能大大提高程序的效率时才用友元。也就是说,要在数据共享和信息隐蔽之间选择一个恰当的平衡点。

5.6 类模板

C++允许使用函数模板,对于功能相同而数据类型不同的一些函数,不必一一定义各个函数,可以定义一个能对任何数据类型变量进行操作的函数模板,在调用函数时,系统会根据实参的类型,取代函数模板中的类型参数,得到具体的函数。这样可以简化程序的设计。

对于类的声明来说,也有同样的问题,如果两个或多个类,其功能是相同的,仅仅是数据类型不同,则可声明一个通用的类模板。

例如,声明如下的类:

```
#include<iostream>
using namespace std;
class Compare_int
{
public:
    Compare_int(int a, int b)
```

```
    {
        x = a;
        y = b;
    }
    int max()
    {
        return (x>y)? x:y;
    }
    int min()
    {
        return (x<y)? x:y;
    }
private:
        int x,y;
};
```

其作用是对两个整数作比较，可以通过调用成员函数 max 和 min 得到两个整数中的较大的数和较小的数。

如果要对两个浮点数作比较，需要另外声明如下的类：

```
#include<iostream>
using namespace std;
class Compare_float
{
public:
    Compare_float(float a, char b)
    {
        x = a;
        y = b;
    }
    float max()
    {
        return (x>y)? x:y;
    }
    float min()
    {
        return (x<y)? x:y;
    }
private:
        float x,y;
};
```

如果要对两个字符常量作比较，则需要声明如下的类：

```
#include<iostream>
using namespace std;
class Compare_char
```

```
{
public:
    Compare_char(float a, char b)
    {
        x = a;
        y = b;
    }
    char max()
    {
        return (x>y)? x:y;
    }
    char min()
    {
        return (x<y)? x:y;
    }
private:
    char x,y;
};
```

显然,上面三个类的定义基本上是重复的代码,应该有办法减少重复工作。类模板很好地解决了这个问题。

可以声明一个通用的类模板,设置一个或多个虚拟的类型参数,如对以上的三个类综合写出以下的类模板:

```
#include<iostream>
using namespace std;
template<class T>
class Compare
{
public:
    Compare(T a, T b)
    {
        x = a;
        y = b;
    }
    T max()
    {
        return (x>y)? x:y;
    }
    T min()
    {
        return (x<y)? x:y;
    }
private:
    T x,y;
};
```

类模板的声明格式如下：

template〈class　虚拟类型参数〉或 template〈typename　虚拟类型参数〉

在声明了一个类模板后，该如何使用它，怎样使它成为一个实际的类呢？类模板在使用的基本格式如下：

类名〈实际类型名〉 对象名(实参列表)；

即在类模板之后在尖括号内指定实际的类型名，在进行编译时，编译系统就用实际的数据类型取代类模板中的虚拟类型。下面举一个完整的类模板的例子。

例 5.11　声明一个类模板，利用该类模板可以实现整数、浮点数和字符的比较，并输出比较，得到的较大的数和较小的数。

程序如下：

```
#include <iostream>
using namespace std;
template<class T>
class Compare
{
public:
    Compare(T a, T b)
    {
        x = a;
        y = b;
    }
T max()
{
    return (x>y)? x:y;
}
T min()
{
    return (x<y)? x:y;
}
private:
    T x,y;
};
int main( )
{
    Compare<int>cmp1(3,7);
    cout << cmp1.max() << endl;
    cout << cmp1.min() << endl;
    Compare <float> cmp2(3.1f,7.2f);
    cout << cmp2.max() << endl;
    cout << cmp2.min() << endl;
    Compare <char> cmp3('A','a');
    cout << cmp3.max() << endl;
```

```
    cout << cmp3.min() << endl;
    return 0;
}
```

程序运行结果如下:

```
7
3
7.2
3.1
a
A
```

由于类模板包含类型参数,因此又成为参数化的类。如果说类是对象的抽象,对象是类的实例,则类模板是类的抽象,类是类模板的实例。

第 6 章　数组与指针

6.1　数　组

数组是具有一定顺序关系的若干对象的集合体，组成数组的对象称为该数组的元素。数组元素用数组名后跟带方括号的下标表示，同一数组的各元素具有相同的类型。数组可以由除 void 型以外的任何一种类型构成，按照数组元素的类型不同，数组可分为数值数组、字符数组和指针数组等类别。

如果用 ARRAY 来命名一个一维数组，且其下标为从 0 到 N 的整数，则数组的各元素为 ARRAY[0]，ARRAY[1]，…，ARRAY[N]。这样一个数组，每个元素有一个下标，可以顺序储存 N+1 个数据，因此 N+1 表示数组 ARRAY 的大小，数组的下标下界为 0，上界为 N。

6.1.1　数组的声明和使用

1. 数组的声明

数组属于自定义数据类型，因此在使用之前首先要进行声明。声明一个数组类型，应该包括以下几个方面：

① 确定数组的名称；

② 确定数组元素的类型；

③ 确定数组的结构，包括数组维数、每一维的大小等。

数组类型声明的一般形式如下：

数据类型 数组名[常量表达式 1][常量表达式 2]…

数组中元素的类型是由“数据类型”给出，这个数据类型，可以是整型、浮点型等基本类型，也可以是结构体、类等用户自定义类型。

数组名是一个常量，代表着数组元素在内存中的起始地址。

“常量表达式 1”“常量表达式 2”、……称为下标表达式，必须是 unsigned 类型的正整数。数组的下标用来限定数组的元素个数、排列次序和每一个元素在数组中的位置。一个数组可以有多个下标，有 n 个下标的数组称为 n 级数组。

数组元素的下标个数称为数组的维数，声明数组时，每一个下标表达式表示该维的下标个数(注意：不是下标下界)。数组元素个数是各下标表达式的乘积。

例如：

```
int a[10];
```

表示 a 为 int 型数组，有 10 个元素：a[0]，a[1]，…，a[9]，可以用于存放有 10 个元素的整数序列。

```
int a[5][3];
```

表示a为int型的二维数组,其中第一维有5个下标(0～4),第二维有3个下标(0～2),数组的元素个数为15,可以用于存放5行3列15个整型数据。注意,数组下标的起始值是0。对于上面声明的数组a,第一个元素是a[0][0],最后一个元素是a[4][2]。

2. 数组的使用

使用数组时,只能分别对数组的各个元素进行操作。数组的元素是由下标来区分的,对于一个已经声明过的数组。其元素的使用形式如下:

数组名[下标表达式1][下标表达式2]…

其中,下标表达式的个数取决于数组的维数,N维数组就有N个下标表达式。

数组中的每一个元素相当于一个相应类型的变量,凡是允许使用该类型变量的地方,都可以使用数组元素。可以像使用一个整型变量一样使用整型数组的每一个元素。同样,每一个类类型数组的元素也可以与一个该类的普通对象一样使用。

在使用过程中需要注意:

- 数组元素的下标表达式可以是任意合格的算术表达式,但其结果必须为整型数;
- 数组元素的下标值不得超过声明时所确定的上下界,否则运行时将出现数组越界错误;
- 数组名的书写应符合标识符的书写规范;
- 数组名不能与其他变量名相同;
- 常量表达式表示数组元素的个数,但是其下标从0开始计算;
- 不能在方括号中用变量来表示元素的个数,但是可以用符号常数或常量表达式。

6.1.2 数组的存储与初始化

1. 数组的存储

数组元素在内存中是顺序、连续存储的,即在内存中占据一组连续的存储单元,逻辑上相邻的元素在物理地址上也是相邻的。数组名是数组首元素的内存首地址。一维数组是简单地按照下标的顺序连续存储。而对多维数组,要想用一组连续的存储单元存放数组元素,次序约定的问题就很重要。

一个一维数组可以看做是数学上的一个列向量,各元素是按下标从小到大的顺序连续存放在计算机内存单元中。例如,数组声明语句:

```
int a[5];
```

声明了一个有5个元素的一维int型数组,数组元素在内存中的存放顺序如图6-1所示从左向右依次存放。

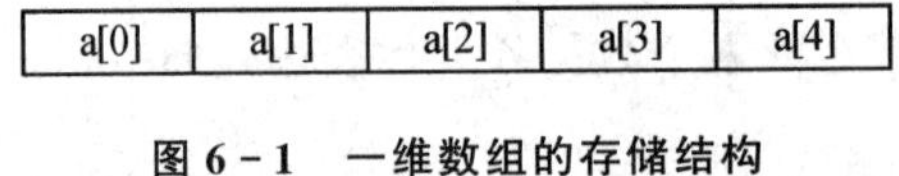

图6-1 一维数组的存储结构

例6.1 从键盘输入10个整数,逆序输出。

程序如下:

```
#include<iostream>
using namespace std;
```

```
int main()
{
    int a[10],b[10];
    int i;
    for(i = 0;i<10;i ++ )
    {
        cin >> a[i];
        b[9 - i] = a[i];
    }
    for(i = 0;i<10;i ++ )
    {
        cout << "a[" << i << "] = " << a[i];
        cout << " b[" << i << "] = " << b[i] << endl;
    }
    return 0;
}
```

程序运行结果如下：

```
1 2 3 4 5 6 7 8 9 10 ↙
a[0] = 1 b[0] = 10
a[1] = 2 b[1] = 9
a[2] = 3 b[2] = 8
a[3] = 4 b[3] = 7
a[4] = 5 b[4] = 6
a[5] = 6 b[5] = 5
a[6] = 7 b[6] = 4
a[7] = 8 b[7] = 3
a[8] = 9 b[8] = 2
a[9] = 10 b[9] = 1
```

例 6.2　冒泡法排序。

程序如下：

```
#include<iostream>
using namespace std;
int main()
{
    int a[11];
    int i,j,t;
    cout << "请输入 10 个整数:" << endl;
    for(i = 1;i<11;i ++ )
        cin >> a[i];
    for(j = 1;j<9;j ++ )
        for(i = 1;i<= 10 - j;i ++ )
            if(a[i]>a[i + 1])
```

```
            {
                t = a[i];
                a[i] = a[i + 1];
                a[i + 1] = t;
            }
    cout << "排序后:" << endl;
    for(i = 1;i<11;i ++ )
        cout << a[i] << " ";
    return 0;
}
```

程序运行结果如下:

```
请输入 10 个整数:
1 23 78 56 -3 34 4 6 12 9↙
排序后:
-3 1 4 6 9 12 23 34 56 78
```

一个二维数组可看做是数学上的一个矩阵,第一个下标是行标,第二个下标是列标,例如声明数组:

```
int a[2][3];
```

声明了一个二维数组,相当于一个两行三列的矩阵:

$$a=\begin{pmatrix} a_{11} & a_{12} & a_{13} \\ a_{21} & a_{22} & a_{23} \end{pmatrix}$$

但是在 C ++中,数组元素的每一维的下标是从 0 开始的,因此在程序中,它表示如下:

$$a=\begin{pmatrix} a[0][0] & a[0][1] & a[0][2] \\ a[1][0] & a[1][1] & a[1][2] \end{pmatrix}$$

其中:元素 M[1][0],行标为 1,列标为 0,表示矩阵第二行第一个元素。二维数组在内存中是按行存放的,即先放第一行,再放第二行……,每行中的元素是按列下标由小到大的顺序存放,这样的存储方式也称为行优先存储。

二维数组 a 在内存中的存放顺序如图 6-2 所示从按行优先存储的原则从左向右依次存放数组的各个元素。

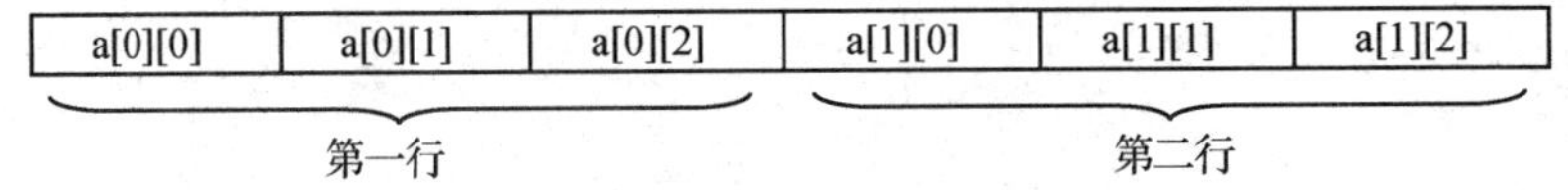

图 6-2 二维数组的存储结构

例 6.3 求一个 3×3 的整型矩阵的主对角线元素之和。

程序如下:

```
#include<iostream>
using namespace std;
int main()
{
```

```
    int i ,j;
    int sum = 0;
    int a[3][3];
    cout << "please a integer 3 * 3 array:" << endl;
    for(i = 0;i<3;i++)
    {
        for(j = 0;j<3;j++)
            cin >> a[i][j];
    }
    for(i = 0;i<3;i++)
        sum = sum + a[i][i];
    cout << "sum = " << sum << endl;
    return 0;
}
```

程序运行结果如下：

```
please a integer 3 * 3 array:
1 2 3 4 5 6 7 8 9↙
sum = 15
```

对于多维数组，也是采取类似顺序存放，此时可以把数组下标看做是一个计数器，右边为低位，每一位都在上下界之间变化。当某一位计数超过上界时，就向左进一位，本位及右边各位回到下界。可以看出，最左一维下标值变化最慢，而最右边一维（最后一维）下标值变化最快，其他各维下标值变化情况以此类推。值得特别注意的是，下界是 0，上界是下标表达式值减 1。

例如，数组说明语句：

```
int a[2][3][4];
```

声明了一个三维数组，其数组元素的存放顺序如图 6－3 所示。

a[0][0][0]	a[0][0][1]	a[0][0][2]	a[0][0][3]	a[0][1][0]	a[0][0][1]
a[0][1][2]	a[0][1][3]	a[0][2][0]	a[0][2][1]	a[0][2][2]	a[0][2][3]
a[1][0][0]	a[1][0][1]	a[1][0][2]	a[1][0][3]	a[1][1][0]	a[1][1][1]
a[1][1][2]	a[1][1][3]	a[1][2][0]	a[1][2][1]	a[1][2][2]	a[1][2][3]

图 6－3　三维数组的存储结构

一般情况下，三维或三维以上的数组很少使用，较常用的就是一维数组和二维数组。

2. 数组的初始化

数组的初始化就是在声明数组时给部分或全部元素赋初值。对于简单数据类型的数组，就是给数组元素赋值；对于对象数组，每个元素都是某个类的一个对象，初始化就是调用该对象的构造函数。关于对象数组，将在后面详细介绍。

声明数组时可以给出数组元素的初值，例如：

```
int i[3] = {1,1,1};
```

表示声明了一个有 3 个元素的 int 型数组,数组元素 i[0],i[1],i[2]的值都是 1。对于将全部元素都初始化的情况,可以不用说明元素个数。下面的语句与上面的语句完全等价:

```
int i[ ] = {1,1,1};
```

也可以只对数组中的部分元素进行初始化,比如声明一个有 5 个元素的浮点型数组,给前 3 个元素分别赋值 1.0,2.0 和 3.0,可以写作:

```
float f[5] = {1.0,2.0,3.0};
```

这时,数组元素的个数必须明确指出,但对于后面 2 个不赋值元素不用做任何说明。初始化只能针对所有元素或者从起始地址开始的前若干个元素,但不能间隔赋初值。

多维数组的初始化也遵守同样的规则。此外,如果给出全部元素的初值,第一维的下标个数可以不用显示说明,例如:

```
int[2][3] = {1,1,2,2,3,3};
```

等价于:

```
int[ ][3] = {1,1,2,2,3,3};
```

多维数组可以按第一维下标进行分组,使用括号将每一组的数据括起来。对于二维数组,可以分行用花括号括起来。下面的写法与上面的语句完全等效:

```
int a[2][3] = {{1,1,2},{2,3,3}};
```

采用括号分组的写法容易识别,易于理解。

例 6.4 输出 Fibonacci 数列前 20 项。

程序如下:

```
#include<iostream>
#include <iomanip>
using namespace std;
int main()
{
    int n;
    int fib[20] = {1,1};
    for(n = 2;n<20;n++)
        fib[n] = fib[n-1] + fib[n-2];
    for(n = 0;n<20;n++)
    {
        if(n%5 == 0) cout << endl;
        cout << setw(10) << fib[n];
    }
    cout << endl;
    return 0;
}
```

程序运行结果如下：

```
  1        1        2        3        5
  8       13       21       34       55
 89      144      233      377      610
987    1 597    2 584    4 181    6 765
```

6.1.3　数组作为函数参数

数组元素和数组名都可以作为函数的参数以实现函数间数据的传递和共享。

可以用数组元素作为调用函数时的实参，这与使用该类型的一个变量(或对象)作实参是完全相同的。

如果使用数组名来作为函数的参数，则实参和形参都应该是数组名，且类型要相同。与普通变量作实参不同，使用数组名传递数据时，传递的是地址。形参数组和实参数组的首地址重合，后面的元素按照各自内存中的存储顺序进行对应，对应元素使用相同的数据存储地址，因此实参数组的元素个数不应该少于形参数组的元素个数。如果在被调函数中对形参数组元素值进行改变，主调函数中实参数组的相应元素值也会改变，这是值得特别注意的一点。

例 6.5　从键盘输入 10 个成绩，计算平均成绩，使用数组作为函数参数。

程序如下：

```
#include<iostream>
using namespace std;
float average(float array[10])
{
    int i;
    float aver,sum = array[0];
    for(i = 1;i<10;i ++ )
        sum = sum + array[i];
    aver = sum/10;
    return(aver);
}

int main()
{
    float score[10],aver;
    int i;
    cout << "please input 10 scores:" << endl;
    for(i = 0;i<10;i ++ )
        cin >> score[i];
    aver = average(score);
    cout << "The average score is " << aver << endl;
    return 0;
}
```

程序运行结果如下：

```
please input 10 scores:
95 64 76 86 76 93 76 78 90 86 ↙
The average score is 82
```

6.1.4 对象数组

数组的元素可以是基本数据类型,也可以是自定义类型。例如,要存储和处理某单位全体雇员的信息,就可以建立一个雇员类的对象数组。对象数组的元素是对象,不仅具有数据成员,而且还有函数成员。因此,与基本类型数组相比,对象数组有一些特殊之处。

声明一个一维对象数组的语句形式如下：

类名　数组名　[下标表达式];

与基本类型数组一样,在使用对象数组时也只能引用某个数组元素。每个数组元素都是一个对象,通过这个对象,便可以访问到它的公有成员,一般形式如下：

数组名[下标].成员名;

对象数组的初始化过程,实际上就是调用构造函数对每一个元素对象进行初始化的过程。如果声明数组是给每一个数组元素指定初始值,在数组初始化过程中就会调用形参类型相匹配的构造函数,例如：

```
Location A[2] = {Location(1,2),Location(3,4)};
```

在执行时会先后两次调用带形参的构造函数分别初始化A[0]和A[1]。如果没有指定数组元素的初始值,就会调用默认构造函数,例如：

```
Location A[2] = {Location(1,2)};
```

在执行时首先调用带形参的构造函数初始化A[0],然后调用默认构造函数初始化A[1]。

如果需要建立某个类的对象数组,在设计类的构造函数时就要充分考虑到数组元素初始化时的需要：当各元素对象的初值要求为相同的值时,应该在类中定义出具有默认形参值的构造函数;当各元素对像的初值要求为不同的值时,需要定义带形参(无默认值)的构造函数。

当一个数组中的元素对象被删除时,系统会调用析构函数来完成扫尾工作。

例6.6　对象数组举例。

程序如下：

```
#include<iostream>
using namespace std;
class Point
{
public:
    Point();
    Point(int xx,int yy);
    ~Point();
    void Move(int x,int y);
```

```
    int GetX()
    {
        return X;
    }
    int GetY()
    {
        return Y;
    }
private:
    int  X,Y;
};
Point::Point()
{
    X = Y = 0;
    cout << "Default Constructor called." << endl;
}
Point::Point(int xx,int yy)
{
    X = xx;
    Y = yy;
    cout <<  "Constructor called." << endl;
}
Point::~Point()
{
    cout << "Destructor called." << endl;
}
void Point::Move(int x,int y)
{
    X = x;
    Y = y;
}
int main()
{
    cout << "Entering main..." << endl;
    Point A[2];
    for(int i = 0;i<2;i ++ )
        A[i].Move(i + 10,i + 20);
    cout << "Exiting main..." << endl;
    return 0;
}
```

程序运行结果如下：

```
Entering main...
Default Constructor called.
Default Constructor called.
```

```
Exiting main...
Destructor called.
Destructor called.
```

6.2 指　针

指针是 C++从 C 中继承过来的重要数据类型,它提供了一种较为直接的地址操作手段。正确地使用指针,可以方便、灵活而有效地组织和表示复杂的数据结构。动态内存分配和管理也离不开指针。同时,指针也是 C++的主要难点。为了理解指针,首先要理解关于内存地址的概念。

6.2.1 内存空间的访问方式

计算机的内存储器被划分为一个个存储单元。存储单元按一定的规则编号,这个编号就是存储单元的地址。地址编码的最基本单位是字节,每字节由 8 位二进制数组成,也就是说每字节是一个基本内存单元,有一个地址。计算机就是通过这种地址编号的方式来管理内存数据读写的准确定位的。

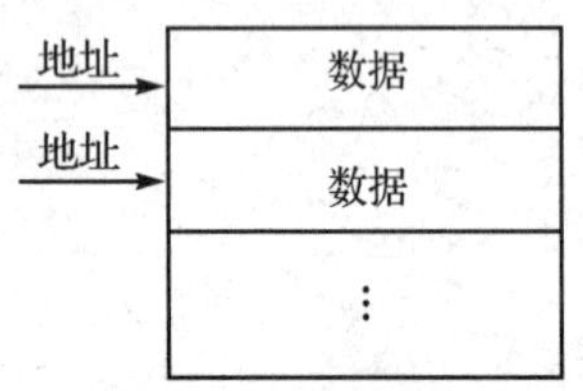

图 6-4　内存结构示意

图 6-4 所示为内存结构的示意图。

在 C++程序中利用内存单元存取数据通常有两种途径:一是通过变量名,二是通过地址。

程序中声明的变量是要占据一定的内存空间的,例如,int 型占 2 字节,long 型占 4 字节。具有静态生存期的变量在程序开始运行之前就已经分配了内存空间。具有动态生存期的变量,是在程序运行时遇到变量声明语句时被分配内存空间的。在变量获得内存空间的同时,变量名就成为相应内存空间的名称,在变量的整个生存期内都可以用这个名字访问该内存空间,表现在程序语句中就是通过变量名存取变量内容。

但是,有时使用变量名不方便或者根本没有变量名可用,这时就需要直接使用地址来访问内存单元。例如,在不同的函数之间传送大量数据时,如果不传递变量的值,只传递变量的地址,就会减小系统开销,提高效率。如果是动态分配的内存单元,则没有名称,这时只能通过地址访问。

对内存单元的访问管理可以与青年教师公寓的情况类比,如图 6-5 所示。假设每个青年教师住一个房间,每个教师就相当于一个变量的内容,房间是存储单元,房间号就是存储地址。如果知道了教师姓名,可以通过这个名字来访问该教师,这相当于使用普通变量名来访问数据。如果知道了房间号,同样也可以访问该教师,这相当于通过地址访问数据。

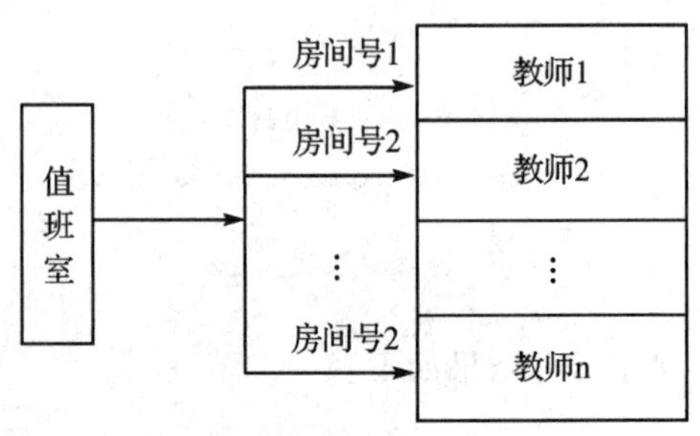

图 6-5　青年教师公寓结构

在 C++中有专门用来存放内存单元地址的变量类型,这就是指针类型。

6.2.2 指针变量的声明

指针也是一种数据类型，具有指针类型的变量称为指针变量。指针变量是用于存放内存单元地址的。

指针也是先声明，后使用。声明指针的语法形式如下：

数据类型 *指针变量名；

其中，“＊”表示这里声明的是一个指针类型的变量。“数据类型”可以是任意类型，指的是指针所指向的对象（包括变量和类的对象）的类型，这说明了指针所指的内存单元可以用于存放数据的类型，称为指针类型。而所有指针本身的值都默认是 unsigned long int 型。例如，下面的语句：

```
int * i_pointer;
```

声明了一个指向 int 型数据的指针变量，这个指针的名称是 i_pointer，专门用来存放 int 型数据的地址。

读者也许有这样的疑问：为什么在声明指针变量时要指出它所指的对象是什么类型呢？为了理解这一点，首先要思考一下：在程序中声明一个变量时声明了什么信息？也许只是声明了变量需要的内存空间，但这只是一方面；另一个重要方面是限定了对变量可以进行的运算及其运算规则。例如，有如下语句：

```
int i;
```

它说明了 i 是一个 int 类型的变量，这不仅意味着它需要占用 2 字节的内存空间，而且规定了 i 可以参加算术运算、关系运算、等运算以及相应的运算规则。

指针变量的运算规则与它所指的对象类型是密切相关的，所以 C ++中没有一种孤立的“地址”类型，声明指针时必须明确指出它用于存放什么类型数据的地址。

指针可以指向各种类型，包括基本类型、数组（数组元素）、函数、对象，同样也可以指向指针。

6.2.3 与地址相关的运算符——“＊”和“&”

C ++提供了两个与地址相关的运算符：“＊”和“&”。

“＊”称为指针运算符，表示获取指针所指向的变量的值，只是一个一元操作符。例如，＊i_pointer 表示指针 i_pointer 所指向的 int 型数据的值。

“&”称为取地址运算符，也是一个一元操作符，用来得到一个对象的地址。例如，使用 &i 就可以得到变量 i 的存储单元地址。

“＊”和“&”出现在声明语句中和执行语句中，其含义是不同的，它们作为一元运算符和二元运算符的含义也是不同的。一元运算符“＊”出现在声明语句中，在被声明的变量名之前，表示声明的是指针。例如：

```
int * p;            //声明 p 是一个 int 型指针
```

“＊”出现在执行语句中或声明语句的初值表达式中作为一元运算符，表示访问指针所指对象的内容。例如：

```
cout << * p;        //输出指针 p 所指向的内容
```

“&”出现在变量声明语句中位于被声明的变量左边时,表示声明的是引用。例如:

```
int &rf;            //声明一个 int 型的引用 rf
```

“&”在给变量赋初值时出现在符号右边或在执行语句中作为一元运算符出现时,表示取对象的地址。

6.2.4 指针的初始化

声明了一个指针后,此时得到了一个用于存储地址的指针变量,但是这个指针变量中并没有确定的值,其中的地址值是一个随机数。也就是说,不能确定这时候的指针变量中存放的是哪个内存单元的地址。这时,指针所指的内存单元中有可能存放着重要数据或程序代码,如果盲目去访问,可能会破坏数据或造成系统故障。因此,声明指针之后通常要进行初始化,然后才可以引用。与其他类型的变量一样,对指针赋初值有两种方法:

① 在声明指针的同时进行初始化赋值。语法形式如下:

数据类型　* 指针名＝初始地址;

例如:

```
int i = 1;
int * p1 = &i;
```

② 在声明之后,单独使用赋值语句。赋值语句的语法形式如下:

指针名＝地址;

如果使用对象地址作为指针的初值,或在赋值语句中将对象地址赋给指针对象,该对象必须在赋值之前就声明过,而且这个对象的类型应该和指针类型一致。也可以使用一个已经赋值的指针去初始化另一个指针,这就是说,可以使多个指针指向同一个变量。

对于基本类型的变量、数组元素、结构成员和类的对象,可以使用取地址运算符 & 来获得它们的地址,例如使用 &i 来取得 int 型变量 i 的地址。

数组的起始地址就是数组的名称。例如下面的语句:

```
int a[10];              //声明 int 型数组
int * i_pointer = a;    //声明并初始化 int 型指针
```

首先声明一个具有 10 个 int 类型数据的数组 a,然后声明 int 类型指针 i_pointer,并用数组名表示的数组首地址来初始化指针。

例 6.7 指针的声明、赋值和使用。

程序如下:

```
#include<iostream>
using namespace std;
int main()
{
    int a,b;
    a = 10;
```

```
    b = 20;
    int * p1, * p2;
    p1 = &a;
    p2 = &b;
    cout << "p1 = " << p1 << " ";
    cout << "p2 = " << p2 << endl;
    cout << " * p1 = " << * p1 << " ";
    cout << " * p2 = " << * p2 << endl;
    return 0;
}
```

程序运行结果如下：

```
p1 = 0012FF7C p2 = 0012FF78
 * p1 = 10  * p2 = 20
```

6.2.5 指针运算

指针是一种数据类型。与其他数据类型一样，指针变量也可以参与部分运算，包括算术运算、关系运算和赋值运算。对指针赋值的操作在前面已经介绍过了，本小节介绍指针的算术运算和关系运算。

指针可以与整数进行加减运算，但是运算规则是比较特殊的。前面介绍过声明指针变量时必须指出它所指的对象是什么类型。这里将看到指针进行加减运算的结果与指针的类型密切相关。比如，有指针 p1 和整数 n1，p1＋n1 表示指针 p1 当前所指位置后方第 n1 个数的地址，p1－n1 表示指针 p1 当前所指位置前方第 n1 个数的地址。"指针＋＋"或"指针－－"表示指针当前所指位置下一个或上一个数据的地址。图 6－6 所示为指针加减运算的示意图。

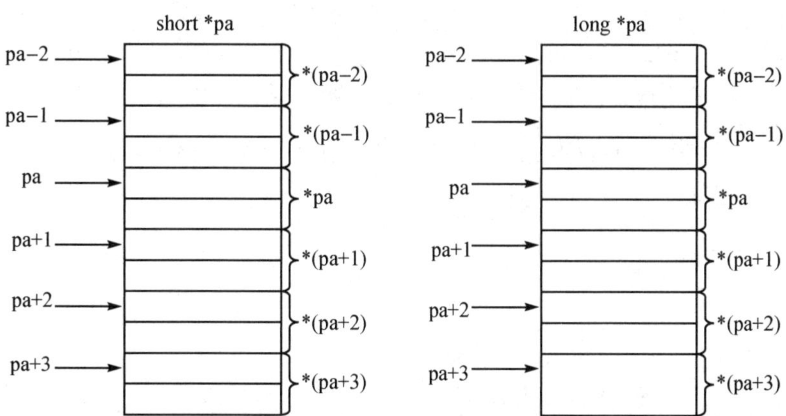

图 6－6　指针加减运算的示意图

一般来说，指针的算术运算是与数组的使用相联系的，因为只有在使用数组时，才会得到连续分布的可操作内存空间。对于一个独立变量的地址，如果进行算术运算，然后对其结果所指向的地址进行操作，有可能会意外破坏该地址中的数据或代码。因此，对指针进行算术运算时，一定要确保运算结果所指向的地址是程序中分配使用的地址。

指针变量的关系运算是指向相同类型数据的指针之间进行的关系运算。如果两个相同类型的指针相等,就表示这两个指针是指向同一个地址。不同类型的指针之间或指针与非零整数之间的关系运算是毫无意义的。但是,指针变量可以与整数零进行比较,这是一个指针运算的特殊标记,在后面的例子中将会使用。

给指针赋值的方法在 6.1 节已经详细地介绍过,这里要强调的是赋给指针变量的值必须是地址常量(如数组名)或地址变量,不能是非零整数。如果给一个指针变量赋值为 0,表示该指针是一个空指针,不指向任何地址。例如:

```
int * p;
p = 0;
```

为什么有时需要用这种方法将一个指针设置为空指针呢?因为有时在声明一个指针时,并没有一个确定的地址值可以赋给它,当程序运行到某个时刻才会将某个地址赋给该指针。这样,从指针变量诞生起到它具有确定的值之前这一段时间,其中的值是随机的,如果误用这个随机的值作为地址去访问内存单元,将会造成不可预见的错误。因此,在这种情况下便首先将指针设置为空。

6.2.6 用指针处理数组元素

指针加减运算的特点使得指针特别适合于处理存储在一段连续内存空间中的同类数据。而数组恰好是具有一定顺序关系的若干同类型变量的集合体,数组元素的存储在物理上也是连续的,数组名就是数组存储的首地址。这样,便可以使用指针来对数组及其元素进行方便而快速的操作。例如,下面的语句:

```
int array[5];
```

声明了一个存放 5 个 int 类型的一维数组,数组名 array 就是指向数组首地址(第一个元素的地址)的指针常量,即 array 和 &array[0]相同。数组中 5 个整数顺序存放。因此,通过数组名这个指针和简单的算术运算就可以访问数组元素。数组中的下标为 i 的元素就是 *(数组名+i),例如,* array 就是 array [0], * (array+3)就是数组元素 array[3]。

例 6.8 设有一个 int 型数组 a,有 10 个元素。用 3 种方法输出各个元素。

方法一:使用数组名和下标。程序如下:

```
#include <iostream>
using namespace std;
int main()
{
    int a[10] = {1,2,3,4,5,6,7,8,9,0};
    int i;
    for(i = 0; i<10; i++)
        cout << a[i] << "  ";
    cout << endl;
    return 0;
}
```

程序运行结果如下:

```
1  2  3  4  5  6  7  8  9  0
```

方法二:使用数组名和指针运算。程序如下:

```
#include<iostream>
using namespace std;
int main()
{
    int a[10] = {1,2,3,4,5,6,7,8,9,0};
    int i;
    for(i = 0; i<10; i++)
        cout << *(a + i) << "  ";
    cout << endl;
    return 0;
}
```

程序运行结果如下:

```
1  2  3  4  5  6  7  8  9  0
```

方法三:使用指针。程序如下:

```
#include<iostream>
using namespace std;
int main()
{
    int a[10] = {1,2,3,4,5,6,7,8,9,0};
    int *p;
    for(p = a; p<(a + 10); p++)
        cout << *p << "  ";
    cout << endl;
    return 0;
}
```

程序运行结果如下:

```
1  2  3  4  5  6  7  8  9  0
```

6.2.7　指针数组

如果一个数组的每个元素都是指针变量,这个数组即是指针数组。指针数组的每个元素都是同一类型的指针。

声明一维指针数组的语法形式如下:

数组名 T　*数组名[下标表达式];

下标表达式指出数组元素的个数,类型名确定每个元素指针的类型。数组名是指针数组的名称,同时也是这个数组的首地址。例如,下面的语句:

```
int *p_i[3];
```

声明了一个 int 型指针数组 p_i,数组有 3 个元素,每个元素都是一个指向 int 类型数据的指针。

由于指针数组的每个元素都是一个指针,必须先赋值,后引用,因此声明数组之后,对指针元素赋初值是必不可少的。

例 6.9 利用指针数组输出单位矩阵。

程序如下:

```
#include <iostream>
using namespace std;
int main()
{
    int line1[] = {1,0,0};                    //声明数组,矩阵的第一行
    int line2[] = {0,1,0};                    //声明数组,矩阵的第二行
    int line3[] = {0,0,1};                    //声明数组,矩阵的第三行
    int * p_line[3];                          //声明整型指针数组
    p_line[0] = line1;                        //初始化指针数组元素
    p_line[1] = line2;
    p_line[2] = line3;
    cout << "Matrix test:" << endl;           //输出单位矩阵
    for(int i = 0;i<3;i++)                    //对指针数组元素循环
    {
        for(int j = 0;j<3;j++)                //对矩阵每一行循环
            cout << p_line[i][j] << " ";
        cout << endl;
    }
    return 0;
}
```

程序运行结果如下:

```
Matrix test:
1 0 0
0 1 0
0 0 1
```

二维数组在内存中是以优先方式按照一维顺序关系存放的。因此,对于二维数组,可以按照一维指针数组来理解,数组名是它的首地址,这个数组的元素个数就是行数,每个元素是一个指向二维数组某一行的指针。

例如一个二维 int 类型指针数组。指针数组的元素个数就是二维数组的行数,指针数组的两个元素 array[0]和 array[1]分别代表二维数组的第 0 行和第 1 行的首地址,而二维数组的每一行就相当于一个具有 3 个元素的一维 int 类型数组。

例 6.10 二维数组的应用。

程序如下:

```
#include<iostream>
using namespace std;
int main()
```

```
{
    int array[2][3] = {{11,12,13},{21,22,23}};          //声明二维 int 型数组
    for(int i = 0;i<2;i++)
      {
        cout << *(array + i) << endl;                   //输出二维数组第 i 行的首地址
        for(int j = 0;j<3;j++)
            cout << *(*(array + i) + j) << " ";         //逐个输出二维数组第 i 行元素值
        cout << endl;
    }
    return 0;
}
```

程序运行结果如下：

```
0012FF68
11 12 13
0012FF74
21 22 23
```

程序首先输出的是一个内存地址，在它存放的内存中存放着数组的第一行数据。同样，第二个地址值对应的地方存放的是 array 的第二行数据。通过数组元素的地址可以输出二维数组元素，形式如下：

```
*(*(array + i) + j)
```

这就是 array 数组的第 i 行第 j 列元素，对应于使用下标表示 array[i][j]。注意，在不同的运行过程中，程序输出的地址可能完全不同，这与运行时系统的内存分配状态有关，并且地址值默认的以十六进制数的形式输出。

对于多维数组，可以同样理解为相应维数减 1 的一个多维指针数组。

6.2.8　用指针作为函数参数

当需要在不同的函数之间传送大量数据时，程序执行时调用函数的开销就会比较大。这时，如果需要传递的数据是存放任一个连续的内存区域中，就可以只传递数据的起始地址，而不必传递数据的值，这样就会减小开销，提高效率。C ++的语法对此提供了支持：函数的参数不仅可以是基本数据类型的变量、对象名、数组名或函数名，而且可以是指针。

如果以指针作为形参，在调用时实参将值传递给形参，也就是使实参和形参指向同一内存地址。这样，在子函数运行过程中，通过形参指针对数据值的改变也同样影响着实参指针所指向的数据值。

C ++的指针是从 C 语言继承过来的。在 C 语言中，以指针作为函数的形参有三个作用：第一个作用，就是使实参与形参指针指向共同的内存空间，以达到参数双向传递的目的，即通过在被调函数中直接处理主调函数中的数据而将函数的处理结果返回其调用者。这个作用在 C ++中已经由引用实现了。第二个作用，就是减少函数调用时数据传递的开销，这一作用在 C ++中有时可以超过引用实现，有时还是需要使用指针。第三个作用，就是通过指向面函数的指针传递函数代码的首地址。这个问题将在稍后介绍。

在设计程序时,如果某个函数中以指针或引用作为形参都可以达到同样目的,那么使用引用会使程序的可读性更好些。

例 6.11 从键盘输入一个浮点数,将整数和小数部分分离完成输出显示。

程序如下:

```
#include<iostream>
using namespace std;
void splt(float x, int *intpart, float *floatpart)
{
    *intpart = int(x);                  //取整数部分
    *floatpart = x - *intpart;          //取小数部分
}
int main()
{
    int i;
    float x,f;
    cout << "please input a float number:" << endl;
    cin >> x;
    splt(x,&i,&f);                      //地址作为实参
    cout << "int Part = " << i << endl;
    cout << "float Part = " << f << endl;
    return 0;
}
```

运行结果如下:

```
please input a float number:
3.14↙
int Part = 3
float Part = 0.14
```

例 6.12 从主程序中输入圆的半径和圆柱体的高,在子程序中计算圆的周长、面积和圆柱体的体积,并在主程序中输出。

程序如下:

```
#include<iostream>
using namespace std;
void cav(float r1,float h1,float *cir1, float *area1,float *volume1)
{
    *cir1 = 2 * 3.14 * r1;
    *area1 = *cir1 * r1;
    *volume1 = *area1 * h1;
}
int main()
{
    float r,h,cir,area,volume;
```

```
    cout << "请输入半径:";
    cin >> r;
    cout << "请输入高:";
    cin >> h;
    cav(r, h, &cir,&area,&volume);
    cout << "周长 = " << cir << endl;
    cout << "面积 = " << area << endl;
    cout << "体积 = " << volume << endl;
    return 0;
}
```

运行结果:

```
请输入半径:2↙
请输入高:3↙
周长 = 12.56
面积 = 25.12
体积 = 75.36
```

6.2.9 对象指针

与基本数据类型的变量一样,每一个对象在初始化之后都会在内存中占有一定的空间。因此,既可以通过对象名,也可以通过对象地址来访问一个对象。虽然对象是同时包含了变量和函数两种成员,与一般变量略有不同,但是对象所占据的内存空间只是用于存放成员变量,函数成员不会在每一个对象中都存储副本。

对象指针就是用于存放对象地址的变量。对象指针遵循一般变量指针的各种规则,声明对象指针的一般语法形式如下:

类名 * 对象指针名;

就像通过对象名来访问对象成员一样,使用对象指针一样可以方便地访问对象成员,语法形式如下:

对象指针名->成员名;

例 6.13 对象指针举例。

程序如下:

```
#include<iostream>
using namespace std;
class Circle
{
public:
    Circle(int r);
    ~Circle()
    {}
    float Area();
private:
```

```
    int R;
};
Circle::Circle(int r)
{
    R = r;
}
float Circle::Area()
{
    return 3.14 * R * R;
}
int main()
{
    int r = 3;
    Circle *p;
    p = new Circle(r);
    cout << sizeof(p) << endl;
    cout << p->Area() << endl;
    delete p;
    return 0;
}
```

程序运行结果如下：

```
4
28.26
```

6.2.10 动态分配/撤消内存的运算符 new 和 delete

在软件开发中，常常需要动态地分配和撤消内存空间。在 C 语言中是利用库函数 malloc() 和 free()分配和撤消内存空间的。但是，使用 malloc()函数时必须指定需要开辟的内存空间的大小，其调用形式为 malloc(size)。size 是字节数，需要人们事先求出或用 sizeof 运算符由系统求出。此外，malloc()函数只能从用户处知道应开辟空间的大小而不知道数据的类型，因此无法使其返回的指针指向具体的数据。其返回值一律为 void * 类型，必须在程序中进行强制类型转换，才能使其返回的指针指向具体的数据。

C ++提供了简便而功能较强的运算符 new 和 delete 来取代 malloc()和 free()函数(为了与 C 语言兼容，仍保留这两个函数)。例如：

```
new int;
new int(100);
new char[10];
new int [5][4];
float *p = new float(3.14159)
```

new 运算符使用的一般格式如下：

new 类型 [初值];

用 new 分配数组空间时不能指定初值。

delete 运算符使用的一般格式如下：

delete [ ] 指针变量；

例如要撤消上面用 new 开辟的存放实数的空间，应该用：

```
delete p;
```

前面用 new char[10]开辟的空间，如果把返回的指针赋给了指针变量 pt，则应该用以下形式的 delete 运算符撤消所开辟的空间：

```
delete [ ]  pt;  //在指针变量前面加一个方括号，表示对数组空间的操作
```

如果建立的对象是某一个类的实例对象，则要根据实际情况调用该类的构造函数。

第 7 章　继承与派生

面向对象程序设计主要有 4 个特点：抽象、封装、继承和多态。在前面的章节学习了类与对象，了解了面向对象程序设计的两个重要特征——数据的封装与抽象，要更好地进行面向对象程序设计，还必须了解面向对象程序设计的另外两个重要特征——继承与多态。本章主要介绍与继承相关的知识。

在传统的程序设计中，人们往往要为每一种应用项目单独地进行一次程序开发，因为每一种应用有不同的目的和要求，程序的结构和具体的编码是不同的，人们无法完全利用已有的软件资源。即使两种应用程序具有许多相同或相似的特点，程序设计者可以汲取已有程序的思路，作为自己开发新程序的参考，但仍然要另起炉灶，重写程序或者对已有的程序进行较大的改动。显然，这种方法的重复工作量是很大的，因为过去的程序设计方法和计算机语言缺乏软件重用的机制，人们无法利用现有的丰富的软件资源，从而造成软件开发过程中人力、物力和时间的巨大浪费，效率较低。面向对象程序设计强调软件的可重用性。C ++提供了类的继承机制，很好地解决了软件重用的问题。

7.1　继承与派生

在面向对象程序设计中，可重用性是通过继承这一机制来实现的。因此，继承是 C ++的一个重要组成部分。

前面介绍过类，一个类中包含若干成员变量和成员函数。在不同的类中，成员变量和成员函数是不相同的。但有时两个类的内容基本相同或有一部分相同。例如，已知有一所学校的学生类 student，其类体声明及成员函数实现如下：

```
#include<iostream>
#include <string>
using namespace std;
class student
{
public:
     void display();
private:
    string name;
    int age;
    string gender;
};
void student::display()
{
    cout << "name:" << name << endl;
    cout << "age:" << age << endl;
    cout << "gender:" << gender << endl;
}
```

其中，成员变量 name，age 和 gender 分别用来描述 student 的姓名、年龄和性别信息，成员函数输出这些成员变量的信息。

如果学校的研究生除了要姓名、年龄和性别信息外，还要有地址和补贴信息，可以采用的方法是重新声明另一个类 grudate。其类体声明及成员函数实现如下：

```
#include<iostream>
#include <string>
using namespace std;
class graduate
{
public:
      void display();
private:
     string name;
     int age;
     string gender;
     string addr;
     string wage;
};
void graduate::display()
{
     cout << "name:" << name << endl;
     cout << "age:" << age << endl;
     cout << "gender:" << gender << endl;
     cout << "addr:" << addr << endl;
     cout << "wage:" << wage << endl;
}
```

比较这两个类，可以看出有相当一部分内容是相同的。这时，自然会想到能否利用原来声明的 student 类作为基础，再补充一部分新的内容来完成 graduate 类，以便减少重复的工作量，提高程序设计的效率。C++提供的继承机制就解决了这类问题。

7.1.1　概　念

所谓继承就是从先辈处得到属性和行为特征。类的继承，是新的类从已有类那里得到已有的特性。

从另一个角度来看这个问题，从已有类产生新类的过程就是类的派生。类的继承与派生机制允许程序员在保持原有类特性的基础上，进行更具体、更详细的修改和扩充。

由原有的类产生新类时，新类便包含了原有类的特征，同时也可以加入自己所特有的新特性。原有的类称为基类或父类。

产生的新类称为派生类或子类。派生类同样也可以作为基类派生新的类，这样就形成了类的层次结构。类的派生实际是一种演化、发展过程，即通过扩展、更改和特殊化，从一个已知类出发建立一个新类。通过类的派生可以建立具有共同关键特征的对象家族，从而实现代码的重用，这种继承和派生的机制对于已有程序的发展和改进是极为有利的。

因为每个派生类对象“是”基类的对象。每个基类有许多派生类，基类表示的对象集合通常比它任何一个派生类表示的对象集合都大。

继承关系构成一种树状层次结构。基类和派生类间存在着层次关系。虽然一个类可以独立存在,可是一旦使用了继承的机制,这个类不是供给其他类属性和行为的基类,就是继承基类属性和行为的派生类。

继承通常可以分为两类:单继承和多重继承。

1. 单继承

单继承指的是派生类只从一个基类派生。

表7-1所列是单继承的情况。从表中可以看到,学生类可以派生出研究生类和本科生类,从形状类中可以派生出圆形类、三角形类和矩形类,从贷款类中可以派生出汽车贷款、家庭贷款和抵押贷款等。它们的共同特点是:派生类是从一个基类派生出来的。

单继承的继承结构所形成的层次是一个树形结构,图7-1所示是交通工具的单继承的层次结构。

表7-1　单继承

基　类	派生类
学生	研究生、本科生
形状	圆形、三角形、矩形
贷款	汽车贷款、家庭贷款、抵押贷款
雇员	教员、后勤人员
账户	支票账户、储蓄账户

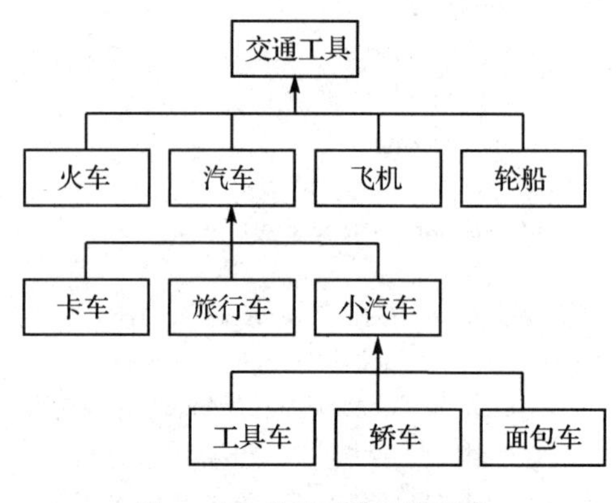

图7-1　单继承的层次结构

注意:图7-1中箭头的方向,在本书中,箭头表示继承的方向,从派生类指向基类。

2. 多重继承

多重继承指的是一个派生类是两个或两个以上的基类派生出来的。

以图7-2所示说明多重继承的层次关系。

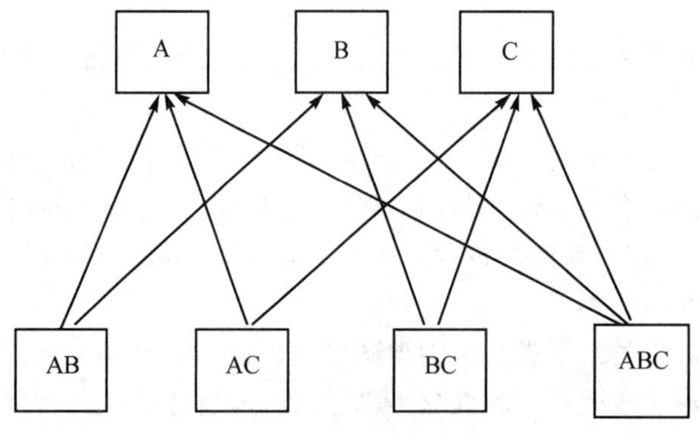

图7-2　多重继承的层次结构

例如狮虎兽,就有两个基类——狮子和老虎,既继承了狮子的一些特性,也继承了老虎的一些特性。其继承关系如图 7－3 所示。

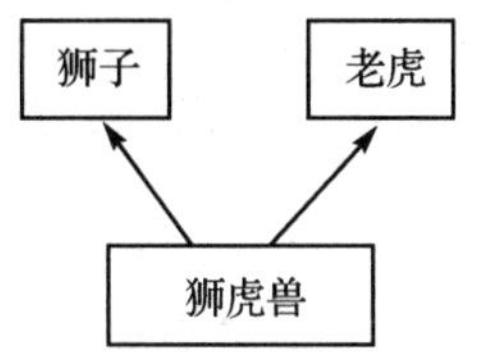

图 7－3　狮虎兽继承关系图

有很多时候，继承关系比较复杂，既包括单继承的情况，又包括多重继承的情况。图 7－4 所示是一所大学的大学成员的继承情况。

一所大学通常都有数以千计的成员，包括职工、在校生和毕业生。职工的身份不是雇员就是后勤人员。教员不是行政人员就是教师。这便构成了如图 7－4 所示的继承层次图。例如，学生包括本科生和研究生，而本科生又包括新生、大二学生、大三学生和大四学生。层次结构中每个箭头指一个继承关系。沿着箭头的方向可以说，雇员"是"一个大学成员，老师"是"一个教员。大学成员是雇员、学生和毕业生的直接基类。同理，大学成员是图中所有其他类的直接基类，故行政人员是一个教员，也是一个雇员和一个大学成员。有时，有的行政人员也上课，也就是所说的"双肩挑"，这里就可以用到多重继承。

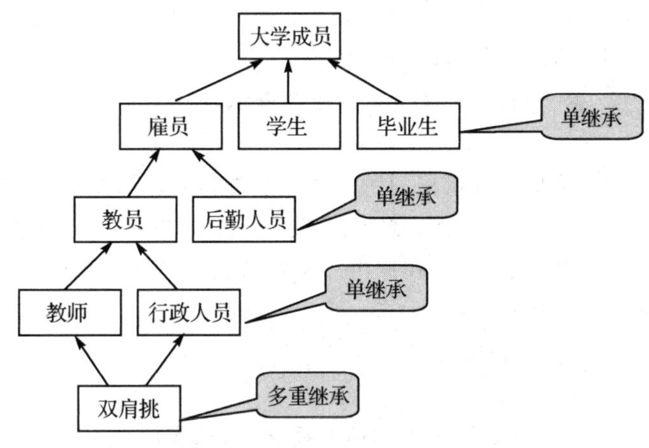

图 7－4　大学成员的继承的层次关系

7.1.2　派生类的声明

在 C＋＋中，派生类的一般声明语法如下：

class　派生类名:继承方式　基类名 1,继承方式　基类名 2,…,继承方式　基类名 n

{

派生类成员声明;

}

例如，假设基类 B1、B2 是已经声明的类，下面的语句声明了一个名为 D1 的派生类，该类从基类 B1、B2 派生而来：

```
class D1:public B1,private B2
{
Public:
    D1( );
    ~D1( );
    int a;
```

```
};
```

声明中的“基类名”(如 B1、B2)是已有的类的名称,“派生类名”是继承原有类的特性而生成的新类的名称(D1)。

一个派生类只有一个直接基类,也可以同时有多个基类,这时的派生类同时具有多个基类的特性。

在派生过程中,派生出来的新类也同样可以作为基类再继续派生新的类,此外,一个基类可以同时派生出多个派生类。也就是说,一个类从父类继承来的特性也可以被其他新的类所继承,一个父类的特征,可以同时被多个子类继承。这样,就形成了一个相互关联的类的家族,也称类族。在类族中,直接参与派生出某类的基类称为直接基类;基类的基类甚至更高层的基类也称为间接基类。

在派生类的定义中,除了要指定基类外,还需要指定继承方式,C++提供了 3 种继承方式:公有(public)继承、保护(protected)继承和私有(private)继承。通过不同的继承方式,派生类可以调整自身及其使用者(对象)对基类成员的访问控制权限。如果不显示指明继承方式关键字,系统默认的继承方式为私有继承方式。

前面的例子中对 B1 是公有继承,对 B2 是私有继承,同时声明了派生类自己新的构造函数和析构函数。

派生类成员是指除了从基类继承来的所有成员之外,还要新增加派生类自己的成员变量和成员函数。这些新增的成员正是派生类不同于基类的关键所在,是派生类对基类的发展。当重用和扩充已有的代码时,就是通过在派生类中新增成员来添加新的特性和功能。可以说,这就是类在继承基础上的进化和发展。

7.1.3 派生类的生成过程

在 C++程序设计中,进行了派生类的声明后,给出该类的成员函数的实现,整个类就算完成了,可以由它来生成对象进行实际问题的处理。仔细分析派生新类这个过程,实际是经历了 3 个步骤:吸收基类成员,改造基类成员,添加新的成员。面向对象的继承和派生机制,其最主要的目的是实现代码的重用和扩充。因此,吸收基类成员就是一个重用的过程,而对基类成员进行调整、改造以及添加新成员就是原有代码的扩充过程,两者是相辅相成的。

1. 吸收基类成员

在 C++的类继承过程中,首先是将基类的成员全盘接收,这样,派生类实际上就包含了基类中除构造函数和析构函数之外的所有成员。在派生过程中,构造函数和析构函数都不被继承。

2. 改造基类成员

对基类成员的改造包括两个方面:一是基类成员的访问控制问题,主要依靠派生类声明时的继承方式来控制,将在后面的作详细介绍;二是对基类成员变量或成员函数的隐藏,就是在派生类中声明一个与基类成员(成员变量或成员函数)同名的成员。如果派生类声明了一个与某基类成员同名的新成员,派生类的新成员就隐藏了外层同名的成员。这时,在派生类中或者通过派生类的对象直接使用成员名就只能访问到派生类中声明的同名成员,这称为同名隐藏。

3. 添加新的成员

派生类新成员的加入是继承与派生机制的核心,是保证派生类在功能上有所发展的关键。

可以根据实际情况的需要，给派生类添加适当的数据和函数成员，来实现必要的新增功能。

由于在派生过程中，基类的构造函数和析构函数是不能被继承的，因此要实现一些特别的初始化和扫尾清理工作就需要在派生类中加入新的构造函数和析构函数。

7.2　访问控制

派生类虽然继承基类的全部数据成员和除了构造函数、析构函数之外的全部函数成员，但是这些成员的访问属性在派生的过程中是可以调整的。从基类继承的成员，其访问属性由继承方式控制。

基类的成员可以有 public(公有)、protected(保护)和 private(私有)三种访问属性，基类的自身成员可对这类中任何一个其他成员进行访问，但是通过基类的对象，就只能访问该类的公有成员。

类的继承方式有 public (公有继承)、protected(保护继承)和 private(私有继承)三种，不同的继承方式，导致原来具有不同访问属性的基类成员在派生类中的访问属性也有所不同。这里说的访问来自两个方面：一是派生类中的新增成员对从基类继承来的成员的访问；二是在派生类外部(非类族内的成员)，通过派生类的对象对从基类继承来的成员的访问。下面分别进行讨论。

7.2.1　公有继承

当类的继承方式为公有继承时，基类的公有和保护成员的访问属性在派生类中不变，即基类的公有成员和保护成员被继承到派生类中仍作为派生类的公有成员和保护成员，派生类的成员可以直接访问它们，而基类的私有成员在派生类中不可访问。

通过派生类的对象只能访问基类的公有成员。

例 7.1　公有继承举例。

程序如下：

```
#include<iostream>
using namespace std;
class A
{
private:
    int x;
protected:
    int y;
public:
    int z;
    void setx(int i)
    {
        x=i;
    }
    int getx()
```

```
    {
        return x;
    }
};
class B:public A
{
private:
    int m;
protected:
    int n;
public:
    int p;
    void setvalue(int a,int b,int c,int d,int e,int f)
    {
        setx(a);
        y = b;
        z = c;
        m = d;
        n = e;
        p = f;
    }
    void display()
    {
        cout << "x = " << getx() << endl;
        cout << "y = " << y << endl;
        cout << "m = " << m << endl;
        cout << "n = " << n << endl;
    }
};
int main()
{
    B obj;
    obj.setvalue(1,2,3,4,5,6);
    obj.display();
    cout << "z = " << obj.z << endl;
    cout << "p = " << obj.p << endl;
    return 0;
}
```

程序运行结果如下:

```
x = 1
y = 2
m = 4
n = 5
```

```
z = 3
p = 6
```

7.2.2　私有继承

如果派生类是以私有方式继承基类，则基类的 public 和 protected 成员都以 private 身份出现在派生类中。派生类中的成员函数可以直接访问基类中的 public 和 protected 成员，但不能直接访问基类的 private 成员。通过派生类的对象不能直接访问基类中的任何成员。

也就是说，私有继承之后，基类就丧失了其派生能力，基类中的所有成员都无法被派生类的对象访问，并且如果基类的派生类进一步派生，新产生的类也将无法访问基类中的任何成员。因此，一般情况下很少使用私有继承。

例 7.2　私有继承举例。

程序如下：

```
#include<iostream>
using namespace std;
class A
{
private:
    int x;
protected:
    int y;
public:
    int z;
    void setx(int i)
    {
        x = i;
    }
    int getx()
    {
        return x;
    }
};
class B:private A
{
private:
    int m;
protected:
    int n;
public:
    int p;
    void setvalue(int a,int b,int c,int d,int e,int f)
    {
        setx(a);
```

```
        y = b;
        z = c;
        m = d;
        n = e;
        p = f;
    }
    void display()
    {
        cout << "x = " << getx() << endl;
        cout << "y = " << y << endl;     //在派生类中变为私有,但可以访问
        cout << "z = " << z << endl;     //在派生类中变为私有,但可以访问
        cout << "m = " << m << endl;
        cout << "n = " << n << endl;
    }
};
int main()
{
    B obj;
    obj.setvalue(1,2,3,4,5,6);
    obj.display();
    cout << "p = " << obj.p << endl;
    return 0;
}
```

程序运行结果如下：

```
x = 1
y = 2
z = 3
m = 4
n = 5
p = 6
```

7.2.3 保护继承

在保护继承中,基类的 public 和 protected 成员都以 protected 身份出现在派生类中。派生类中的成员函数可以直接访问基类中的 public 和 protected 成员,但不能直接访问基类的 private 成员。通过派生类的对象不能直接访问基类中的任何成员。

保护继承与私有继承的差别体现在当前派生类进一步派生的子类中。而在当前派生类这一层次上,保护继承与私有继承没有差别。假设 Circle 私有继承了 Point 类,而 Circle 作为新的基类又派生出 Cylinder,那么 Cylinder 的类和对象都不能够访问 Circle 从 Point 类中继承来的任何成员。如果 Circle 是以保护方式继承了 Point 类,那么当 Circle 类再派生出 Cylinder 类时,Point 类中的公有成员和保护成员都会被 Cylinder 类继承为保护形式或者私有形式,但具体要看 Cylinder 对 Circle 的继承方式。

protected 访问是 public 访问和 private 访问的中间保护层次。基类的保护成员只能被基类的成员、友元的成员以及派生类的成员和友元访问。保护成员对建立其所在类对象的模块来说,它与私有成员的性质相同。对于其派生类成员访问权限来说,保护成员与公有成员的性质相同。

按照继承的访问规则,基类的保护成员可以被派生类访问(注意,基类的私有成员不能被派生类访问),但是保护成员和私有成员一样,既不能被基类的对象访问,也不能被派生类的对象访问。也就是说,基类的保护成员和公有成员对于派生类有相同的访问权限,但是保护成员绝对不可能被其他外部接口(比如外部函数)访问。这样,如果合理地利用保护成员,就可以在复杂的层次关系中寻找一个成员共享与隐藏的平衡点,既能实现成员的继承共享,又能够方便继承,实现代码的高效重用和扩充。

例 7.3　保护继承举例。

程序如下:

```
#include<iostream>
using namespace std;
class A
{
private:
    int x;
protected:
    int y;
public:
    int z;
    void setx(int i)
    {
        x = i;
    }
    int getx()
    {
        return x;
    }
};
class B:protected A
{
private:
    int m;
protected:
    int n;
public:
    int p;
    void setvalue(int a,int b,int c,int d,int e,int f)
    {
        setx(a);
```

```
        y = b;
        z = c;
        m = d;
        n = e;
        p = f;
    }
    void display()
    {
        cout << "x = " << getx() << endl;
        cout << "y = " << y << endl;     //在派生类中变为 protected 类型,但可以访问
        cout << "z = " << z << endl;     //在派生类中变为 protected 类型,但可以访问
        cout << "m = " << m << endl;
        cout << "n = " << n << endl;
    }
};
int main()
{
    B obj;
    obj.setvalue(1,2,3,4,5,6);
    obj.display();
    cout << "p = " << obj.p << endl;
    return 0;
}
```

程序运行结果如下:

```
x = 1
y = 2
z = 3
m = 4
n = 5
p = 6
```

7.3 类型兼容规则

类型兼容规则是指在需要基类对象的任何地方,都可以使用公有派生类的对象来替代。通过公有继承,派生类得到了基类中除构造函数、析构函数之外的所有成员。这样,公有派生类实际上就具备了基类的所有功能,凡是基类能解决的问题,公有派生类都可以解决。

类型兼容规则中所指的替代包括以下情况:

- 派生类的对象可以赋值给基类对象;
- 派生类的对象可以初始化基类的引用;
- 派生类对象的地址可以赋给指向基类的指针。

在替代之后,派生类对象就可以作为基类的对象使用,但是只能使用从基类继承的成员。类型兼容规则是多态性的重要基础之一。

例 7.4　类型兼容原则举例。

程序如下：

```
#include<iostream>
using namespace std;
class pet
{
public:
    void speak()
    {
        cout << "How does a pet speak" << endl;
    }
};
class cat: public pet
{
public:
    void speak()
    {
        cout << "miao! miao!" << endl;
    }
};
class dog: public pet
{
public:
    void speak()
    {
        cout << "wang! wang!" << endl;
    }
};
int main()
{
    pet *p1, *p2, *p3,obj;
    dog dog1;
    cat cat1;
    obj = dog1;             //派生类的对象可以赋值给基类对象
    obj.speak();
    p1 = &cat1;
    p1->speak();
    p1 = &dog1;             //派生类对象的地址可以赋给指向基类的指针
    p1->speak();
    p2 = new cat;
    p2->speak();
    p3 = new dog;
    p3->speak();
    pet &p4 = cat1;         //派生类的对象可以初始化基类的引用
    p4.speak();
```

```
    dog1.speak();
    cat1.speak();
    return 0;
}
```

程序运行结果如下：

```
How does a pet speak
How does a pet speak
How does a pet speak
How does a pet speak
How does a pet speak
How does a pet speak
wang! wang!
miao! miao!
```

7.4 派生类的构造和析构函数

继承的目的是为了发展。派生类继承了基类的成员，实现了原有代码的重用，这只是一部分，而代码的扩充才是最主要的，只有通过添加新的成员，加入新的功能，类的派生才有实际意义。

由于基类的构造函数和析构函数不能被继承，在派生类中，如果对派生类新增的成员进行初始化，就必须为派生类添加新的构造函数。与此同时，对所有从基类继承下来的成员的初始化工作，还要由基类的构造函数完成，必须在派生类中对基类的构造函数所需要的参数进行设置。同样，对派生类对象的扫尾、清理工作也需要加入新的析构函数。

7.4.1 派生类的构造函数

派生类构造函数的一般语法形式如下：

派生类::派生类名(参数总表):基类名 1(参数表 1),…,基类名 n(参数表 n),内嵌对象名 1(内嵌对象参数表 1),…内嵌对象名 n(内嵌对象参数表 n)

```
{
    派生类新增成员的初始化语句;
}
```

这里，派生类的构造函数名与类名相同。在构造函数的参数表中，需要给出初始化基类数据、新增内嵌对象数据及新增一般成员数据所需要的全部参数。在参数表之后，列出需要使用参数进行初始化的基类名和内嵌成员名以及各自的参数表，各项之间使用逗号分隔。这里基类名、对象名之间的次序无关紧要，它们各自出现的顺序可以是任意的。在生成派生类对象时，系统首先会使用这里列出的参数，调用基类和内嵌对象成员的构造函数。

当一个类同时有多个基类时，对于所有需要给予参数进行初始化的基类，都要给出基类名和参数表，对于使用默认构造函数的基类，可以不给出类名。同样，对于对象成员，如果是使用默认构造函数，也不需要写出对象名和参数表，对于单继承这种特殊情况，就只需要写一个基类名称。

现在来讨论什么时候需要定义派生类的构造函数。如果基类定义了带有形参表的构造函数时，派生类就应当定义构造函数，提供一个将参数传递给基类构造函数的途径，保证在基类进行初始化时能够获得必要的数据。

派生类构造函数执行的一般次序如下：

- 调用基类构造函数，调用顺序按照它们被继承时声明的顺序(从左向右)；
- 调用内嵌成员对象的构造函数，调用顺序按照它们在类中声明的顺序；
- 调用派生类的构造函数体中的内容。

在实例化派生类的对象时，会首先隐含调用基类和内嵌对象成员的构造函数，来初始化它们各自的数据成员，然后才执行派生类构造函数的函数体。其中，如果派生类中新增成员有内嵌的对象，第二步的调用才会执行；否则，就直接跳转到第三步，执行派生类构造函数体时，基类的构造函数调用顺序是按照声明派生类时基类的排列顺序来进行，而内嵌成员对象构造函数的调用顺序则是按照对象在派生类中声明语句出现的先后顺序来进行。注意，与派生类构造函数中列出的名称顺序毫无关系。

例 7.5 派生类的构造函数调用顺序举例。

程序如下：

```
#include<iostream>
using namespace std;
class B1
{
public:
    B1(int i)
    {
        cout << "constructing B1 " << i << endl;
    }
};
class B2
{
public:
    B2(int j)
    {
        cout << "constructing B2 " << j << endl;
    }
};
class B3
{
public:
    B3()
    {
        cout << "constructing B3 * " << endl;
    }
};
```

```
class C: public B2, public B1, public B3
{
public:
    C(int a, int b, int c, int d):B1(a),memberB2(d),memberB1(c),B2(b)
    {
        cout << "The last is me" << endl;
    }
private:
    B1 memberB1;
    B2 memberB2;
    B3 memberB3;
};
int main()
{
    C obj(1,2,3,4);
    return 0;
}
```

程序运行结果:

```
constructing B2 2
constructing B1 1
constructing B3 *
constructing B1 3
constructing B2 4
constructing B3 *
The last is me
```

7.4.2 派生类的析构函数

派生类的析构函数的功能是在该类对象消亡之前进行一些必要的清理工作。析构函数没有类型,也没有参数,与构造函数相比情况略为简单些。

在派生过程中,基类的析构函数也不能继承下来,如果需要析构函数,就要在派生类中自行定义。派生类析构函数的定义方法与没有继承关系的类中析构函数的定义方法完全相同,只要在函数体中负责把派生类新增的非对象成员的清理工作做好即可,系统会自己调用基类及成员对象的析构函数来对基类及对象成员进行清理。但它的执行秩序和构造函数正好严格相反,首先对派生类新增的普通成员进行清理,然后对派生类新增的对象成员进行清理,最后对所有从基类继承来的成员进行清理。这些清理工作分别是执行派生类析构函数体、调用派生类对象成员所在类的析构函数和调用基类析构函数。

例 7.6 派生类的构造函数与析构函数的调用秩序举例。

程序如下:

```
#include<iostream>
using namespace std;
```

```
class B1
{
public:
    B1(int i)
    {
        cout << "constructing B1 " << i << endl;
    }
    ~B1()
    {
        cout << "destructing B1 " << endl;
    }
};
class B2
{
public:
    B2(int j)
    {
        cout << "constructing B2 " << j << endl;
    }
    ~B2()
    {
        cout << "destructing B2 " << endl;
    }
};
class B3
{
public:
    B3()
    {
        cout << "constructing B3 * " << endl;
    }
    ~B3()
    {
        cout << "destructing B3 " << endl;
    }
};
class C: public B2, public B1, public B3
{
public:
    C(int a, int b, int c, int d):B1(a),memberB2(d),memberB1(c),B2(b)
    {
        cout << "The last is me" << endl;
    }
    {
        cout << "The last is me" << endl;
```

```
    }
private:
    B1 memberB1;
    B2 memberB2;
    B3 memberB3;
};
int main()
{
    C obj(1,2,3,4);
    return 0;
}
```

程序运行结果：

```
constructing B2 2
constructing B1 1
constructing B3 *
constructing B1 3
constructing B2 4
constructing B3 *
The last is me
destructing B3
destructing B2
destructing B1
destructing B3
destructing B1
destructing B2
```

7.5 二义性问题及其消除

多重继承可以反映现实生活中的情况，能够有效地处理一些复杂的问题，能够增加编写程序的灵活性，但是多重继承也容易引起一些值得注意的问题，它增加了程序的复杂度，使程序的编写和维护变得相对困难，容易出错。其中，最常见的问题就是继承的成员同名而产生的二义性问题。

7.5.1 二义性问题(一)

在多继承时，基类与派生类之间，或基类之间出现同名成员时，将出现访问时的二义性。

例 7.7 二义性问题(一)举例。

程序如下：

```
#include <iostream>
using namespace std;
```

```
class A
{
    public:
        void  f()
        {
            cout << "调用 class A 的成员函数 f" << endl;
        }
};
class B
{
    public:
        void f()
        {
            cout << "调用 class B 的成员函数 f" << endl;
        }
        void g()
        {
            cout << "调用 class B 的成员函数 g" << endl;
        }
};
class C: public A, public B
{
public:
    void g()
    {
     cout << "调用 class C 的成员函数 g" << endl;
    }
    void h()
    {
     cout << "调用 class C 的成员函数 h" << endl;
    }
};
int main( )
{
    C c1;
    c1.g();     //正确,没有出现二义性问题
    c1.f();     //错误,出现二义性问题
    return 0;
}
```

这种二义性可以采用同名隐藏规则和使用基类名限定来消除。

同名隐藏规则是指如果在内层声明了与外层同名的标识符,则外层的标识符在内层不可见。

在类的派生层次结构中,基类的成员和派生类新增的成员都具有类作用域,两者的作用范围不同,是相互包含的两个层,派生类在内层,基类在外层。

当派生类与基类中有相同成员时，若未强行指名，则通过派生类对象使用的是派生类中的同名成员。

所以当类 C 的对象 c1 调用函数 g ()时，根据同名隐藏规则，派生类在内层，基类在外层，此时调用的是类 C 的成员函数 g ()，而不出现二义性问题。

由于类 A 和类 B 中都有公有成员函数 f()，且类 C 从类 A 和类 B 中派生而来，所以接收了类 A 和类 B 的除构造函数和析构函数外的所有成员，此时类 C 中有两个 f()，当类 C 的对象 c1 调用函数 f()时，就出现了二义性问题。

基类之间出现同名成员时，如果要通过派生类对象访问基类中同名成员，应使用基类名限定，即采用 c1. A::f()或 c1. B::f()。

修改例 7.7 的主程序部分如下：

```
int main( )
{
    C c1;
    c1.g();           //同名隐藏规则消除了二义性
    c1.A::f( );       //使用基类名限定消除了二义性
    c1.B::f( );       //使用基类名限定消除了二义性
    return 0;
}
```

则不会出现二义性问题。

程序运行结果如下：

```
调用 class C 的成员函数 g
调用 class A 的成员函数 f
调用 class B 的成员函数 f
```

7.5.2　二义性问题(二)

当某类的部分或全部直接是从另一个共同基类派生而来时，在这些直接基类中从上一级共同基类继承来的成员就拥有相同的名称。

例 7.8　二义性问题(二)举例。

程序如下：

```
#include <iostream>
using namespace std;
class A
{
public:
    void f( )
    {
        cout << "class A 的成员函数" << endl;
    }
};
class A1 : public A
```

```
{
private:
    int a1;
};
class A2 : public A
{
private:
    int a2;
};
class AA : public A1,public A2
{
public:
    int aa;
};
int main()
{
    AA aa_obj;
    aa_obj.f();        //错误,出现了二义性
    aa_obj.A::f();     //错误,出现了二义性
    return 0;
}
```

由于类 A1 和类 A2 都是从类 A 派生出来的,所有类 A1 和类 A2 都有类 A 的成员函数 f(),且类 AA 又是从类 A1 和类 A2 派生出来的,此时类 A1 和类 A2 都有类 A 的成员函数 f() 又被类 AA 所接收。若利用类 AA 的对象来调用函数 f()就会有多个映射,会出现二义性问题,在前面以类 A 作为基类名限定也起不到效果。

类 A、类 A1、类 A2 和类 AA 的成员的存储示意图如图 7-5 所示。

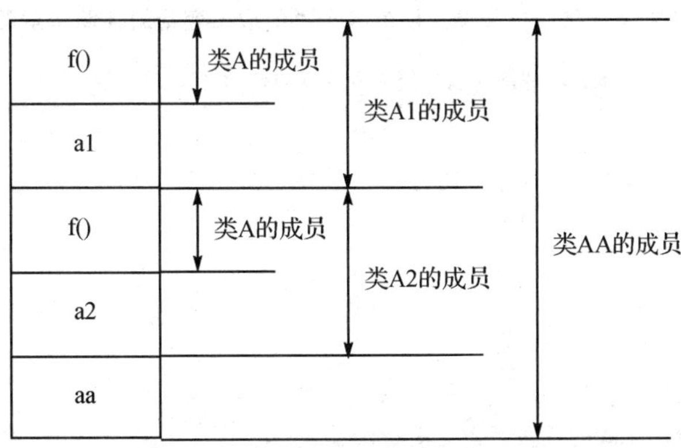

图 7-5　类 A、类 A1、类 A2 和类 AA 的成员的存储示意图

消除这种二义性可以采用基类名限定或虚基类声明。

如果采用基类名限定,只需要将例 7.8 的主程序修改如下:

```
int main()
{
```

```
    AA aa_obj;
    aa_obj.A1::f();        //使用基类名限定消除了二义性
    aa_obj.A2::f();        //使用基类名限定消除了二义性
    return 0;
}
```

程序运行结果如下：

```
class A 的成员函数
class A 的成员函数
```

7.5.3 虚基类

虚基类的声明是在派生类的声明过程中进行的,其语法形式如下：

class 派生类名: virtual 继承方式 基类名

声明了虚基类之后,虚基类的成员在进一步派生过程中和派生类同时指向同一个内存单元的数据。

以例 7.8 为例,采用虚基类声明的各个类的成员变量的存储示意图如图 7-6 所示。

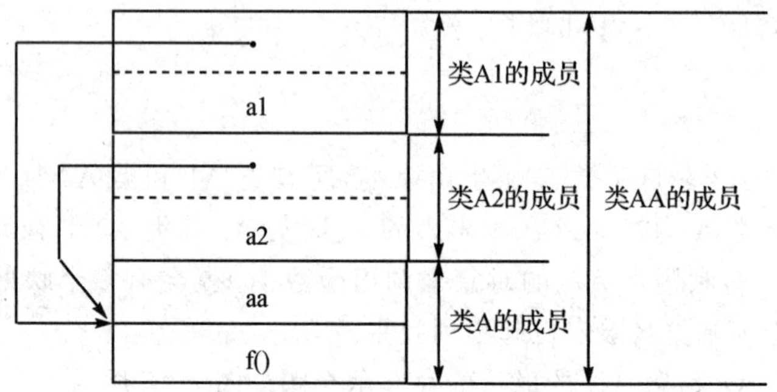

图 7-6 采用虚基类声明的各个类的成员变量的存储示意图

修改例 7.8 的程序,采用虚基类声明,修改后程序如下：

```
#include<iostream>
using namespace std;
class A
{
public:
    void f()
    {
        cout << "class A 的成员函数" << endl;
    }
};
class A1 : virtual public A
{
private:
    int a1;
};
```

```
class A2 : virtual public A
{
private:
    int a2;
};
class AA : public A1,public A2
{
public:
    int aa;
};
int main()
{
    AA aa_obj;
    aa_obj.f()
    aa_obj.A::f();
    return 0;
}
```

程序运行结果如下：

```
class A 的成员函数
class A 的成员函数
```

第 8 章　多态性

继承讨论的是类与类的层次关系，多态则是考虑在不同层次的类中，以及在一个类的内部，同名成员函数之间的关系问题，是解决功能和行为的再抽象问题。直观地说，多态是指类族中具有相似功能的不同函数使用同一个名称来实现，从而可以使用相同的调用方式来调用这些具有不同功能的同名函数。这也是人类思维方式的一种直接模拟，比如一个对象中有很多求两个数最大值的行为，虽然可以针对不同的数据类型，写很多不同名称的函数来实现，但事实上，它们的功能几乎完全相同。这时，就可以利用多态的特征，用统一的标识来完成这些功能。这样，就可以达到类的行为的再抽象，进而统一标识，减少程序中标识符的个数。

本章主要学习多态的分类和实现机制、虚函数、抽象类以及纯虚函数的应用等，重点介绍的是重载和包含两种多态类型，函数重载在前面曾做过详细的讨论，这里主要介绍运算符重载。虚函数是介绍包含多态时的关键内容。

8.1　多态性概述

多态是指同样的消息被不同类型的对象接收时导致完全不同的行为。所谓消息是指对类的成员函数的调用，不同的行为是指不同的实现，也就是调用了不同的函数。事实上，在程序设计中经常在使用多态的特性，最简单的例子就是运算符，使用同样的加号“+”，就可以实现整型数之间、浮点数之间、双精度浮点数之间以及它们相互的加法运算。同样的消息——相加，被不同类型的对象——变量接收后，不同类型的变量采用不同的方式进行加法运算。如果是不同类型的变量相加，例如浮点数和整型数，则要先将整型数转换为浮点数，然后再进行加法运算，这就是典型的多态现象。

1. 多态的类型

面向对象的多态性可以分为四类：重载多态、强制多态、包含多态和参数多态。前面两种统称为专用多态，而后面两种称为通用多态。前面所学习过的普通函数及类的成员函数的重载都属于重载多态，上述加法运算分别使用于浮点数、整型数之间就是重载的实例。强制多态是指将一个变量的类型加以变化，以符合一个函数或操作的要求，前面所讲的加法运算符在进行浮点数与整型数相加时，首先进行类型强制转换，把整型数变为浮点数再相加的情况，就是强制多态的实例。

包含多态是研究类族中定义于不同类中的同名成员函数的多态行为，主要是通过虚函数来实现。

2. 多态的实现

多态从实现的角度可以划分为两类：编译时的多态和运行时的多态。前者是在编译的过程中确定了同名操作的具体操作对象，而后者则是在程序运行过程中才动态地确定操作所针对的具体对象。这种确定操作具体对象的过程就是绑定（binding，也有的文献称为编联、关联等）。绑定是指计算机程序自身彼此关联的过程，用面向对象的术语讲，就是把一条消息和一个对象的方法相结合的过程。按照绑定进行的阶段的不同，可以分为两种不同的绑定方法：静态绑定和动态绑定。这两种绑定过程分别对应着多态的两种实现方式。

绑定工作在编译、链接阶段完成的状态称为静态绑定。因为绑定过程是在程序开始执行之前进行的，因此有时也称为早期绑定或前绑定。在编译、链接过程中，系统就可以根据类型匹配等特征确定程序中操作调用与执行该操作的代码的关系，即确定了某一个同名标识符到底是要调用哪一段程序代码。有些多态类型，其同名操作的具体对象能够在编译、链接阶段确定，通过静态绑定解决，比如重载、强制和参数多态。

与静态绑定相对应，绑定工作在程序运行阶段完成的情况称为动态绑定，也称为晚期绑定或后绑定。在编译、链接过程中无法解决的绑定问题，要等到程序开始运行之后再来确定，包含多态中操作对象的确定就是通过动态绑定完成的。

8.2　运算符重载

C++中预定义的运算符的操作对象只能是基本数据类型，实际上，对于很多用户自定义类型（比如类），也需要有类似的运算操作。例如，下面的程序段声明了一个复数类：

```
class complex      //复数类声明
{
public:
    complex(double r = 0.0,double i = 0.0)
    {
        real = r;
        imag = i;
    }
    void display( );
private:
    double real;
    double imag;
};
```

于是，可以这样声明复数类的对象：

```
complex a(10,20), b(5,8);
```

接下来，如果需要对 a 和 b 进行加法运算，该如何实现呢？当然希望能使用“+”运算符，写出表达式“a+b”，但是编译的时候却会出错，因为编译器不知道该如何完成这个加法。这时候就需要编写程序来说明“+”在作用于 complex 类对象时，该实现什么样的功能，这就是运算符重载。运算符重载是对已有的运算符赋予多重含义，使同一个运算符作用于不同类型的数据导致不同类型的行为。

运算符重载的实质就是函数重载，在实现过程中，首先把指定的运算表达式转化为对运算符函数的调用，运算对象转化为运算符函数的实参，然后根据实参的类型来确定需要调用的函数。这个过程是在编译过程中完成的。

8.2.1 运算符重载的规则

运算符重载的规则如下：

- C ++中的运算符除了少数几个外,全部可以重载,而且只能重载 C ++中已经有的运算符。
- 重载之后运算符的优先级和结合性都不会改变。
- 运算符重载是针对新类型数据的实际需要,对原有运算符进行适当的改造。一般来说,重载的功能应与原有功能相类似,不能改变原运算符的操作对象个数,同时至少要有一个操作对象是自定义类型。

不能重载的运算符只有五个,它们是类属关系运算符“.”、成员指针运算符“.*”、作用域分辨符“::”、sizeof 运算符和三目运算符“?”。前面两个运算符保证了 C ++中访问成员功能的含义不被改变。作用域分辨符和 sizeof 运算符的操作数是类型,而不是普通的表达式,也不具备重载的特征。

运算符的重载形式有两种,重载为类的成员函数和重载为类的友元函数。

运算符重载为类的成员函数的一般语法形式如下：

```
函数类型  operator  运算符(形参表)
{
      函数体
}
```

运算符重载为类的友元函数,可以在类体中声明友元函数的原型,在类外实现,也可以在类体内实现,运算符重载为类的友元函数的一般语法形式如下：

```
friend  函数类型  operator  运算符(形参表)
{
      函数体
}
```

函数类型指定了重载运算符的返回值类型,也就是运算结果类型;operator 是定义运算符重载函数的关键字;运算符即是要重载的运算符名称,必须是 C ++中可重载的运算符,比如要重载加法运算符,这里就写“+”;形参表中给出重载运算符所需要的参数和类型;对于运算符重载为友元函数的情况,还要在函数类型说明之前使用 friend 关键字来声明。

当运算符重载为类的成员函数时,函数的参数个数比原来的操作数个数要少一个(后置“++”“--”除外);当重载为类的友元函数时,参数个数与原操作数个数相同。原因是重载为类的成员函数时,如果某个对象使用重载了的成员函数,自身的数据就可以直接访问,而无须放在参数表中传递了,少的操作数就是该对象本身。当重载为友元函数时,友元函数对某个对象的数据进行操作,就必须通过该对象的名称来进行,因此,使用到的参数都要进行传递,操作数的个数也不会有变化。

运算符重载的主要优点就是可以改变使用于系统内部的运算符的操作方式,以适应用户自定义类型的类似运算。

8.2.2 运算符重载为成员函数

运算符重载实质上就是函数重载,重载为成员函数,它就可以自由地访问本类的数据成员。实际使用时,总是通过该类的某个对象来访问重载的运算符,如果是双目运算符,一个操作数是对象本身的数据,另一个操作数则需要通过运算符重载函数的参数表来传递;如果是单目运算,就不需要任何参数。

例 8.1　将"+""-"运算重载为复数类的成员函数。要求完成复数实部和虚部分别相加减。程序如下:

```
#include<iostream>
using namespace std;
class complex
{
public:
    complex(double r = 0.0,double i = 0.0)
    {
        real = r;
        imag = i;
    }
    complex operator + (complex c2);
    complex operator - (complex c2);
    void display();
private:
    double real;
    double imag;
};
complex complex::operator + (complex c2)
{
    complex c;
    c.real = c2.real + real;
    c.imag = c2.imag + imag;
    return c;
}
complex complex::operator - (complex c2)
{
    complex c;
    c.real = real - c2.real;
    c.imag = imag - c2.imag;
    return c;
}
void complex::display()
{
    cout << "(" << real << "," << imag << ")" << endl;
}
int main()
{
    complex c1(5,4),c2(2,10),c3;
    cout << "c1 = ";c1.display();
```

```
    cout << "c2 = ";c2.display();
    c3 = c1 - c2;
    cout << "c3 = c1 - c2 = ";
    c3.display();
    c3 = c1 + c2;
    cout << "c3 = c1 + c2 = ";
    c3.display();
    return 0;
}
```

程序输出的结果如下：

```
c1 = (5,4)
c2 = (2,10)
c3 = c1 - c2 = (3,-6)
c3 = c1 + c2 = (7,14)
```

8.2.3 运算符重载为友元函数

运算符可以重载为类的友元函数。这样,它可以自由地访问该类的任何成员变量。这时,运算所需要的操作数都需要通过函数的形参表来传递,在形参表中形参从左到右的顺序就是运算符操作数的顺序。

例 8.2 将"+""-"(双目)重载为复数类的友元函数。

程序如下：

```
#include<iostream>
using namespace std;
class complex
{
public:
    complex(double r = 0.0,double i = 0.0)
    {
        real = r;
        imag = i;
    }
    friend complex operator + (complex c1,complex c2);
    friend complex operator - (complex c1,complex c2);
    void display();
private:
    double real;
    double imag;
};
void complex::display()
{
    cout << "(" << real << "," << imag << ")" << endl;
}
```

```
complex operator +(complex c1,complex c2)
{
    return complex(c2.real + c1.real,c2.imag + c1.imag);
}
complex operator -(complex c1,complex c2)
{
    return complex(c1.real - c2.real,c1.imag - c2.imag);
}
int main()
{
    complex c1(5,4),c2(2,10),c3;
    cout << "c1 = ";
    c1.display();
    cout << "c2 = ";
    c2.display();
    c3 = c1 - c2;
    cout << "c3 = c1 - c2 = ";
    c3.display();
    c3 = c1 + c2;
    cout << "c3 = c1 + c2 = ";
    c3.display();
    return 0;
}
```

程序运行结果：

```
c1 = (5,4)
c2 = (2,10)
c3 = c1 - c2 = (3,-6)
c3 = c1 + c2 = (7,14)
```

将运算符重载为类的友元函数，必须把操作数全部通过形参的方式传递给运算符重载函数，与例 8.1 相比，主函数根本没有做任何改动，主要的变化在复数类的成员。程序运行的结果也完全一样。

8.3　虚函数

虚函数是动态绑定的基础。虚函数必须是非静态的成员函数，虚函数经过派生之后，在类族中可以实现运行过程中的多态。

根据赋值兼容规则，可以使用派生类的对象代替基类对象。如果用基类类型的指针指向派生类对象，就可以通过这个指针来访问该对象，但访问到的只是从基类继承来的同名成员。解决这一问题的办法是：如果需要通过基类的指针指向派生类的对象，并访问某个与基类同名的成员，那么首先在基类中将这个同名函数说明为虚函数。这样，通过基类类型的指针，就可以使属于不同派生类的不同对象产生不同的行为，从而实现了运行过程的多态。

虚函数的声明语法如下：

virtual　函数类型　函数名(参数表)

{

　　函数体

}

这实际上就是在类的声明中使用virtual关键字来限定成员函数。虚函数声明只能出现在类声明中的函数原型声明中，而不能在成员函数体实现的时候。

运行过程中的多态需要满足3个条件：首先类之间应满足赋值兼容规则；第二是要声明虚函数；第三是要由成员函数来调用或者通过指针、引用来访问虚函数。

例8.3　未使用虚函数的程序举例。

程序如下：

```
#include<iostream>
using namespace std;
class pet
{
public:
    void speak()
    {
     cout << "How does a pet speak" << endl;
    }
};
class cat: public pet
{
public:
     void speak()
     {
         cout << "miao! miao!" << endl;
     }
};
class dog: public pet
{
public:
      void speak()
      {
          cout << "wang! wang!" << endl;
      }
};
int main()
{
     pet *p1, *p2, *p3,obj;
     dog dog1;
     cat cat1;
     obj = dog1;
```

```
    obj.speak();
    p1 = &cat1;
    p1 -> speak();
    p1 = &dog1;
    p1 -> speak();
    p2 = new cat;
    p2 -> speak();
    p3 = new dog;
    p3 -> speak();
    pet &p4 = cat1;
    p4.speak();
    dog1.speak();
    cat1.speak();
    return 0;
}
```

程序运行结果如下：

```
How does a pet speak
How does a pet speak
How does a pet speak
How does a pet speak
How does a pet speak
How does a pet speak
```

从程序的执行情况可以看到，派生类的成员函数虽然可以覆盖基类的成员函数，但只能通过对象调用成员函数来使用这种覆盖功能，如果使用基类指针指向其派生类对象，然后通过指针调用成员函数，则无法调用派生类中定义的覆盖函数。

例 8.4　使用虚函数的情况举例。

程序如下：

```
#include<iostream>
using namespace std;
class pet
{
public:
 virtual void speak()
 {
     cout << "How does a pet speak" << endl;
 }
};
class cat: public pet
{
public:
    void speak()
    {
        cout << "miao! miao!" << endl;
```

```
    }
};
class dog: public pet
{
public:
    void speak()
    {
        cout << "wang! wang!" << endl;
    }
};
int main()                      //主函数
{
    pet * p1, * p2, * p3,obj;
    dog dog1;
    cat cat1;
    obj = dog1;                 //派生类的对象可以被赋值给基类对象
    obj.speak( );
    p1 = &cat1;                 //指向基类的指针也可以指向派生类
    p1 ->speak();
    p1 = &dog1;
    p1 ->speak();
    p2 = new cat;
    p2 ->speak();
    p3 = new dog;
    p3 ->speak();
    pet &p4 = cat1;
    p4.speak();
    return 0;
}
```

程序运行结果：

```
How does a pet speak
miao! miao!
wang! wang!
miao! miao!
wang! wang!
miao! miao!
```

8.4 抽象类

类是从相似性抽取共性而得到的抽象数据类型，基类的抽象化程度越高，概括事物的共同特性的范围就越大。当基类的抽象化程度提高以后，某些成员函数在基类中的实现变得没有实际意义了，但成员函数在基类中的声明仍有意义。

是否有办法将这样的成员函数在基类中只作声明，而将其实现留给派生类呢？在 C++ 中，利用纯虚函数将基类改造为抽象类。抽象类是带有纯虚函数的类。为了学习抽象类，先来了解纯虚函数。

8.4.1　纯虚函数

纯虚函数是一个在基类中声明的虚函数，它在该基类中没有定义具体的操作内容，要求各派生类根据实际需要定义自己的内容，纯虚函数的声明格式如下：

```
class  类名
{
    virtual  函数类型 函数名(参数表)=0;
    ……
}
```

关于纯虚函数的说明：纯虚函数与虚函数区别就是在后面加上"=0"，在基类中声明后，不能定义其函数体，其具体实现只能在派生类中完成。

8.4.2　抽象类

带有纯虚函数的类是抽象类。抽象类的主要作用是通过它为一个类族建立一个公共的接口，使得它们能够更有效地发挥多态特性。

抽象类派生出新的类之后，如果派生类给出所有纯虚函数的具体实现，这个派生类就可以声明自己的对象，即不再是抽象类；反之，如果派生类没有给出全部纯虚函数的实现，这时的派生类仍然是一个抽象类。

抽象类为抽象和设计的目的而建立，将有关的数据和行为组织在一个继承层次结构中，保证派生类具有要求的行为。对于暂时无法实现的函数，可以声明为纯虚函数，留给派生类去实现。

注意：不能声明抽象类的对象，但是可以声明抽象类的指针和引用。通过指针或引用，就可以指向并访问派生类对象，进而访问派生类的成员。

例 8.5　抽象类举例。

程序如下：

```
#include<iostream>
#include <string>
using namespace std;
class pet
{
    string m_strName;
    int m_nAge;
    string m_strColor;
public:
    string m_strType;
    pet(string name,int age,string color);
    string GetName()
    {
        return m_strName;
```

```
    }
    int GetAge()
    {
        return m_nAge;
    }
    string GetColor()
    {
        return m_strColor;
    }
    virtual void speak() = 0;
    virtual void GetInfo(){}
};
pet::pet(string name,int age,string color)
{
    m_strName = name;
    m_nAge = age;
    m_strColor = color;
    m_strType = "pet";
}
class cat: public pet
{
public:
    cat(string name,int age,string color):pet(name,age,color){}
    void speak()
    {
        cout << "miao! miao!" << endl << endl;
    }
    void GetInfo();
};
void cat::GetInfo()
{
    cout << "The cat's name:" << GetName() << endl;
    cout << "The cat's age:" << GetAge() << endl;
    cout << "The cat's color:" << GetColor() << endl;
}
class dog: public pet
{
public:
       dog(string name,int age,string color):pet(name,age,color){}
       void speak()
       {
           cout << "wang! wang!" << endl << endl;
       }
       void GetInfo();
};
```

```
void dog::GetInfo()
{
    cout << "The dog's name:" << GetName() << endl;
    cout << "The dog's age:" << GetAge() << endl;
    cout << "The dog's color:" << GetColor() << endl;
}
int main()
{
    pet *p1;
    p1 = new cat("Mike",1,"blue");
    p1->GetInfo();
    p1->speak();
    delete p1;
    p1 = new dog("Ben",2,"Black");
    p1->GetInfo();
    p1->speak();
    delete p1;
    return 0;
}
```

程序运行结果：

```
The cat's name:Mike
The cat's age:1
The cat's color:blue
miao! miao!
The dog's name:Ben
The dog's age:2
The dog's color:Black
wang! wang!
```

第 9 章　Visual C ++ 6.0 集成开发环境

Visual C ++ 6.0(Visual C ++ 6.0 可简称为 VC ++或 VC)提供了可视化的集成开发环境,包括 AppWizard,WorkSpace,ClassWizard 和 WizardBar 等实用开发工具。通过本章的学习,将了解这些实用工具的使用,熟悉集成开发平台的基本操作,学会一些简单的程序操作过程和方法。

9.1　Visual C ++ 6.0 集成开发环境简介

在已安装 Microsoft Visual C ++ 6.0 的计算机上,单击“开始”菜单下的“程序”| Microsoft Visual C ++菜单项,进入 Visual C ++ 6.0 集成开发环境。在集成开发环境中,打开 Visual C ++应用程序(见图 9 - 1),窗口包括标题栏、菜单栏、工具栏、项目工作区、编辑区和输出区。

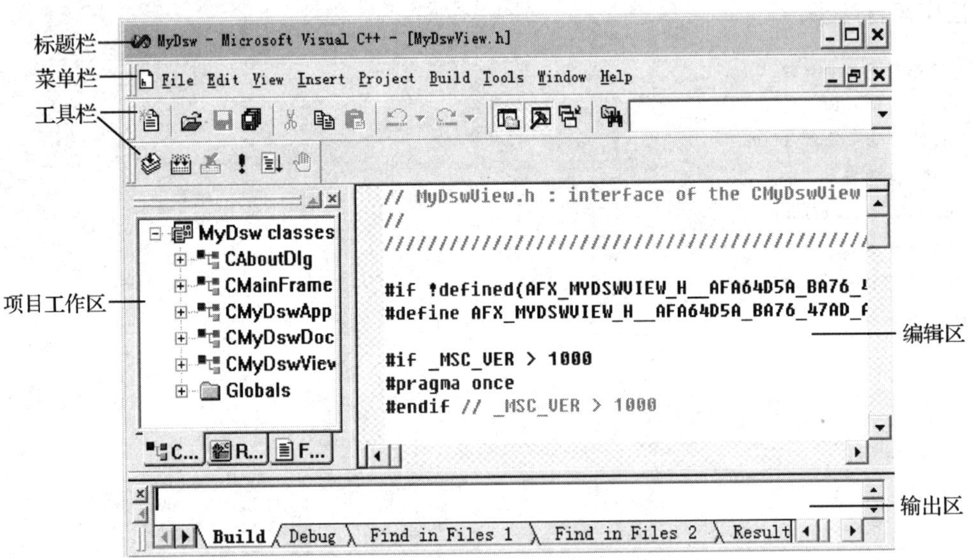

图 9 - 1　VC 6.0 集成开发环境

这里重点介绍项目工作区。

项目工作区窗格一般位于屏幕左侧,包含 ClassView,ResourceView 和 FileView 三个面板(或标签)。

项目工作区文件的扩展名为.dsw,含有工作区的项目和定义中所包含文件的所有信息。所以,要打开一个项目,只需打开对应的项目工作区文件(*.dsw)即可。

1. ClassView 面板

ClassView 当前项目中的类(见图 9 - 2),应用程序 MyDsw 中包含类有 CAboutDlg,

CMyDswApp,CMyDswDoc,CMyDswView 和 CMainFrame。单击类名前的加号,可以展开该类,查看类的成员函数、成员变量和全局变量等。每个类成员的左边有一个或多个图标,表示该成员是成员变量还是成员函数以及它们的访问类型。在 Workspace 工作区窗口的 ClassView 页面展开一个类,每一个类的成员变量和成员函数都有一个图标,它们有不同的含义,其含义如表 9-1 所列。

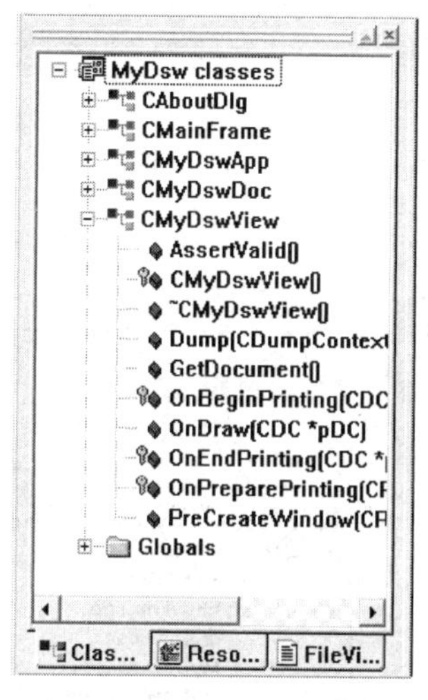

图 9-2 ClassView

表 9-1 ClassView 中各图标的含义

图 标	含 义	图 标	含 义
	公有成员变量		公有成员函数
	私有成员变量		私有成员函数
	保护成员变量		保护成员函数

在 ClassView 面板中,双击某个类或成员,可以在源代码窗口查看相应的源代码。具体操作情况如下:

① 双击某个类,立即打开声明该类的头文件(.h),且光标会停留在该类的声明处;

② 双击某个成员变量,光标会停留在该变量的声明处;

③ 双击某个成员函数,光标会停留在所属类的实现文件(.cpp)中该成员函数的实现处。

在一个类的头文件中,可以依据 Visual C++的语法,直接修改类的成员函数、成员变量、全局变量、函数和类定义等,并反映到 ClassView 面板。此外,右击某个类名,选择快捷菜单项,可以打开该类成员变量或成员函数的定义对话框。

2. ResourceView 面板

在 ResourceView 面板中,展开顶层文件夹,如图 9-3 所示。显示的资源类型包括 Accelerator(加速键),Dialog(对话框),Icon(图标),Menu (菜单),String Table(串表),Toolbar(工具条)和 Version(版本)等。双击底层的某个图标或资源文件名,可以打开相应的资源编辑器。

例如,双击菜单资源 Menu 下的 IDR_MAINFRAME(见图 9-4),可以在右侧窗格中进行菜单的可视化编辑。

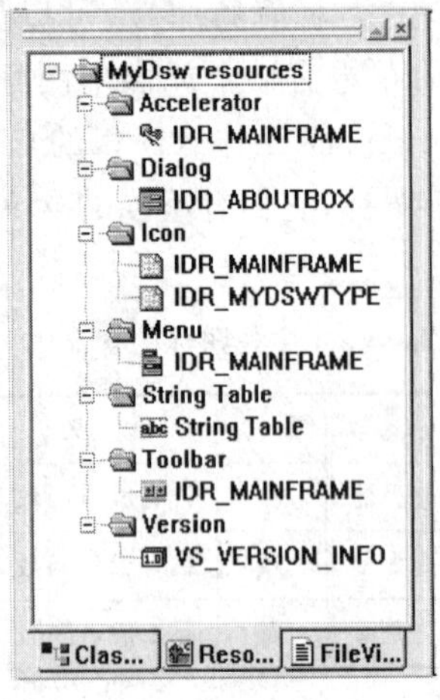

图 9-3　ResourceView

图 9-4　菜单编辑器

添加新资源的方法有两种：

① 右击资源图标，在快捷菜单中选择 Insert 菜单项；

② 直接在集成开发环境中选择 Insert|Resource 菜单项。

3. FileView 面板

在 FileView 面板中，展开顶层文件夹，可以查看项目中所包含的各类文件，如图 9-5 所示。

FileView 中包括源文件、头文件和资源文件等。双击某个文件名或图标，可以打开相应的文字编辑窗口。每个 C ++类对应两个文件：类的定义文件(* . h)和类的实现文件(* . cpp)。

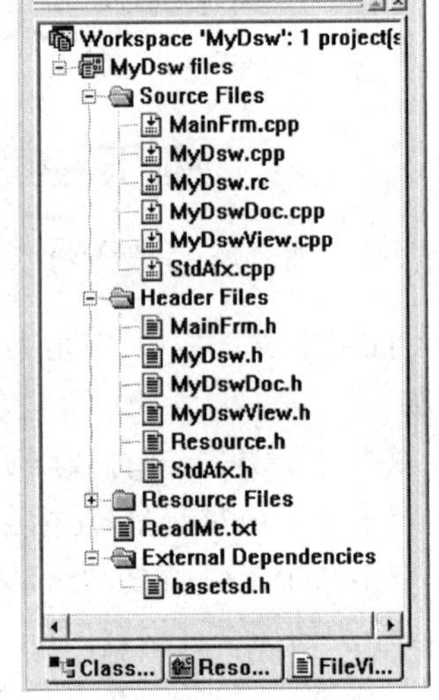

图 9-5　FileView

9.2　集成平台基本操作

9.2.1　打开和关闭应用程序

以打开 MyDsw 应用程序为例，在 Visual C ++集成开发环境下，选择 File|Open Work Space 菜单项，出现如图 9-6 所示的对话框。

首先，单击"查找范围"下拉列表框，找到所要打开项目的路径；然后，单击"文件类型"下拉列表框，设定文件类型为 WorksSpaces(. dsw;. mdp)；最后，双击项目工作区文件 MyDsw. dsw，即可打开相应的应用程序。

要关闭应用程序，必须将整个项目的所有文件关闭。选择 File | Close Work Space 菜单项，将应用程序的工作区全部关闭。

图 9-6　打开项目对话框

9.2.2　编译运行一个应用程序

在 Visual C ++集成开发环境中，编译一个应用程序，主要使用 Build 菜单。

1. 编　译

在 Build 菜单下有 Compile，Build，Rebuild All 三个菜单项可用于编译程序。

(1) Compile 菜单项

选择 Build|Compile 菜单项，或按组合键 Ctrl+F7，或单击工具栏上的工具按钮，将只编译当前活动文档，而不调用链接器或其他工具。如果编译过程出现错误或警告，输出窗口将显示编译过程中检查出的第一条错误或警告消息，在错误信息处双击，编辑窗口中将显示相应错误代码的位置。

(2) Build 菜单项

选择 Build|Build 菜单项，或按 F7 键，或单击工具栏上的工具按钮，将只编译项目中上次修改过的文件，并链接程序生成可执行文件。若有链接错误，输出窗口将显示编译、链接过程中检查出的错误或警告信息。

(3) Rebuild All 菜单项

选择 Build|Rebuild All 菜单项，进行完全重新编译。Rebuild All 不管项目中的源文件是否做过修改，都会编译并链接所有源文件。如果项目尚未进行过编译操作，Developer Studio 会自动调用 Rebuild All 操作，依次编译并链接每个资源文件及源程序文件。

2. 执　行

选择 Build|Execute 菜单项，或按组合键 Ctrl+F5，或单击工具栏上的工具按钮，都可以完成编译、链接到执行应用程序的整个过程。

9.3　应用程序向导

同一类型应用程序的结构大致相同，并有很多相同的源代码，因此可以通过一个应用程序框架 AFX(Application Frameworks)编写同一类型应用程序的通用源代码。与其他可视化开发工具一样，Visual C ++ IDE 提供了创建应用程序框架的向导 App Wizard 和相关的开发工具。这里重点介绍利用 MFC App Wizard[exe]应用程序向导创建 MFC 应用程序的方法，并对应用程序向导生成的各种文件的功能进行说明。通过学习,读者可以真正利用 Visual C ++创建一个简单的 MFC 应用程序。

在可视化开发环境下,生成一个应用程序,要做的工作主要包括:编写源代码、添加资源和设置编译方法。向导实质上是一个源代码生成器,利用应用程序向导可以快速创建各种风格的应用程序框架,自动生成程序通用的源代码,这样可以大大减轻手工编写代码的工作量,使程序员能把精力放在具体应用代码的编写上。即使用户不熟悉 Visual C ++编程,也可以利用应用程序向导和其他集成工具快速创建一个简单的应用程序。

9.3.1 Visual C ++中的向导类型

创建一个应用程序时,首先要创建一个项目。项目用于管理组成应用程序的所有元素,并由它生成应用程序。Visual C ++集成开发环境包含了创建各种类型应用程序的向导,执行 File|New 命令,即可看到应用程序向导类型的列表。Visual C ++中程序向导的种类很多,在这里主要介绍 MFC AppWizard[exe]程序向导。

9.3.2 使用 MFC AppWizard

区别于 DOS 程序,即使一个最简单的 Windows 程序,也必须显示一个程序运行窗口,这就需要编写比较复杂的程序代码。而同一类型应用程序的框架窗口风格是相同的,如相同的菜单栏、工具栏、状态栏和客户区,并且基本菜单功能也是一样的,如相同的文件操作和编辑命令。所以,同一类型应用程序建立框架窗口的基本代码都是一样的,尽管有些参数不尽相同。为了避免程序员重复编写这些代码,一般的可视化软件开发工具都提供了创建 Windows 应用程序框架的向导。

MFC AppWizard[exe]是一个创建基于 MFC 微软基础类的 Windows 应用程序的向导,是 Visual C ++集成开发环境最常用的向导工具。当利用 MFC AppWizard[exe]创建一个项目时,它能够自动生成一个 MFC 应用程序的框架。MFC 应用程序框架将那些应用程序共同使用的代码封装起来,如完成默认的程序初始化功能、建立应用程序界面和处理基本的 Windows 消息,使程序员不必浪费时间去做那些重复的工作,而把精力放在编写实质性的代码上。

即使不添加任何代码,当执行编译、链接命令后,Visual C ++集成开发环境将生成一个 Windows 界面风格的应用程序。

MFC AppWizard[exe]向导提供了一系列对话框,在对话框中提供了一些不同的选项,程序员通过选择这些的选项,可以创建不同类型和风格的 MFC 应用程序,并可定制不同的程序窗口。例如,单文档、多文档应用程序,还有基于对话框的程序,如是否支持数据库操作、是否可以使用 ActiveX 控件以及是否具有联机帮助等。

例 9.1 编写一个单文档应用程序 MyDsw,程序运行后在程序视图区输出文本“七彩前湖,美丽的家园”。

设计说明:

① 在 Visual C ++ IDE 中选择 File|New 菜单项,出现 New 对话框,如图 9-7 所示。

② 确认 New 对话框的当前选项卡为 Project,在左栏的项目类型列表框中选择 MFC AppWizard[exe]项,在 Project Name 文本框中输入要创建项目的名称。在 Location 文本框中输入项目路径,可以单击其右侧的“浏览”按钮来对默认的路径进行修改。向导将在该路径

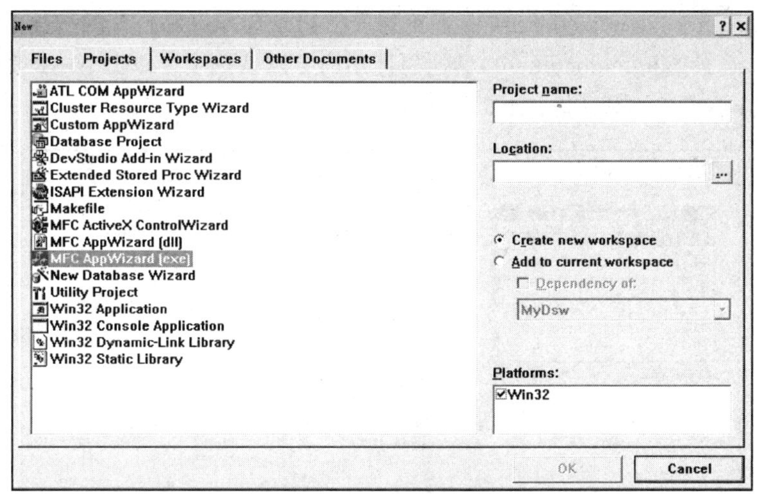

图 9 - 7　New 对话框

下建立一个名为 MyDsw 的子目录，用于存放这个项目的所有文件。单击 OK 按钮将出现 MFC AppWizard - Step 1 对话框，如图 9 - 8 所示。

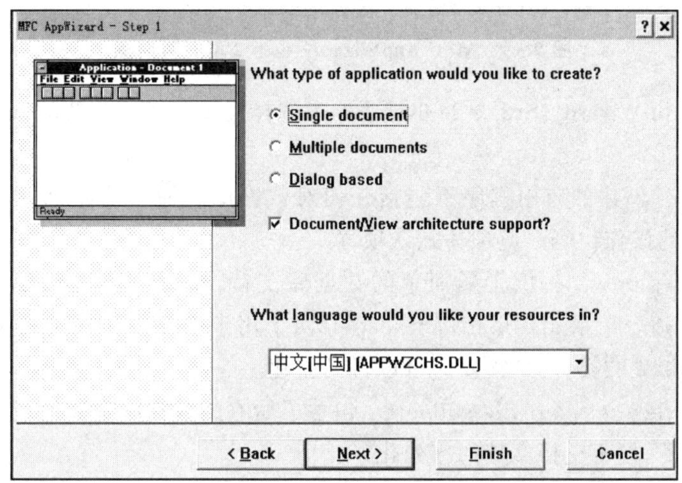

图 9 - 8　MFC AppWizard - Step 1 对话框

③ 在 MFC Appwizard - Step 1 对话框中主要选择应用程序的类型，向导可以创建以下三种类型的应用程序：

- Single document　单文档界面(SDI)应用程序。程序运行后出现标准的 Windows 界面，它由框架(包括菜单栏、工具栏和状态栏)和客户区组成，并且程序运行后一次只能打开一个文档，如 Windows 自带的记事本 Notepad。
- Multiple documents　多文档界面(MDI)应用程序。程序运行后出现标准的 Windows 界面，并且可以同时打开多个文档，如 Microsoft Word。
- Dialog based　基于对话框的应用程序。程序运行后首先出现一个对话框，如计算器 Calculator。

Document/View architecture support 复选框询问是否支持文档和视图结构。What language would you like your resources in 下拉列表框用于选择资源语言的种类。

在本例中,选择 Single document,其他项使用向导默认选项。单击 Next 按钮,出现 MFC AppWizard - Step 2 of 6 对话框,如图 9 - 9 所示。

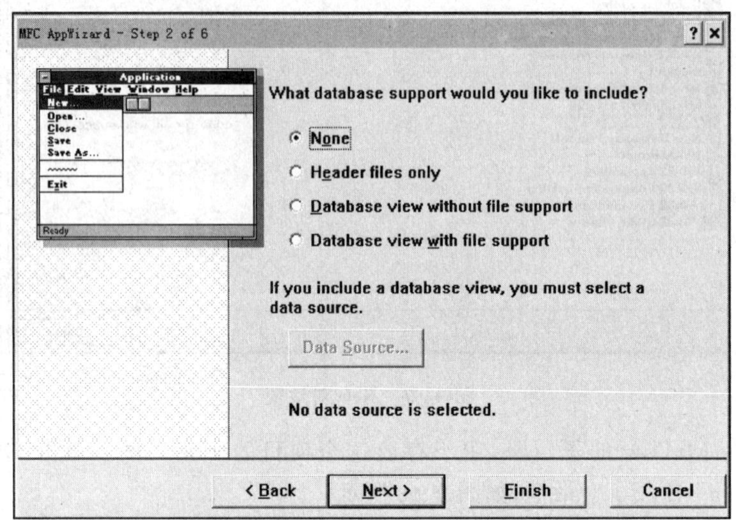

图 9 - 9　MFC AppWizard - Step 2 of 6 对话框

④ 在 MFC AppWizard - Step 2 of 6 对话框中选择应用程序所支持的数据库方式,其中包括以下选项:

- None　向导创建的应用程序不包括任何对数据库的操作功能,但以后可以手工添加对数据库的操作代码。此项为默认项。
- Header files only　提供了最简单的数据库支持,仅在项目的 stdAfx. h 文件中使用 #include 指令包括 afxdb. h 和 afxdao. h 两个用于定义数据库的头文件,但并不创建与数据库相关的类,用户需要时可以自己创建。
- Database view without file support　包含了所有的数据库头文件,创建了相关的数据类和视图类,但不支持文档的序列化。
- Database view with file support　包含了所有的数据库头文件,创建了相关的数据类和视图类,并支持文档的序列化。

需要说明的是,后两个选项必须在上一步选中 Document/View architecture support 复选框时才有效。若选择了后两项之一,还必须通过 Data Source 设置数据源。在本例中,使用向导的所有默认,单击 Next 按钮,出现了 MFC AppWizard - Step 3 of 6 对话框,如图 9 - 10 所示。

⑤ 在 MFC AppWizard - Step 3 of 6 对话框中选择应用程序所支持的复合文档类型。OLE 和 ActiveX 一起称为符合文档技术。其中包括以下选项:

- None　应用程序不支持任何复合文档。该项是默认选项。
- Container　应用程序作为复合文档容器,能容纳所嵌入或链接的复合文档对象。
- Mini - server　微型复合文档服务器。应用程序可以创建和管理符合文档对象,但对于它所创建的符合文档对象,集成应用程序可以嵌入,但不能链接。微型服务器不能作为一个单独程序运行,而只能由集成应用程序来启动。

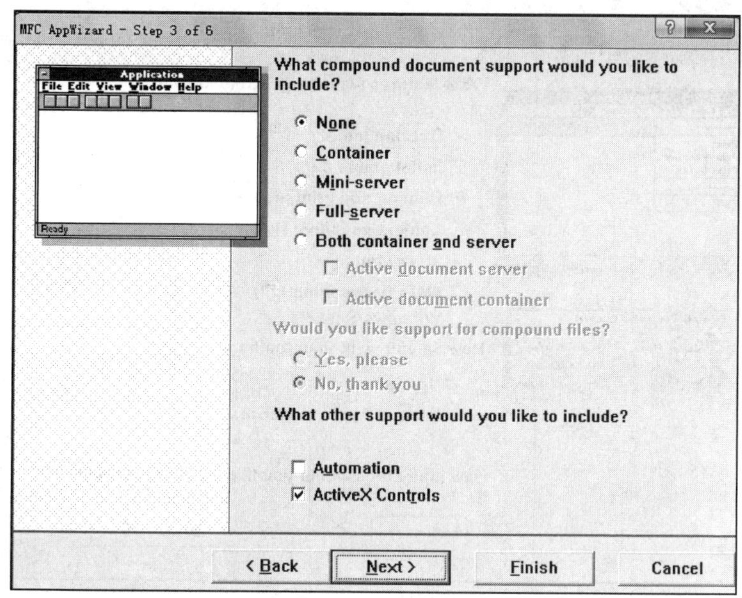

图9-10 MFC AppWizard-Step 3 of 6对话框

- Full-server　完全符合文档服务器。除了具备上面微型服务器的功能外,应用程序支持链接式对象,并可作为一个单独的程序运行。
- Both container and server　应用程序既可以作为一个复合文档容器,又可作为一个可单独运行的复合文档服务器。
- Yes,please　应用程序支持复合文件的序列化,可以将复合文档对象保存在磁盘中。
- No,thank you　应用程序不支持复合文件的序列化,只能将复合文档对象加载到内存,不能保存在磁盘中。
- Automation　应用程序支持自动化。应用程序可以操作其他程序所创建的对象,或提供自动化对象给自动化客户访问。
- ActiveX Controls　应用程序可使用ActiveX控件选项,此项也是默认设置。

在本例中,保留None选项,取消ActiveX Controls选项。单击Next按钮,出现MFC AppWizard-Step 4 of 6,如图9-11所示。

⑥ 在MFC AppWizard-Step 4 of 6对话框中设置应用程序的界面特征,如工具栏和状态栏的设置。其中包括以下选项:

- Docking toolbar　默认选项,为应用程序添加一个标准的工具栏。
- Initial status bar　默认选项,为应用程序添加一个标准的状态栏。
- Printing and print preview　默认选项,应用程序支持打印和打印预览的功能。
- Context-sensitive Help　应用程序具有上下文相关帮助功能。
- 3D controls　默认选项,应用程序界面具有三维外观。
- MAPI(Messaging API)　应用程序能使用邮件API,具有发送电子邮件的功能。
- Windows Sockets　应用程序能使用WinSock套接字,支持TCP/IP协议。

在该对话框中,还可以设置应用程序工具栏的风格,有以下两个选项:

- Normal　应用程序采用传统风格的工具栏,此项是默认选项。

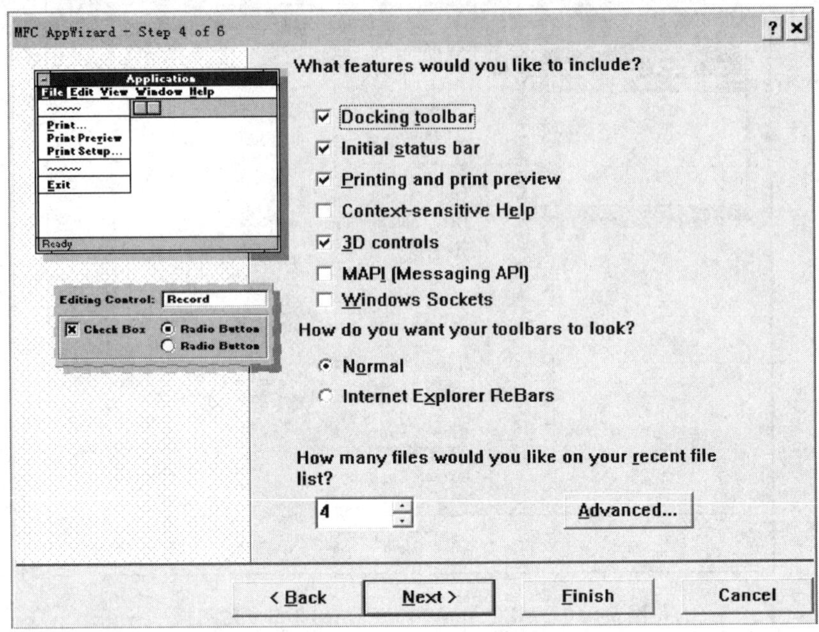

图 9-11 MFC AppWizard-Step 4 of 6 对话框

● Internet Explorer ReBars 应用程序采用 IE 浏览器风格的工具栏。

在应用程序的 File 主菜单中会列出最近使用过的文档,How many files would you like on your recent file list 输入框中的数字可列出文档的最多个数,默认值为 4。

单击对话框中右下角的 Advanced 按钮可进行更高一级的设置,可以修改文件名或扩展名,也可进一步调整程序用户界面窗口的样式,如设置边框厚度和最小化、最大化、关闭按钮等。

在本例中,使用所有的默认选项,单击 Next 按钮,出现 MFC AppWizard-Step 5 of 6 对话框,如图 9-12 所示。

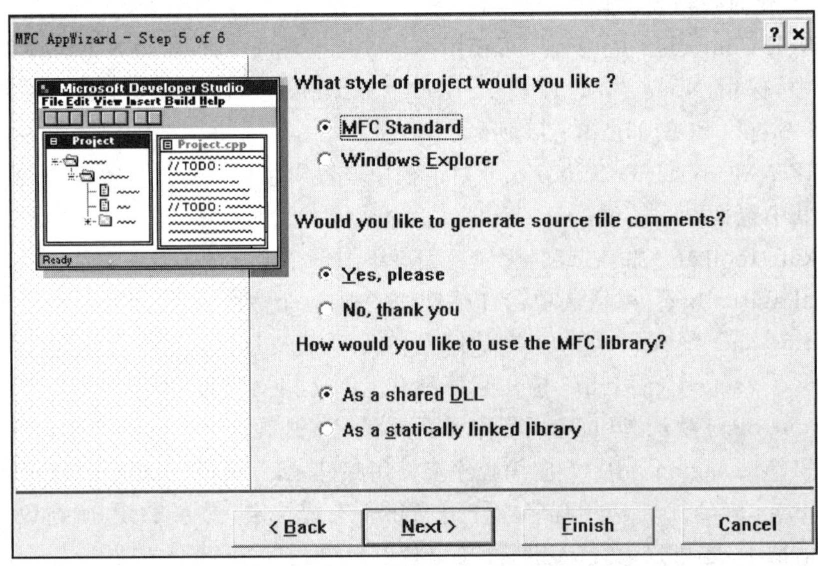

图 9-12 MFC AppWizard-Step 5 of 6 对话框

⑦ 在 MFC AppWizard - Step 5 of 6 对话框中设置项目的风格。其中包括以下选项：

- MFC Standard　应用程序采用 MFC 标准风格（文档/视图结构），该项是默认项。
- Windows Explorer　应用程序采用 Windows 资源管理器风格。

在该对话框中还选择 MFC AppWizard[exe]向导是否为源代码生成注释：

- As a shared DLL　采用共享动态链接库的方式，即在程序运行时才调用 MFC 库。采用此方式可缩短应用程序的代码长度，该项是默认选项。
- As a statically linked library　采用静态链接库的方式，即在编译时把要用到的 MFC 库与应用程序相链接。采用此方式能提高运行速度，且不用考虑程序最终运行环境中是否安装了 MFC 库。

在本例中，同样使用所有的默认选项，单击 Next 按钮，出现了 MFC AppWizard - Step 6 of 6 对话框，如图 9-13 所示。

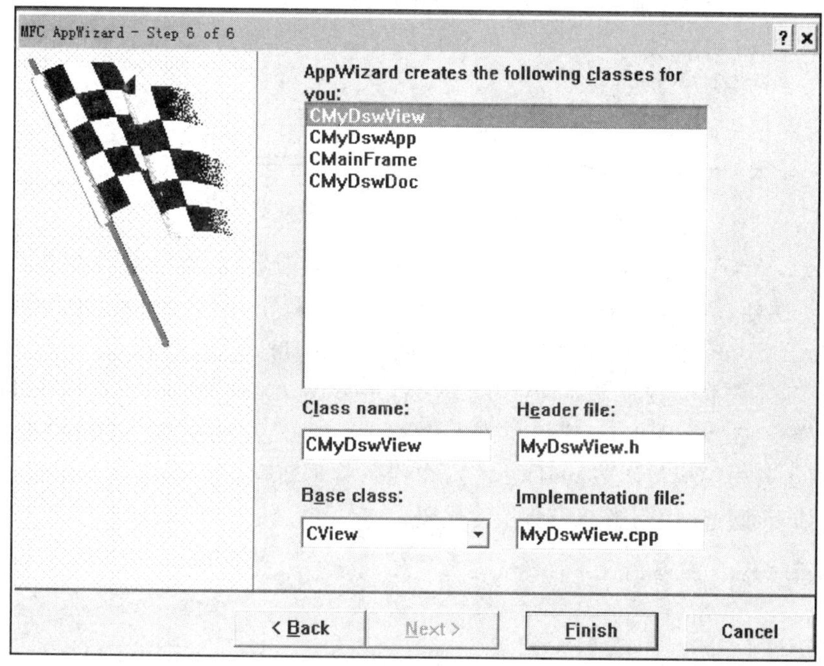

图 9-13　MFC AppWizard - Step 6 of 6 对话框

⑧ 在 MFC AppWizard - Step 6 of 6 对话框中列出了向导将创建的类，用户可以修改一些默认的类名和对应的头文件名、实现文件名。对某些类还可以选择不同的基类。单击 Finish 按钮，出现 New Project Information 对话框，如图 9-14 所示。

⑨ 在 New Project Information 对话框中，根据用户在前面各步骤对话框中所做的选择，列出将要创建的应用程序的相关信息，如应用程序的类型、创建的类和文件名、应用程序的特征以及项目所在的目录。若要修改这些内容，可单击 Cancel 按钮返回到前一个对话框。最后单击 OK 按钮，MFC AppWizard[exe]向导将开始创建应用程序框架。

当应用程序框架创建成功后，Developer Studio 将装入应用程序项目，并在项目工作区打开这个项目。需要说明的是，若想在同一个目录下重新创建一个同名的项目，必须先将原来的项目删除或移走。

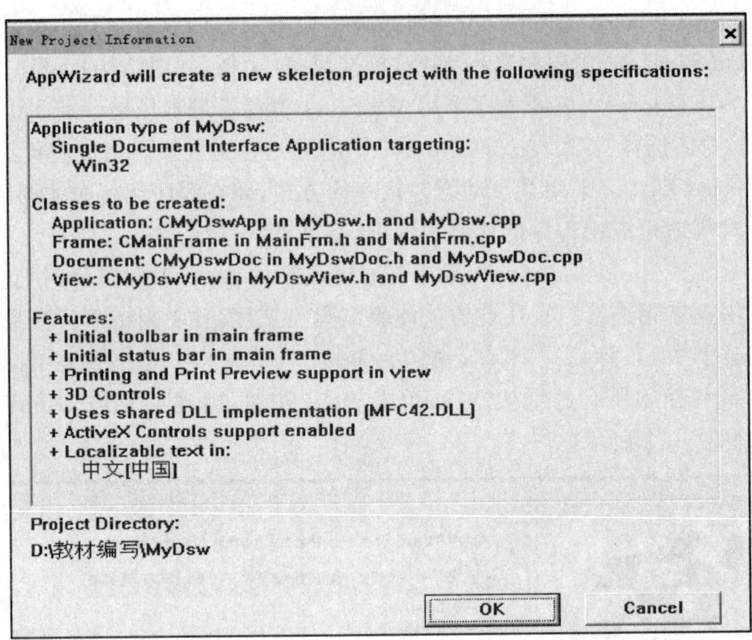

图 9-14　New Project Information 对话框

利用 MFC AppWizard[exe]向导创建一个 Mysdi 的框架后,用户无须添加任何代码就可以对程序进行编译、链接,生成一个应用程序。但一般情况下,用户应根据程序具体功能需要,利用 Developer Studio 中的集成工具向应用程序框架添加具体的代码。

在本例中,需要在程序函数 CMysdiView::OnDraw ()中添加显示文本"七彩前湖,美丽的家园"的代码。在 Workspace 窗口单击 ClassView 标签,单击 CMysdiView 类左边的"+"展开该类,双击其中的成员函数 OnDraw(),在代码编辑窗口会出现该成员函数的代码,在指定位置添加如下面程序中阴影部分所示的代码:

```
void CMyDswView::OnDraw(CDC * pDC)
{
    CMyDswDoc * pDoc = GetDocument();
    ASSERT_VALID(pDoc);
    pDC->TextOut(100,50,"七彩前湖,美丽的家园");
}
```

函数 TextOut()是 MFC 类 CDC 的成员函数,其功能是在指定位置输出字符串。第 1、2 个参数是位置坐标,第 3 个参数是要输出的字符串。MFC 应用程序一般在视图类的成员函数 OnDraw()中实现屏幕输出,因为在重绘程序窗口时自动调用函数 OnDraw(),这样保证了要显示的内容在每一次重绘窗口时都能够显示。

编译、连接程序,程序运行后将在视图区显示文本"七彩前湖,美丽的家园",如图 9-15 所示。

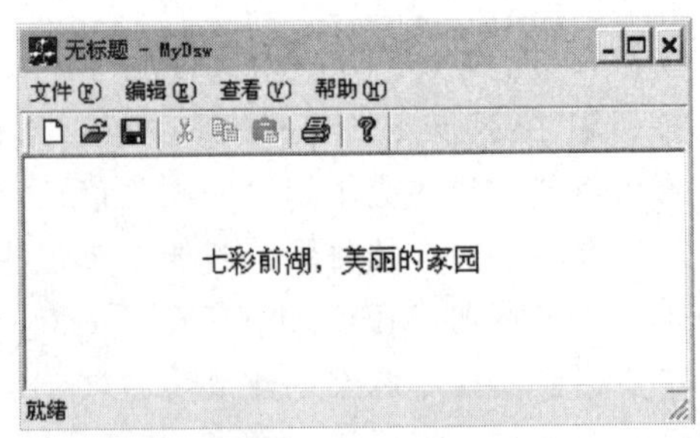

图 9-15　例 9.1 运行结果

若在 MFC AppWizard－Step 1 对话框中(见图 9－8)选择 Dialog based 单选项,向导将创建一个基于对话框的应用程序。这时,MFC AppWizard 向导将给出与创建单文档和多文档应用程序有所不同的操作步骤,其主要原因是基于对话框的应用程序一般不包括文档,不支持数据库和符合文档的使用。基于对话框的应用程序运行后首先出现一个对话框,一般的软件安装程序就是一系列对话框组成。下面通过一个例子说明如何利用 MFC 应用程序向导创建一个对话框应用程序。

例 9.2　编写一个基于对话框的应用程序 MyDlg,程序运行后显示一个对话框。

设计说明:

① 选择菜单命令 File|New,出现 New 对话框(见图 9－7)。在 New 对话框中选择 MFC AppWizard[exe]项,输入程序名 MyDlg。单击 OK 按钮,出现 MFC AppWizard－Step 1 对话框窗口,如图 9－16 所示。

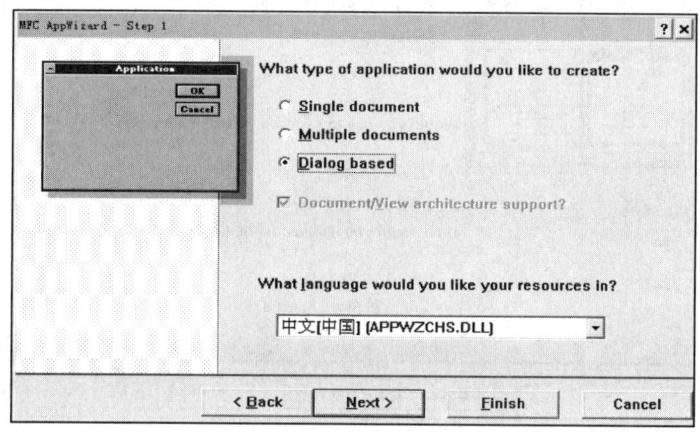

图 9－16　MFC AppWizard－Step 1 对话框

② 在 MFC AppWizard－Step 1 对话框中选择 Dialog based 单选项,单击 Next 按钮,出现 MFC AppWizard－Step 2 of 4 对话框,如图 9－17 所示。

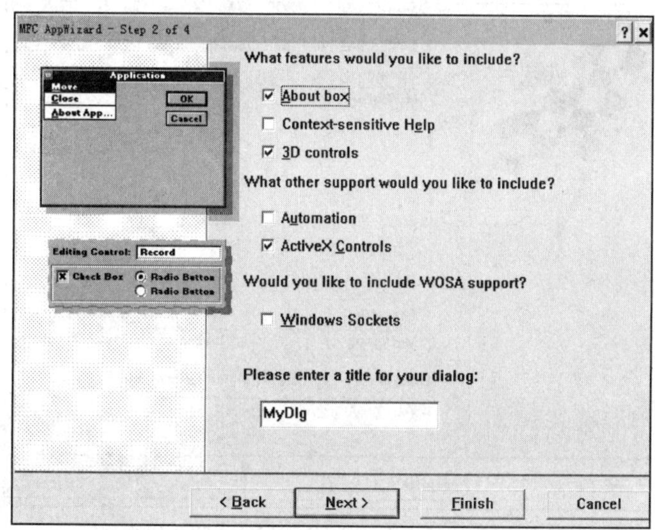

图 9－17　MFC AppWizard－Step 2 of 4 对话框

在 MFC AppWizard - Step 2 of 4 对话框中设置应用程序界面特征，包含如下选项：

- About box 在应用程序中加入显示程序版本信息的对话框。
- Context - sensitive Help 应用程序具有上下文相关帮助功能。
- 3D controls 默认选项，应用程序界面具有三维外观。
- Automation 应用程序支持自动化。
- ActiveX Controls 应用程序可使用 ActiveX 控件选项，此项也是默认设置。
- Windows Sockets 应用程序能使用 WinSock 套接字，支持 TCP/IP 协议。
- Please enter a title for your dialog 在该编辑框中输入对话框的标题。

③ 保持默认的选项后，单击 Next 按钮，进入下一步操作，出现 MFC AppWizard - Step 3 of 4 对话框，如图 9 - 18 所示。

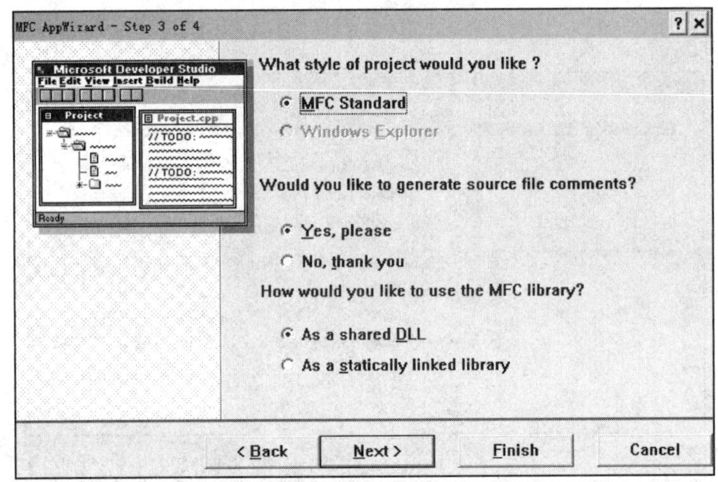

图 9 - 18 MFC AppWizard - Step 3 of 4 对话框

④ 选择默认的选项，单击 Next 按钮，出现 MFC AppWizard - Step 4 of 4 对话框，如图 9 - 19 所示。

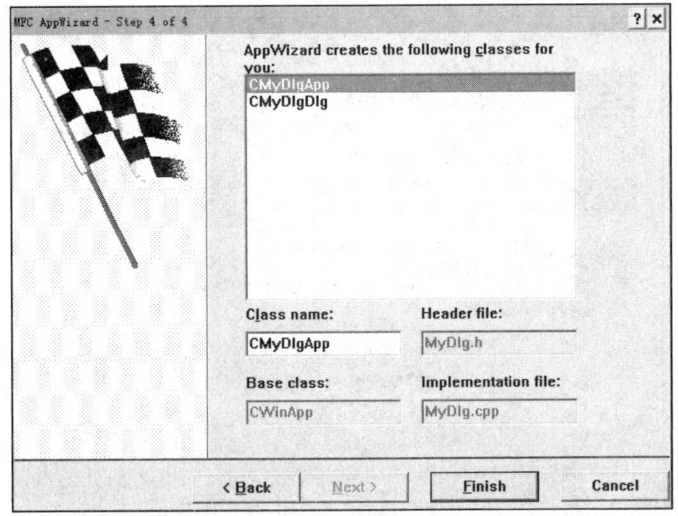

图 9 - 19 MFC AppWizard - Step 4 of 4 对话框

⑤ 执行 Build(F7)编译链接命令得到应用程序 MyDlg，程序运行后出现一个对话框，如图 9-20 所示。

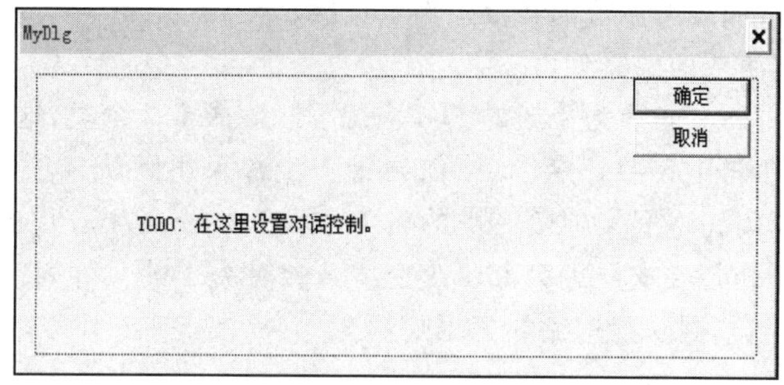

图 9-20　例 9.2 程序运行后出现的对话框

9.3.3　应用程序向导生成的文件

MFC 类库将所有图形用户界面的元素如窗口、菜单和按钮等都以类的形式进行封装，编程时需要利用 C++类的继承性从 MFC 类中派生出自己的类，实现标准 Windows 应用程序的功能。MFC AppWizard[exe]向导对 Windows 应用程序进行分解，并利用 MFC 的派生类对应用程序重新进行组装，同时还规定应用程序中所用到的 MFC 派生类对象之间的相互联系，这就是向导生成的 MFC 应用程序框架。MFC 应用程序框架实质上就是一个标准的 Windows 应用程序，它具有标准的窗口、菜单栏和工具栏。

Visual C++中的文件类型很多，根据项目类型不同而产生不同类型的文件。表 9-2 列出的并不是 Visual C++中所有的文件类型，它主要列出了 MFC AppWizard[exe]应用程序向导生成的文件类型。当进行编辑、编译和链接时，还要生成一些临时文件。

表 9-2　Visual C++中通用的文件类型

后缀名	类　型	说　明
dsw	工作区文件	将项目的详细情况组合到 Workspace 工作区中
dsp	项目文件	存储项目的详细情况并替代 mak 文件
h	C++头文件	存储类的定义代码
cpp	C++源文件	存储类的成员函数的实现代码
rc	资源脚本文件	存储菜单、工具栏和对话框等资源
rc2	资源文件	用来将资源包含到项目中
ico	图标文件	存储应用程序图标
bmp	位图文件	存储位图
clw	Class Wizard 类向导文件	存储 ClassWizard 使用的详细情况
ncb	没有编译的浏览文件	保留 ClassView 和 ClassWizard 使用的详细情况
opt	可选项文件	存储自定义的 Workspace 工作区的显示情况

一般而言，Visual C++中的一个类由头文件(*.h)和资源文件(*.cpp)两类文件支持。头文件用于定义类，包括指明派生关系、声明成员变量和成员函数。源文件用于实现类，主要

定义成员函数的实现代码和消息映射。例如,应用程序视图类 CMyDswview 的两个支持文件是 MyDswview. h 和 MyDswview. cpp。下面以例 9.1 中创建的应用程序 MyDsw 为例,介绍 MFC AppWizard[exe]向导所生成的各类文件及功能。

1. 应用程序向导生成的头文件

MFC AppWizard[exe]向导为一般的 SDI 应用程序生成了 5 个类,这些类都是 MFC 的派生类。这里的"一般的 SDI 应用程序"是指向导每一步都采用默认选项,如不支持数据库和 OLE 对象等。一般应用程序框架中所有类的名字由 MFC AppWizard[exe]向导根据一定的规则自动命名,但用户可以在向导的第 6 步改变类名和有关类的文件名。应用程序框架中类(框架窗口例外)的命名规则一般遵循如下原则:

Class Name=C+ProjectName+ClassType

除了关于对话框类 CAboutDlg,向导为每一个类都创建对应的头文件和实现文件。CAboutDlg 类的定义和实现代码放在应用程序类的实现文件 MyDsw. cpp 中。

(1) 框架窗口类头文件

向导为项目 MyDsw 生成了框架窗口类的头文件 MainFrm. h。该头文件用于定义框架窗口类 CMainFrame。不同的 SDI 应用程序,其框架窗口类名和文件名是同一的。CMainFrame 类是 MFC 的 CFrameWnd 类的派生类,主要负责创建标题栏、菜单栏、工具栏和状态栏。CMainFrame 类声明了框架窗口中的工具栏 m_wndToolBar、状态栏 m_wndStatusBar 两个成员变量和四个成员函数。

(2) 文档类头文件

向导为项目 MyDsw 生成了文档类的头文件 MyDswDoc. h。该头文件用于定义文档类 CMyDswDoc。CMyDswDoc 是 CDocument 类的派生类,主要负责应用程序数据的保存和装载,实现文档的序列化功能。

(3) 视图类头文件

向导为项目 MyDsw 生成了视图类的头文件 MyDswView. h。该头文件用于定义视图类 CMyDswView。视图类用于处理客户区窗口,是框架窗口中的一个子窗口。CMyDswView 类是 MFC 的 CView 类的派生类,主要负责客户区文档数据的显示及如何进行人机交互。

(4) 应用程序类头文件

向导为项目 MyDsw 生成了应用程序类的头文件 MyDsw. h。该头文件用于定义应用程序类 CMyDswApp。CMyDswApp 类是 MFC 的 CWinApp 类的派生类,主要负责完成应用程序的初始化、程序的启动和程序运行结束时的清理工作。

(5) 资源头文件

在项目中,资源通过资源标识符加以区别,通常将一个项目中所有的资源标识符放在头文件 Resource. h 中定义。向导为项目 MyDsw 生成了资源头文件 Resource. h。该头文件用于定义项目中所有的资源标识符,给资源 ID 分配一个整数值,如 About 对话框 ID、主框架 ID 等。标识符的命名有一定的规则,如 IDR_MAINFRAME 代表有关主框架的资源,包括主菜单、工具栏及图标等。标识符以不同的前缀开始,表 9-3 列出了 MFC 所规定的资源标识符前缀和所表示的资源类型。

(6) 标准包含头文件

向导为项目 MyDsw 生成了标准包含头文件 StdAfx. h。该头文件用于包含一般情况下要用到且不会被修改的文件,如 MFC 类的生命文件 afxwin. h、使用工具栏和状态栏的文件 afxext. h,这些头文件一般存放在路径…\Microsoft Visual Studio\VC98\MFC\Include 下。StdAfx. h 文件和 StdAfx. cpp 文件用来生成预编译文件。

表 9-3 MFC 中资源标识符前缀

标识符前缀	说 明
IDR_	主菜单、工具栏、应用程序图标和快捷键表
IDD_	对话框
IDC_	控件和光标
IDS_	字符串
IDP_	提示信息对话框的字符串
ID_	菜单命令项

2. 应用程序向导生成的实现文件

对应一个头文件中定义的类,都有一个类的实现文件。在实现文件中主要定义在头文件中声明的成员函数的现实代码和消息映射。MFC AppWizard[exe]向导生成的实现文件也包括 6 种,这里只介绍其中比较重要的 4 种实现文件。

值得注意的是,向导生成的成员函数有很多,用户不要因为没有使用某个成员函数而删除其声明和实现代码;并且用户一般不要轻易修改文件中那些以灰色字体显示的代码,因为这些代码是通过资源编辑器或 ClassWizard 类向导进行维护的。

(1) 框架窗口类的实现文件

向导为项目 MyDsw 生成了框架窗口类的实现文件 Mainfrm. cpp。该文件包含了窗口框架类 CMainFrame 的实现代码,主要是 CMainFrame 类成员函数的实现,它实现的框架窗口是应用程序的主窗口。

CMainFrame 类的 4 个主要成员函数中,AssertValid()和 Dump()两个函数用于调试,其中 AssertValid()用来诊断 CMainFrame 对象是否有效,Dump()用来输出 CMainFrame 对象的状态信息。第三个成员函数 OnCreate()的主要功能是创建工具栏 m_wndToolBar 和状态栏 m_wndStatusBar,而视图窗口是由基类 CFrameWnd 的成员函数 OnCreate()调用 OnCreateClient()函数创建的。第四个成员函数是虚函数 PreCreateWindow(),如果要创建一个非默认风格的窗口,可以重载该函数,在函数中通过修改 CREATESTRUCT 结构参数 cs 来改变窗口类、窗口风格、窗口大小和位置等。

(2) 文档类实现文件

向导为项目 MyDsw 生成了文档类的实现文件 MyDswDoc. cpp。与框架类 CMainFrame 类似,文档类 CMyDswDoc 也定义了两个用于调试的成员函数 AssertValid()和 Dump(),还定义了成员函数 OnNewDocument()和 Serialize()。当选择菜单项 File|New,MFC 应用程序框架会调用函数 OnNewDocument()来完成新建文档的工作。函数 Serialize()负责文档数据的磁盘读/写操作。

(3) 视图类实现文件

向导为项目 MyDsw 生成了视图类的实现文件 MyDswView. cpp。该文件主要定义了视图类的成员函数。与框架类和文档类一样,视图类 CMyDswView 也定义了两个用于调试的成员函数 AssertValid()和 Dump(),还定义了两个视图类特有的成员函数 GetDocument()和 OnDraw()。

视图对象用来显示文档对象的内容,函数 GetDocument()用于获取当前文档对象的指针 m_pDocument。OnDraw()函数是一个虚函数,负责文档对象的数据在用户视图区的显示输出。

(4) 应用程序类实现文件

向导为项目 MyDsw 生成了应用程序类的实现文件 MyDsw. cpp。该文件是应用程序的主函数文件,MFC 应用程序的初始化、启动运行和结束都是由应用程序对象完成。在 MyDsw. cpp 文件中定义了应用程序类 CMyDswApp 的成员函数,还定义了关于对话框类 CAboutDlg 和它的实现代码。下面列出应用程序类实现文件 MyDsw. cpp 的部分源码:

```
BOOL CMyDswApp::InitInstance()
{
AfxEnableControlContainer();
#ifdef _AFXDLL
Enable3dControls();              // Call this when using MFC in a shared DLL
#else
Enable3dControlsStatic();        // Call this when linking to MFC statically
#endif
SetRegistryKey(_T("Local AppWizard - Generated Applications"));
LoadStdProfileSettings();        // Load standard INI file options (including MRU)
CSingleDocTemplate * pDocTemplate;
pDocTemplate = new CSingleDocTemplate(
    IDR_MAINFRAME,
    RUNTIME_CLASS(CMyDswDoc),
    RUNTIME_CLASS(CMainFrame),   // main SDI frame window
    RUNTIME_CLASS(CMyDswView));
AddDocTemplate(pDocTemplate);
CCommandLineInfo cmdInfo;
ParseCommandLine(cmdInfo);
if (!ProcessShellCommand(cmdInfo))
    return FALSE;
m_pMainWnd->ShowWindow(SW_SHOW);
m_pMainWnd->UpdateWindow();
return TRUE;
}
```

WinMain()主函数是 Windows 应用程序的入口点,但在向导生成的应用程序框架的源程序中看不见该函数,它在 MFC 中定义好并与应用程序相链接。每个基于 MFC 的应用程序都有一个 CWinApp 类派生类的对象,它就是在 MyDsw. cpp 文件中定义的全局的 CMyDswApp 类对象 theApp。这样,就可在由 MFC 定义的 WinMain()函数中获取该对象的指针,通过应用程序对象指针调用应用程序对象的成员函数。

MyDsw.cpp文件中定义了一个重要的成员函数InitInstance()，应用程序通过该函数完成应用程序对象的初始化工作。当启动应用程序时，WinMain()函数要调用InitInstance()。MFC AppWizard[exe]向导生成的函数InitInstance()主要完成以下几个方面的任务：

① 注册应用程序：Windows应用程序通过系统注册表来注册。注册表是一个文件，它包含了计算机上所有应用程序实例化信息。MFC应用程序使用注册表来存储所有的启动信息，这些信息保存在Win.ini、System.ini或某个应用程序的ini文件中。通过调用SetRegistryKey()函数完成与注册表的链接，可以将函数中的参数内容修改为自己的公司名，这样就可在注册表中为自己的应用程序添加一节内容，将应用程序的初始化数据保存到注册表中。在函数InitInstance()中还调用了函数LoadStdProfileSettings()，以便从ini文件中装载标准文件选项或Windows注册信息，如最近使用过的文件名等。

② 创建并注册文档模板：应用程序的文档、视图、框架类和所涉及的资源形成了一种固定的联系，这种固定的联系称为文档模板。函数InitInstance()的另一个主要功能就是通过文档模板CDocTemplate将框架窗口对象、文档对象及视图对象联系起来。文档模板对象创建后，调用CWinApp的成员函数AddDocTemplate来注册文档模板对象。

③ 处理命令行参数：启动应用程序时，除了应用程序名，还可以附加一个或者几个运行参数，如指定一个文件名，这就是所谓的命令行参数。在函数InitInstance()中调用函数ParseCommandLine()将应用程序启动时的命令行参数分离出来，生成CCommandLineInfo类对象cmdInfo，再调用函数ProcessShellCommand()，根据命令行参数完成指定的操作，如打开命令中指定的文档或者打开新的空文档。

④ 通过调用Show Window()和Update Window()函数显示和刷新所创建的框架窗口。

如果用户需要完成其他程序初始化工作，可在InitInstance()函数中添加自己的代码。初始化完成后，WinMain()函数将调用CWinApp的成员函数Run()来处理消息循环。当应用程序结束时，成员函数Run()将调用函数ExitInstance()来做最后的清理工作。

3. 标准包含文件

向导为项目MyDsw生成了标准包含文件StdAfx.cpp。该文件用于包含StdAfx.h标准包含头文件。StdAfx.cpp文件用于生成项目的预编译头文件(MyDsw.pch)和预编译类型信息文件(StdAfx.obj)，预编译文件用于提高项目的编译速度。

由于大多数MFC应用程序的实现文件都包含StdAfx.h头文件(其中包含了一些共同要使用的头文件)，如果在每个实现文件中都重新编译StdAfx.h头文件，整个编译过程将花费大量的时间。为了提高编译速度，Visual C++编译器首先将项目中那些共同要使用的头文件编译出来，首次编译后将结果存放在一个名为预编译头文件的中间文件中，以后再编译时可直接读出存储的结果，而无需重新编译，这样就节省了编译时间。

4. 应用程序向导生成的资源文件

Windows编程的一个主要特点是资源和代码的分离，即将菜单、工具栏、字符串表和对话框等资源与基本的源代码分开，使得对这些资源的修改独立于源代码。例如，可以将字符串表翻译成另一种语言，而无须改动任何源代码。当Windows装入一个应用程序时，一般情况下，程序的资源数据并不同时装入内存，而是在应用程序执行过程中需要时(如创建窗口、显示对话框或装载位图)，才从硬盘读取相应的资源数据。

使用资源是Windows应用程序的外观和功能更加标准化,而且程序的开发也更容易。利用MFC AppWizard[exe]向导创建一个Windows应用程序时,向导将自动生成一些有关资源的文件。项目主要在一个扩展名为RC的资源文件中定义资源。该资源文件是文本文件,可用文本编辑器阅读,但在Visual C++ IDE中是利用资源编辑器进行编辑的。在资源文件中只定义了菜单脚本和字符串等内容,没有定义位图和图标等图形资源,但保存了它们所在的路径和文件名。位图和图标等图形资源,分别保存在单独的文件中。

(1) 资源文件

向导为项目MyDsw生成了资源文件MyDsw.rc和MyDsw.rc2。MyDsw.rc是Visual C++ IDE的资源编辑器对资源进行可视化编辑,也可通过Open命令以文本方式打开一个资源文件进行编辑。MyDsw.rc2文件一般用于定义Visual C++ IDE资源编辑器不能编辑的资源。

(2) 图标文件

向导为项目MyDsw生成了应用程序的图标文件MyDsw.ico。在资源管理器中图标作为应用程序的图形标识,在程序运行后图标将出现在主窗口标题栏的最左端。在Visual C++集成开发环境中,可利用图像编辑器编辑和修改应用程序的图标。

(3) 文档图标文件

向导为项目MyDsw生成了文档图标文件MyDswDoc.ico。文档图标一般显示在多文档程序界面上,在程序MyDsw界面上没有显示这个图标,但编程时用户可以利用相关形式获取该图标资源并显示图标,文档图标资源的ID为IDR_MYSDITYPE。

(4) 工具栏按钮位图文件

向导为项目MyDsw生成了工具栏按钮的位图文件Toolbar.bmp。该位图是应用程序工具栏中所有按钮的图形表示。可利用工具栏编辑器对按钮位图进行编辑。

5. 应用程序向导生成的其他文件

除了上述用于生成可执行程序的源代码文件和资源文件外,向导还生成了其他一些在Developer Studio开发环境中必须使用的文件,如项目文件、项目工作区文件和ClassWizard类向导文件。

(1) 项目文件

项目用项目文件DSP(developer studio project file)来描述,向导为项目MyDsw生成了项目文件MyDsw.dsp。该文件将项目中的所有文件组织成一个整体。项目文件保存了有关源代码文件、资源文件以及用户所指定的编译设置等信息。

(2) 项目工作区文件

为了创建应用程序,必须在Developer Studio的工作区中打开项目。这些应用程序项目工作区的设置信息保存在项目工作区文件DSW(developer studio workspace file)中。向导为项目MyDsw生成了项目工作区文件MyDsw.dsw。该文件将一个DSP项目文件与具体的Developer Studio结合在一起,保存了上一次操作结束时Developer Studio窗口的状态、位置以及针对该Workspace所做的设置信息。

(3) 类向导文件

向导为项目生成了类向导文件MyDsw.clw。该文件存储了MFC ClassWizard类向导使用的类信息,如类信息的版本、类的数量、每个类的头文件和实现文件、项目所用到的对话框控件和菜单命令的编号。利用 ClassWizard 类向导，添加新的类，为类添加成员变量和成员函数时要使用该文件；利用 ClassWizard 建立和编辑消息映射、创建成员函数原型时所需的信息也存储在该文件中。在 Developer Studio 中以文本方式打开该文件后，可以看到该文件的内容。如果从项目中删除了 clw 文件，下次使用 ClassWizard 类向导时会出现提示对话框，询问是否想重新创建这个文件。

(4) 项目自述文件

向导为项目 MyDsw 生成了自述文件 Readme.txt。该文件介绍了向导所创建文件的内容和功能，并告诉用户在什么位置添加自己的代码以及如何更改程序所使用的语言。

9.4 ClassWizard 类向导

利用向导生成 MFC 应用程序框架后，用户需要为自己的 MFC 派生类添加消息处理成员函数和对话框控件的成员变量，有时还需要为程序添加新的 MFC 派生类，这时用户需要使用 ClassWizard 类向导。MFC ClassWizard 类向导根据程序员的要求以半自动的方式添加程序代码，它是进行 MFC 应用程序设计时一个必不可少的交互式工具，在以后的程序设计中会经常用到。

9.4.1 ClassWizard 的功能

ClassWizard 类向导主要用来定制现有的类和建立新的类，如把消息映射到类的成员函数，把一个控件与类的成员变量对应起来。用户编辑时，利用 ClassWizard 类向导能够大大简化细节问题，如成员变量和成员函数的声明和定义放在何处、它们如何命名以及成员函数如何与消息映射联系在一起。

只有在打开或创建一个项目后，View 主菜单中才会出现 ClassWizard 菜单项，这时才能使用 ClassWizard 类向导。一般通过按快捷键 Ctrl+W 激活 ClassWizard 类向导对话框，如图 9-21 所示。

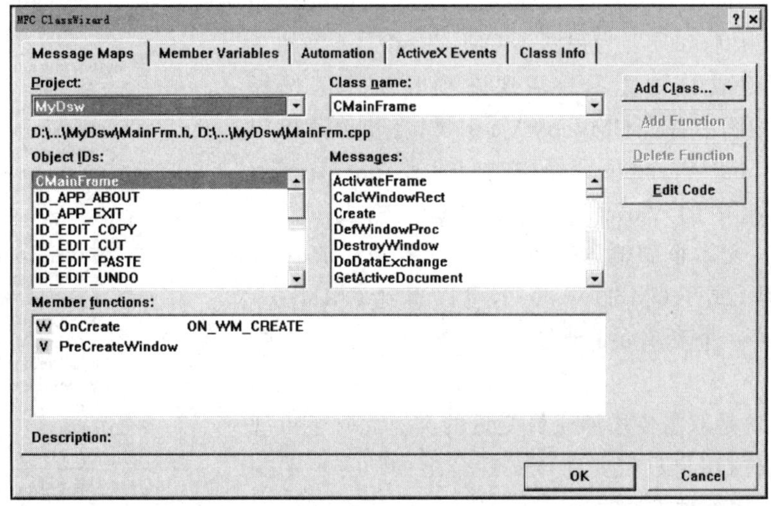

图 9-21 ClassWizard 类向导

MFC ClassWizard 对话框共有 5 个标签对应以下 5 个选项卡：

Message Maps 选项卡用来处理消息映射，为消息添加或删除处理函数，查看已处理的消息并定位消息处理函数代码。

Member Variables 选项卡用来给对话框类添加或删除成员变量，这些成员变量必须是控件类型。

Automation 选项卡提供了对 OLE 自动化类的属性和方法的管理。

ActiveX Events 选项卡用于管理 ActiveX 事件。

Class Info 选项卡显示应用程序中所包含类的信息，如一个类的头文件，实现文件和基类等信息。

9.4.2 添加成员变量

在程序设计中，经常要为相关类添加的成员变量来完成初始化，参数的传递、存储和输出。下面来介绍一下成员变量的添加方法。

添加成员变量的方法常用的有以下两种：

第一种方法是在项目工作区选择 ClassView，选中要添加成员变量的类，右击，在快捷菜单中选择 Add Member Variable 命令，弹出 Add Member Variable 对话框，如图 9-22 所示。

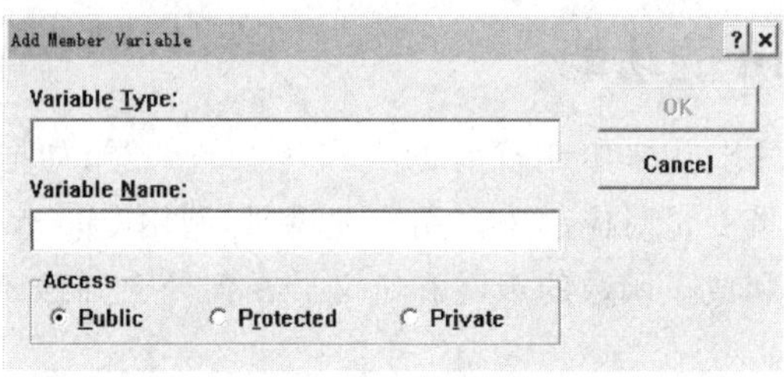

图 9-22 Add Member Variable 对话框

在 Variable Type 文本框中输入变量类型，在 Variable Name 文本框中输入变量名，在 Access 中选择访问控制类型：Public 为公有类型、Protected 为保护类型、Private 为私有类型。

以例 9.1 为例，如果要为视图类 CMyDswView 添加一个私有的 int 型成员变量 i，只需要在项目工作区选择 ClassView 类视图中右击 CMyDswView 类，在快捷菜单中选择 Add Member Variable 命令，在弹出的 Add Member Variable 对话框中的 Variable Type 文本框输入 int，在 Variable Name 文本框中输入 i，在 Access 中选择 Private 即可，添加完毕，展开 CMyDswView，可以看到 CMyDswView 中出现了一个私有的(带锁图标)的成员变量 i，如图 9-23 所示。

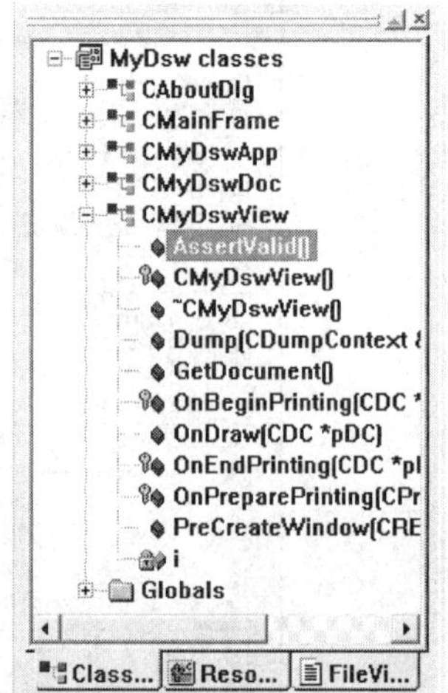

图 9-23 成员变量添加后的效果

第二种方法是双击要添加成员变量的类。此时会出现该类的声明文件，用户只需要在该文件合适的地方声明变量即可，效果与第一种方法一样。

以例 9.1 为例，只需双击 CMyDswView 类，代码编辑区将出现该类的声明文件，在该类的声明文件中加入私有成员变量 i 即可，如下面程序中的阴影部分所示：

```
class CMyDswView : public CView
{
    protected:          //create from serialization only
    CMyDswView();
        DECLARE_DYNCREATE(CMyDswView)
    public:
        CMyDswDoc * GetDocument();
    ……
    private:
        int i;
};
```

为了书写简化，在上面的函数体中，用省略号代替了部分程序代码。

9.4.3 添加消息处理函数

ClassWizard 类向导的 Message Maps 选项卡主要用于添加与消息处理有关的代码，包括添加消息映射宏和消息处理函数。Messages Maps 选项卡中有 5 个列表框：

Project 列表框列出了当前工作区中的项目。

Class name 列表框列出了当前项目中的类。

这两个列表框都为下拉列表框。

Objects IDs 列表框列出了当前类所有能接收消息的对象(ID)，包括类、菜单项和控件。

Messages 列表框列出了 Object IDs 列表框中选择的对象可处理的消息和可重载的 MFC 虚函数。

Member functions 列表框列出前类已创建的消息处理函数，其中"V"标记表示该函数为虚函数，"W"标记表示该函数为窗口消息处理函数。

当在 Member functions 列表框中单击一个函数时，在 Messages 列表框中将定位与函数对应的消息。当在 Messages 列表框选择一个消息后，单击 Add Function 按钮可为指定的消息添加一个消息处理函数。单击 Edit Code 按钮将退出 ClassWizard 类向导，打开源代码编辑器并定位到指定的消息处理函数，用户可以添加具体的函数代码。

单击 Delete Function 按钮可以删除已建立的消息处理函数。但要注意，为了避免不小心删除函数代码，此时只在头文件中删除函数声明，在源文件中删除消息映射项，实际的函数代码必须支持自己手工删除，否则，编译时会给出出错提示。

9.4.4 为项目添加新类

在 MFC ClassWizard 对话框的每个选项卡都有 Add Class 按钮，利用 ClassWizard 类向导可以为项目添加新的类，但只能为项目添加一个 MFC 常用类的派生类。单击 Add Class 按钮会出现一个下拉式菜单，选择 New 菜单项出现如图 9-24 所示的 New Class 对话框。

在 Name 文本框中输入新类的类名，在 Base Class 下拉列表框中选择一个 MFC 类作为新类的基类，该下拉列表框中列出了经常使用的 MFC 类，但有些类如根类 CObject 没有在框中

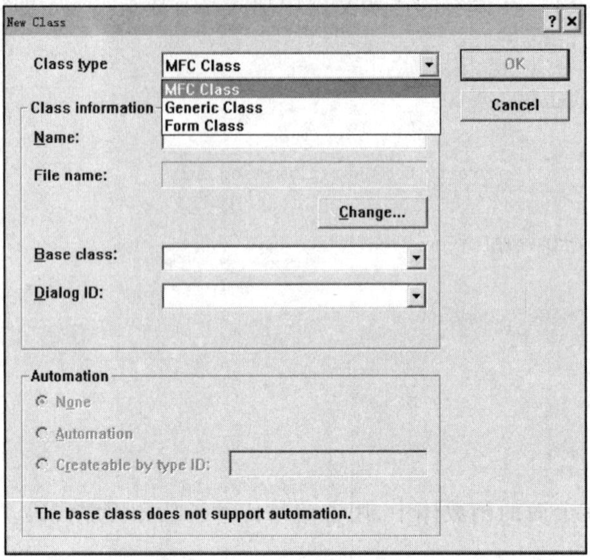

图 9-24　New Class 对话框

列出。对于基于对话框的类,可从 Dialog ID 下拉列表框中选择一个对话框资源模板。Automation 选项组中用于选择是否使用基类的自动化服务。File name 编辑框显示定义新类的文件名,用户可以通过 Change 按钮来修改默认的文件名。单击 OK 按钮,ClassWizard 类向导就为项目添加一个新类,并生成与类对应的头文件和实现文件。

若要为项目添加一个其他 MFC 类的派生类、非 MFC 类的派生类或普通类,选择执行 Insert|New Class 命令,出现 New Class 对话框,如图 9-24 所示。在 Class type 下拉列表框选择 Generic Class,在 Name 编辑框输入类名,在 Base class 下拉列表框输入基类名和访问权限。也可以采用手工编写代码的方法在现有的类定义文件中添加一个新类,但系统没有生成对应的头文件和实现文件。

编程时,有时需要删除一个已定义的类,Visual C++ IDE 没有提供直接删除类的方法。按照编程习惯,一般用一个头文件和一个实现文件定义一个类,因此若要删除一个类,首先要退出 ClassWizard 类向导,然后利用 Windows 的资源管理器把这两个文件删除或移到别的目录中。当重新打开 ClassWizard 类向导,在 Class name 下拉列表框中选择已删除的类时,系统将给出提示框,提示有找不到的类信息,并提示选择是删除这个类还是改变与这个类对应的文件,选择 Remove 则删除这个类。注意,若是其他文件中包含了被删除的类,就必须手工删除或修改相应的语句。

第10章　基于文档/视图的程序设计

文档与视图结构是MFC应用程序中最基本的结构，它适用于大多数Windows应用程序。文档和视图可完成程序的大部分功能，是MFC应用程序的核心。本章介绍文档与视图的结构，以及基于文档视图的程序设计方法，包括鼠标消息及其处理，键盘消息及其处理，菜单、工具栏和快捷键的设计等。

10.1　文档和视图概述

计算机的一个主要应用是信息管理，而信息是用数据表示，因此数据的处理是一般软件要完成的一项工作。采用传统的编程方法，数据处理是一项复杂的任务，并且每一个程序员都可能有不同的处理方法。为了统一和简化数据处理方法，微软公司在MFC中提出了文档/视图结构的概念，例如Word就是一个典型的采用文档/视图结构的应用程序。

在MFC文档/视图结构中，有关数据处理的工作可以分为数据的显示和管理两部分。其中，文档用于管理和维护数据，而视图则是用来显示数据。

文档的概念在MFC应用程序中的使用范围很广，一般来说，文档是能够被逻辑地组合的一系列数据，包括文本、图形、图像和表格数据等。一个文档代表了用户存储或打开了一个文件单位。文档的主要作用是把对数据的处理从对用户界面的处理中分离出来，集中处理数据，同时提供了一个与其他类交互的接口。

视图是文档在屏幕上的一个映像，用户通过视图看到文档，应用程序通过视图向用户显示文档中的数据。一个视图总是与一个文档对象相关联，用户通过与文档相关联的视图与文档进行交互。视图只负责显示文档数据，但不负责存储。用户对数据的编辑修改需要依靠窗口借助于鼠标与键盘操作才能完成，这些操作的消息都是由视图类接收后进行处理和通知文档类。

一个视图是一个没有边框的窗口，它位于主框架窗口中的客户区。视图是文档对外显示的窗口，但其必须依附在一个框架窗口内，不能完全独立。

一个视图只能有一个文档，但一个文档可以拥有多个视图。例如，同一个文档可以在切分的子窗口中同时显示，或者在多文档应用程序中的多个子窗口中同时显示。

文档/视图的最大优点是把Windows程序通常要做的工作分成若干定义好的类，这样有助于应用程序的模块化，程序也易于扩展，编程时只需修改所涉及的类即可。同时，应用程序中的MFC基类已经把一个应用程序的数据管理与显示的函数框架都设计好了，这些函数很多都是虚函数，程序员可以在派生类中继承或重载它们。

文档/视图结构并没有完全要求所有数据都属于文档类，视图类也可以有自己的数据。按照文档/视图结构一般处理方法，视图类中不定义数据，在需要时从文档中获取。但这种方法并不总是方便和高效的。通常往往只在视图中缓存部分数据，这样可以避免对文档的频繁访问，提高程序运行效率。

MFC基于文档/视图的应用程序分为单文档和多文档两种类型。

10.2 消息及消息映射

Windows应用程序是利用消息(message)与其他Windows应用程序和操作系统进行信息交换的。消息的作用是通过一个应用程序中某个确定事件的产生,应用程序对该事件做出的响应,响应的方式已预先在应用程序中定义,即编写了相应的消息处理代码。例如,当单击时,系统会产生WM_LBUTTONDOWN消息,并通知应用程序窗口,应用程序接到该消息后,会检查是否已定义消息处理函数并做出响应。

10.2.1 消息的类别及其描述

MSG结构用于描述、区别消息的一般方法是对结构中的主消息message、附加参数wParam和lParam这三个字段进行判断。在MFC应用程序中,消息分为窗口消息、命令消息和控件消息三种类型。

1. 窗口消息

系统可以产生窗口消息,与窗口交互也能产生窗口消息。窗口消息只能被窗口或者窗口对象处理。在MFC应用程序中,CView和CFrame及其派生类、自定义窗口类能够处理窗口消息。

窗口消息的字段格式如下:

① message WM_XXX;

② wParam和lParam随WM_XXX而变。

例如:

WM_CLOSE,关闭窗口时产生,附加信息字段wParam和lParam均未用。

WM_CREATE,窗口创建消息,由CreateWindow()函数发出,wParam未用,lParam包含一个指向CREATESTRUCT的指针。

WM_LBUTTONDOWN,鼠标左键消息,wParam是一个整数值,标识鼠标值按下的状态,是左键、右键还是中键。lParam的低字节是当前鼠标位置的X坐标,高字节是Y坐标。

因此,要关闭一个窗口,只需要发给它消息包(WM_CLOSE,0L,0L)即可。

2. 命令消息

选择菜单项、单击工具按钮、按加速键及程序中的命令等都可以产生命令消息。在MFC应用程序中,凡是从基类CCmdTarget派生的类都能处理命令消息。

命令消息的字段格式如下:

① message WM_COMMAND;

② wParam低16位为命令ID、高16位为0;

③ lParam 0L。

3. 控件消息

当控件事件发生时,如改变文本框控件的内容、选择列表框控件中的某一选项等,都会产生控件消息。

控件消息的字段格式如下:

① message WM_NOTIFY；

② wParam 控件 ID；

③ lParam 指向 NMHDR 的指针，NMHDR 是一个包含了消息内容的结构。

在 Visual C ++中，利用前缀符号，可以标识不同的消息类型，如表 10 - 1 所列。

表 10 - 1　系统定义的消息宏前缀

前　缀	消息分类	前　缀	消息分类
BM	按钮控制消息	LB	列表框控制消息
CB	组合框控制消息	SBM	滚动条控制消息
DM	默认下压式按钮控制消息	WM	窗口消息
EM	编辑框控制消息		

10.2.2　消息映射

消息映射就是把消息与处理消息的函数一一对应起来，系统内部有一个结构体数组，每个结构体元素都放有消息的类型与对应的处理函数入口地址。这样，系统可以根据消息的类型或 ID 找到相应的函数处理程序进行处理。

10.2.3　消息映射系统

MFC 的消息映射系统由两块构成：一块是 CCmdTarget 的派生类；另一块是消息映射。由 CCmdTarget 派生的子类都能够接收和处理消息，在每一个子类中都定义一个消息映射表，保存该类能够接收并处理的消息类别与消息处理函数的信息，同时消息处理函数定义为该类的成员函数。例如，一个典型的文档/视图结构的 MFC 应用程序中，应用程序类、窗口框架类、文档类和视图类中都定义了一张消息映射表，维护可以在本类中进行的消息处理。窗口程序按一定的路径搜索这些类的消息映射表，找到并调用消息处理函数响应消息。

MFC 提供了 3 个宏来管理消息映射，它们是 DECLARE_MESSAGE_MAP()、BEGIN_MESSAGE_MAP()和 END_MESSAGE_MAP()。

在每一个 CCmdTarget 的派生类定义中，都包含 DECLARE_MESSAGE_MAP()，用于声明一个消息映射表的结构。在该类的实现文件中都包含 BEGIN_MESSAGE_MAP()和 END_MESSAGE_MAP()，构成了一张消息映射表，前者标志着消息映射表的开始，后者标志着消息映射表的结束。例 9.1 的应用程序 MyDsw 中，在 FileView 选项卡中选择 Source Files 项的 MyDsw. cpp，双击打开，找到其中的消息映射表，程序清单如下：

```
BEGIN_MESSAGE_MAP(CMyDswApp, CWinApp)
    //{{AFX_MSG_MAP(CMyDswApp)
    ON_COMMAND(ID_APP_ABOUT, OnAppAbout)
        // NOTE - the ClassWizard will add and remove mapping macros here.
        //DO NOT EDIT what you see in these blocks of generated code!
    //}}AFX_MSG_MAP
    // Standard file based document commands
    ON_COMMAND(ID_FILE_NEW, CWinApp::OnFileNew)
```

```
    ON_COMMAND(ID_FILE_OPEN, CWinApp::OnFileOpen)
    // Standard print setup command
    ON_COMMAND(ID_FILE_PRINT_SETUP, CWinApp::OnFilePrintSetup)
END_MESSAGE_MAP()
```

在两个宏之间放置着若干条消息映射记录。每条消息映射记录由消息宏和参数组成,例如消息映射记录 ON_COMMAND(ID_FILE_NEW, CWinApp::OnFileNew) 处理菜单项 File|New。ON_COMMAND 是处理命令消息的宏,它需要两个参数:一个是命令消息 ID,另一个是命令消息句柄,也就是消息处理函数。对于不同类型的消息,消息宏和参数是不同的,如表 10-2 所列。

表 10-2　不同的消息的消息映射宏的格式

消息类型	宏格式	参　数
预定义窗口消息	ON_WM_XXX	无
命令消息	ON_COMMAND	命令消息 ID,消息处理函数名
更新命令消息	OM_UPDATE_COMMAND_UI	命令消息 ID,消息处理函数名
控件消息	ON_XXX	控件消息 ID,消息处理函数名
用户自定义消息	ON_MESSAGE	自定义消息 ID,消息处理函数名

10.3　鼠标消息及其处理

Windows 是一个基于消息传递、事件驱动的操作系统。用户所有的输入都以事件或消息的形式传递给应用程序。鼠标是典型的人机交互的输入设备,鼠标驱动程序将鼠标硬件信号转换成 Windows 可以识别的信息,Windows 根据这些消息构造鼠标消息,并将它们发送到应用程序的消息队列中。

鼠标一般有左键和右键,有些鼠标还有中键和滚动滑轮,其上发生的操作有单击、双击、右击、释放和移动。当使用鼠标时产生的消息主要包括 WM_LBUTTONDOWN(单击)、WM_LBUTTONUP(释放左键)、WM_RBUTTONDOWN(右击)、WM_RBUTTONUP(释放右键)、WM_MOUSEMOVE(移动)、WM_LBUTTONDBCLK(双击)、WM_MOUSEWHEEL(滚动中键)等。

鼠标消息分为两类:在客户区操作鼠标所产生的客户区鼠标消息和在非客户区操作鼠标所产生的非客户区鼠标消息,通过消息结构中的消息参数 wParam 来区分它们。客户区鼠标消息发送到应用程序后,可以由应用程序自己处理。非客户区消息由 Windows 操作系统处理,应用程序一般不需要处理。

利用 MFC ClassWizard 类向导生成的鼠标消息一般都有两个参数:类型为 UINT 的参数 nFlags 表示鼠标按键和键盘控制键的状态;类型为 Cpoint 的参数 point 表示鼠标当前所在位置的坐标。

例 10.1　在视图区单击,在视图区输出鼠标所在位置的坐标。

设计说明:

① 新建一个基于文档/视图的应用程序，名称为 output_mouse，其他为默认操作。

② 为视图类 COutput_mouseView 添加一个公有的 CPoint 类型的成员变量 m_pt1。

③ 双击视图类的构造函数 COutput_mouseView( )(构造函数名与类名相同)，在构造函数的函数体中添加如下面程序中阴影部分所示的代码，对 m_pt1 进行初始化。

```
COutput_mouseView::COutput_mouseView()
{
    // TODO: add construction code here
    m_pt1.x = m_pt1.y = 0;
}
```

④ 按快捷键 Ctrl＋W 激活 ClassWizard，在弹出的 MFC ClassWizard 对话框中选择 Message Maps 选项卡，在 Class name 下拉列表框中选择视图类 COutput_mouseView，在 Messages 列表框中选择 WM_LBUTTONDOWN 消息，单击 Add Function 按钮，并单击 OK 按钮，此时为 WM_LBUTTONDOWN 消息建立基于视图类的消息映射，单击 Edit Code 按钮，则会生成 WM_LBUTTONDOWN 消息的消息处理函数，在消息处理函数的函数体中添加如阴影部分所示的代码：

```
void COutput_mouseView::OnLButtonDown(UINT nFlags, CPoint point)
{
    m_pt1 = point;
    Invalidate();
    CView::OnLButtonDown(nFlags, point);
}
```

Invalidate()函数的作用是使整个窗口客户区无效。窗口的客户区无效意味着需要重绘，然后会自动调用 OnDraw()，简单地说就是刷新窗口。

⑤ 为视图类 COutput_mouseView 的成员函数 OnDraw()添加如下面程序中阴影部分所示的代码：

```
void COutput_mouseView::OnDraw(CDC * pDC)
{
    COutput_mouseDoc * pDoc = GetDocument();
    ASSERT_VALID(pDoc);
    // TODO: add draw code for native data here
    CString str;
    str.Format("鼠标所在位置(%d,%d)",m_pt1.x,m_pt1.y);
    pDC->TextOut(0,0,str);
}
```

运行程序，在视图区单击，则在视图区更新显示光标所在位置，如图 10－1 所示。

由于此程序是本书第一次讲解一个功能程序的设计，所以将具体的设计过程进行了详细的讲解，限于篇幅，后面的程序讲解将会简化这个过程。

图 10-1　例 10.1 的程序运行结果

例 10.2　在视图区移动光标,在视图区输出显示光标所在位置的坐标。

设计说明:

① 新建一个基于文档/视图的应用程序,名称为 mouse_with,其他为默认操作。

② 为视图类 CMouse_withView 添加一个公有的 CPoint 类型的成员变量 m_pt1,并在该类的构造函数中添加如下面程序中阴影部分所示的代码,对 m_pt1 进行初始化。

```
CMouse_withView::CMouse_withView()
{
    m_pt1.x = m_pt1.y = 0;
}
```

③ 按快捷键 Ctrl+W 激活 ClassWizard,在弹出的 MFC ClassWizard 对话框中选择 Message Maps 选项卡,在 Class name 下拉列表框中选择视图类 CMouse_withView,在 Messages 列表框中选择 WM_MOUSEMOVE,为该消息建立消息映射,并在生成的消息处理函数中添加如下面程序中阴影部分所示的代码:

```
void CMouse_withView::OnMouseMove(UINT nFlags, CPoint point)
{
    // TODO: Add your message handler code here and/or call default
    m_pt1 = point;
    Invalidate();
    CView::OnMouseMove(nFlags, point);
}
```

④ 在视图类的 OnDraw()函数中添加如下面程序中阴影部分所示的代码:

```
void CMouse_withView::OnDraw(CDC * pDC)
{
    CMouse_withDoc * pDoc = GetDocument();
    ASSERT_VALID(pDoc);
    CString str;
    str.Format("鼠标位置:[ %d, %d]",m_pt1.x,m_pt1.y);
    pDC->TextOut(m_pt1.x,m_pt1.y,str);
}
```

运行程序,在视图区移动光标,显示光标坐标位置的文本会跟随光标移动,并实时更新显示光标所在位置的坐标数据,如图 10-2 所示。

图 10-2 与图 10-1 从图上看并没什么本质的区别,但是运行程序就会发现例 10.2 的程

图 10－2 例 10.2 的程序运行结果

序运行时文字信息一直随光标在视图区移动，而例 10.1 的文字却不移动。

例 10.3 编写一个简单的画线程序，即按住鼠标左键，并在鼠标移动时画线，当放开鼠标左键时画线结束。

设计说明：

① 新建一个基于文档/视图的应用程序，名称为 draw_line，其他为默认操作。

② 为视图类 CDraw_lineView 添加一个私有的 bool 型成员变量 m_bDragging 和一个私有的 CPoint 类型成员变量 m_ptOrigin。

③ 在视图类的构造函数中添加如下面程序中阴影部分所示的代码，对 m_bDragging 进行初始化。

```
CDraw_lineView::CDraw_lineView()
{
    // TODO: add construction code here
    m_bDragging = false;
}
```

④ 按快捷键 Ctrl＋W 激活 ClassWizard，在弹出的 MFC ClassWizard 对话框中选择 Message Maps 选项卡，在 Class name 下拉列表框中选择视图类 CDraw_lineView:，在 Messages 列表框中选择 WM_LBUTTONDOWN，为该消息建立消息映射，并在生成的消息处理函数中添加如下面程序中阴影部分所示的代码：

```
void CDraw_lineView::OnLButtonDown(UINT nFlags, CPoint point)
{
    // TODO: Add your message handler code here and/or call default
    m_ptOrigin = point;
    m_bDragging = true;
    CView::OnLButtonDown(nFlags, point);
}
```

⑤ 为 WM_MOUSEMOVE 消息建立基于视图类的消息映射，在生成的消息处理函数的函数体中添加如下面程序中阴影部分所示的代码：

```
void CDraw_lineView::OnMouseMove(UINT nFlags, CPoint point)
{
    // TODO: Add your message handler code here and/or call default
    if(m_bDragging == true)
    {
```

```
        CClientDC dc(this);
        dc.MoveTo(m_ptOrigin);
        dc.LineTo(point);
        m_ptOrigin = point;
        }
        CView::OnMouseMove(nFlags, point);
}
```

⑥ 为 WM_LBUTTONUP 消息建立基于视图类的消息映射,在生成的消息处理函数的函数体中添加如下面程序中阴影部分所示的代码:

```
void CDraw_line::OnLButtonUp(UINT nFlags, CPoint point)
{
        // TODO: Add your message handler code here and/or call default
        m_bDragging = false;
        CView::OnLButtonUp(nFlags, point);
}
```

程序运行结果如图 10-3 所示。

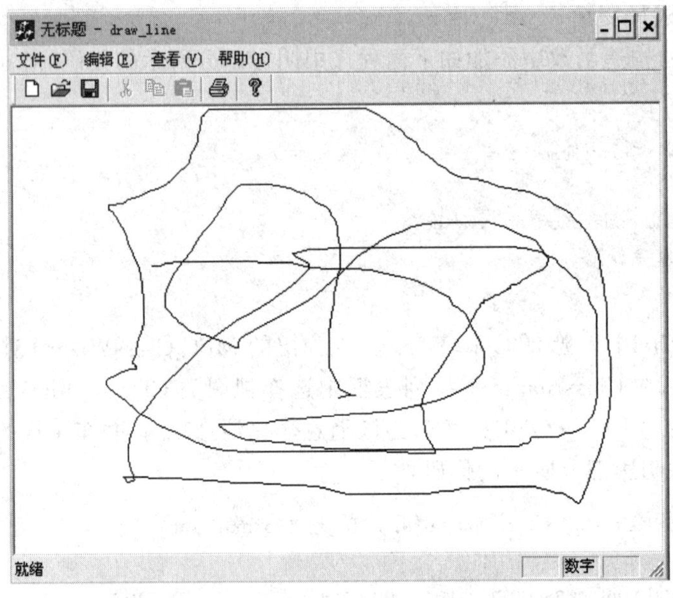

图 10-3 例 10.3 的程序运行结果

10.4 键盘消息及其处理

键盘也是人机交互的重要设备,它可以完成数据的输入、参数的设置和一些快捷操作。在游戏中,键盘常用来控制人或物的运动方向、轨迹和跳跃等操作。

与鼠标一样,当用户按键时,会产生键盘消息(keyboard events)。Windows 中的键盘消息有两类:一类是按键消息(keystroke messages),此类消息由键盘动作直接产生的消息,如键按下消息 WM_KEYDOWN 和释放键消息 WM_KEYUP 等;另一类为字符消息(character messages),此类消息由按键消息转化而产生的消息,如 WM_CHAR 等。

例 10.4 按键测试程序。

设计说明：

① 新建一个基于文档/视图的应用程序、名称为 KeyTest，其他为默认操作。

② 在视图类 CKeyTestView 的 OnDraw()函数添加阴影部分所示的代码。

```
void CKeyTestView::OnKeyDown(UINT nChar, UINT nRepCnt, UINT nFlags)
{
    // TODO: Add your message handler code here and/or call default
    CClientDC  dc(this);
    if (nChar == VK_CAPITAL)
        dc.TextOut(100, 50, "Caps Lock 键按下!");
    if (nChar == VK_CONTROL)
        dc.TextOut(100, 100, "Ctrl 键按下!");
    if (nChar == 13)
        dc.TextOut(100, 150, "Enter 键被按下!");
}
```

运行程序，按键盘上的 Caps Lock 键、Ctrl 键和 Enter 键，在程序的视图区显示对应的文字。

例 10.5 在视图显示一个半径为 50 的圆，按键盘上的上、下、左、右键，该圆分别向上、下、左、右移动。

设计说明：

① 新建一个基于文档/视图的应用程序，名称为 circle_move，其他为默认操作。

② 为视图类 CCircle_moveView 添加一个公有的 CPoint 类型的成员变量 m_pt。

③ 在视图类 CCircle_moveView 的构造函数中添加如下面程序中阴影部分所示的代码对 m_pt 进行初始化。

```
CCircle_moveView::CCircle_moveView()
{
    // TODO: add construction code here
    m_pt.x = 100;
    m_pt.y = 50;
}
```

④ 为视图类 CCircle_moveView 的 OnDraw()函数添加如下面程序中阴影部分所示的代码：

```
void CCircle_moveView::OnDraw(CDC * pDC)
{
    CCircle_moveDoc * pDoc = GetDocument();
    ASSERT_VALID(pDoc);
    // TODO: add draw code for native data here
    pDC->Ellipse(m_pt.x,m_pt.y,m_pt.x + 50,m_pt.y + 50); //画圆
}
```

⑤ 按快捷键 Ctrl＋W 激活 ClassWizard，在弹出的 MFC ClassWizard 对话框中选择 Message Maps 选项卡，在 Class name 下拉列表框中选择 CCircle_moveView，在 Messages 列表框

中选择 WM_KEYDOWN,为该消息建立消息映射,并在生成的消息处理函数中添加如下面程序中阴影部分所示的代码:

```
void CCircle_moveView::OnKeyDown(UINT nChar, UINT nRepCnt, UINT nFlags)
{
    // TODO: Add your message handler code here and/or call default
if (nChar == VK_LEFT)
{
m_pt.x--; //左移
Invalidate();
}
if (nChar == VK_RIGHT)
{
m_pt.x++;  //右移
Invalidate();
}
if (nChar == VK_DOWN)
{
m_pt.y++; //下移
Invalidate();
}
if (nChar == VK_UP)
{
m_pt.y--; //上移
Invalidate();
}
    CView::OnKeyDown(nChar, nRepCnt, nFlags);
}
```

运行程序,在视图区显示一个半径为 50 的圆(见图 10-4),按键盘上的上、下、左、右键,圆向相应的方向移动。

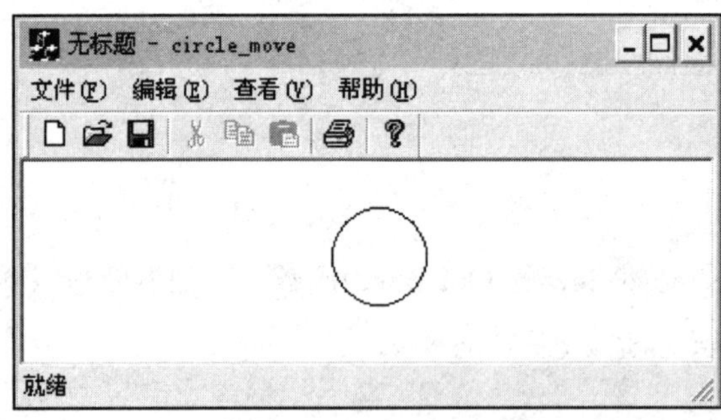

图 10-4　例 10.4 的程序运行结果

例 10.6　在例 10.5 的基础上,如果单击,圆半径加大,右击,圆半径减小,该如何进行编程?

设计说明:

① 新建一个基于文档/视图的应用程序,名称为 circle_move_radius,其他为默认操作。

② 为视图类 CCircle_move_radiusView 添加一个公有的 CPoint 类型的成员变量 m_pt 和一个公有的 int 类型成员变量 radius。

③ 在视图类 CCircle_move_radiusView 的构造函数中添加如下面程序中阴影部分所示的代码，对 m_pt 和 radius 进行初始化。

```
CCircle_move_radiusView::CCircle_move_radiusView()
{
// TODO: add construction code here
    m_pt.x = 100;
    m_pt.y = 100;
    radius = 50;
}
```

④ 为视图类 CCircle_move_radiusView 的 OnDraw()函数添加如下面程序中阴影部分所示的代码：

```
void CCircle_move_radiusView::OnDraw(CDC * pDC)
{
    CCircle_move_radiusDoc * pDoc = GetDocument();
    ASSERT_VALID(pDoc);
    // TODO: add draw code for native data here
    pDC->Ellipse(m_pt.x,m_pt.y,m_pt.x + radius,m_pt.y + radius); //画圆
}
```

⑤ 按快捷键 Ctrl+W 激活 ClassWizard，在弹出的 MFC ClassWizard 对话框中选择 Message Maps 选项卡，在 Class name 下拉列表框中选择 CCircle_move_radiusView，在 Messages 列表框中选择 WM_KEYDOWN，为该消息建立消息映射，并在生成的消息处理函数中添加如下面程序中阴影部分所示的代码：

```
void CCircle_move_radiusView::OnKeyDown(UINT nChar, UINT nRepCnt, UINT nFlags)
{
    // TODO: Add your message handler code here and/or call default
if (nChar == VK_LEFT)
{
m_pt.x--; //左移
Invalidate();
}
if (nChar == VK_RIGHT)
{
m_pt.x++;  //右移
Invalidate();
}
if (nChar == VK_DOWN)
{
m_pt.y++; //下移
Invalidate();
}
if (nChar == VK_UP)
{
m_pt.y--; //上移
Invalidate();
}
```

```
    CView::OnKeyDown(nChar, nRepCnt, nFlags);
}
```

⑥ 为 WM_LBUTTONDOWN 消息建立基于视图类的消息映射，在生成的消息处理函数的函数体中添加如下面程序中阴影部分所示的代码：

```
void CCircle_move_radiusView::OnLButtonDown(UINT nFlags, CPoint point)
{
    // TODO: Add your message handler code here and/or call default
    radius = radius + 5;
    Invalidate();
    CView::OnLButtonDown(nFlags, point);
}
```

⑦ 为 WM_RBUTTONDOWN 消息建立基于视图类的消息映射，在生成的消息处理函数的函数体中添加如下面程序中阴影部分所示的代码：

```
void CCircle_move_radiusView::OnRButtonDown(UINT nFlags, CPoint point)
{
    // TODO: Add your message handler code here and/or call default
if(radius>= 50)
{
radius = radius - 5;
Invalidate();
}
    CView::OnRButtonDown(nFlags, point);
}
```

运行程序，在视图区单击，圆的半径逐渐变大，图 10－5 所示是半径变大后的圆的显示图。右击，圆的半径会明显减小，由于在程序中作了限定，当减到与初始化圆的半径相等时，半径不再减小。

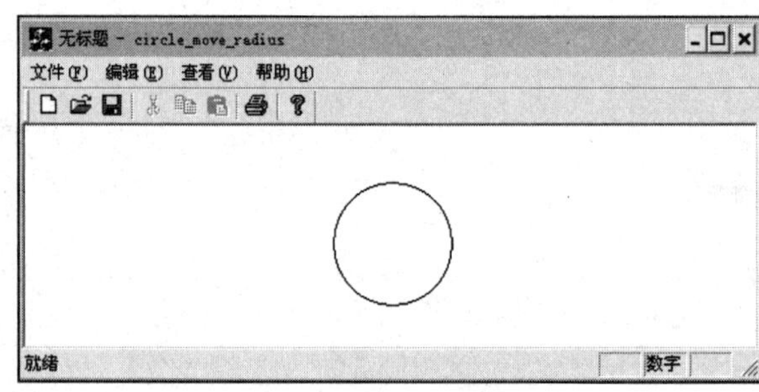

图 10－5　半径变大后的圆的显示图

例 10.7　在例 10.5 的程序的基础上，如果单击，移动速度加快，右击，移动速度减慢，该如何编程？

设计说明：

① 新建一个基于文档/视图的应用程序，名称为 circle_move_step，其他为默认操作。

② 为视图类 Circle_move_stepView 添加一个公有的 CPoint 类型的成员变量 m_pt 和一个公有的 int 类型成员变量 step。

③ 在视图类 Circle_move_stepView 的构造函数中添加如下面程序中阴影部分所示的代码，对 m_pt 和 step 进行初始化。

```
CCircle_move_stepView::CCircle_move_stepView ( )
{
    // TODO: add construction code here
    m_pt.x = 100;
    m_pt.y = 100;
    step = 2;
}
```

④ 为视图类 Circle_move_stepView 的 OnDraw()函数添加如下面程序中阴影部分所示的代码：

```
void CCircle_move_stepView::OnDraw(CDC * pDC)
{
    CCircle_move_stepDoc * pDoc = GetDocument();
    ASSERT_VALID(pDoc);
    // TODO: add draw code for native data here
    pDC->Ellipse(m_pt.x,m_pt.y,m_pt.x + 50,m_pt.y + 50); //画初始化的圆
}
```

⑤ 按快捷键 Ctrl＋W 激活 ClassWizard，在弹出的 MFC ClassWizard 对话框中选择 Message Maps 选项卡，在 Class name 下拉列表框中选择 Circle_move_stepView，在 Messages 列表框中选择 WM_KEYDOWN，为该消息建立消息映射，并在生成的消息处理函数中添加如下面程序中阴影部分所示的代码：

```
void CCircle_move_stepView::OnKeyDown(UINT nChar, UINT nRepCnt, UINT nFlags)
{
    // TODO: Add your message handler code here and/or call default
if (nChar == VK_LEFT)
{
m_pt.x = m_pt.x - step; //左移
Invalidate();
}
if (nChar == VK_RIGHT)
{
m_pt.x = m_pt.x + step;;  //右移
Invalidate();
}
if (nChar == VK_DOWN)
{
m_pt.y = m_pt.y + step; //下移
Invalidate();
}
if (nChar == VK_UP)
{
m_pt.y = m_pt.y - step; //上移
Invalidate();
}
```

```
    CView::OnKeyDown(nChar, nRepCnt, nFlags);
}
```

⑥ 为 WM_LBUTTONDOWN 消息建立基于视图类的消息映射,在生成的消息处理函数的函数体中添加如下面程序中阴影部分所示的代码:

```
void CCircle_move_stepView::OnLButtonDown(UINT nFlags, CPoint point)
{
    // TODO: Add your message handler code here and/or call default
    step = step + 2;
    Invalidate();
    CView::OnLButtonDown(nFlags, point);
}
```

⑦ 为 WM_RBUTTONDOWN 消息建立基于视图类的消息映射,在生成的消息处理函数的函数体中添加如下面程序中阴影部分所示的代码:

```
void CCircle_move_stepView::OnRButtonDown(UINT nFlags, CPoint point)
{
    // TODO: Add your message handler code here and/or call default
    if(step>= 2)
    {
        step = step - 2;
        Invalidate();
    }
    CView::OnRButtonDown(nFlags, point);
}
```

例 10.8 设计一个画封闭多边形的程序:在视图区第一次单击作为起点,第二次单击,则第一次单击的位置和第二次单击的位置画一条线段连接;第三次单击,则第二次单击的位置和第三次单击的位置画一条线段连接;依次类推,右击,则鼠标右键所在位置和第一次单击鼠标的位置画一条线段连接,最后形成一个封闭多边形。

设计说明:

① 新建一个基于文档/视图的应用程序,名称为 DrawPoly,其他为默认操作。

② 为视图类 CDrawPolyView 添加一个公有的 CPoint 类型的成员变量 m_pt11,m_pt12 和 int 类型的成员变量 i。

③ 在视图类 CCircle_moveView 的构造函数中添加如下程序阴影部分所示的代码对 m_pt 进行初始化。

```
CDrawPolyView::CDrawPolyView()
{
    // TODO: add construction code here
    i = 0;
}
```

④ 按 Ctrl+W 激活 ClassWizard,在弹出的 MFC ClassWizard 对话框中选择 Message Maps 标签项,在 Class name 对话框中选择 CDrawPolyView,在 Messages 对话框中选择 WM_LBUTTONDOWN,为该消息建立消息映射,并在生成的消息处理函数中添加如下程序中阴

影部分所示的代码：

```
void CDrawPolyView::OnLButtonDown(UINT nFlags, CPoint point)
{
    // TODO: Add your message handler code here and/or call default
    i++;
    if(i==1)
    {
        m_pt11 = m_pt12 = point;
    }
    else
    {
        CClientDC dc(this);
        dc.MoveTo(m_pt11);
        dc.LineTo(point);
        m_pt11 = point;
    }
    CView::OnLButtonDown(nFlags, point);
}
```

⑤ 为 WM_RButtonDown 消息建立基于视图类的消息映射，在生成的消息处理函数的函数体中添加如阴影部分所示的代码：

```
void CDrawPolyView::OnRButtonDown(UINT nFlags, CPoint point)
{
    // TODO: Add your message handler code here and/or call default
    CClientDC dc(this);
    dc.MoveTo(m_pt11);
    dc.LineTo(m_pt12);
    i = 0;
    CView::OnRButtonDown(nFlags, point);
}
```

运行程序，按要求操作后视图区出现一个如图 10-6 所示的封闭多边形。

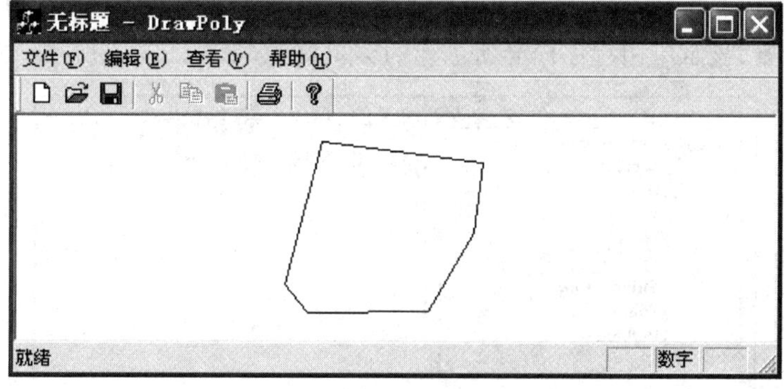

图 10-6　例 10.8 运行结果

第 11 章　菜单、工具栏、状态栏和快捷键

标准的 Windows 应用程序界面除了客户区，还包括非客户区。非客户区包括边框、标题栏、菜单栏、工具栏、状态栏和滚动条。其中，菜单栏、工具栏、状态栏是程序界面中最重要的要素，菜单栏和工具栏是用户与应用程序交互的选择区域，而状态栏提供了提示信息的输出区域，它们共同组成了 Windows 应用程序的友好界面。除此之外，快捷键能使用户得到更快捷的操作，因而也得到了广泛应用。

11.1　菜　单

菜单是 Windows 应用程序中一个必不可少的用户界面资源，Visual C ++集成开发环境提供了一个可视化菜单资源编辑器，用于菜单资源的编辑和添加。而从编程的角度看，菜单是应用程序中可操作命令的集合，它体现了程序的功能。当选择某一菜单项时就会执行指定的程序代码，完成相应的功能。

11.1.1　建立菜单资源

使用 MFC AppWizard 向导创建文档/视图结构应用程序时，向导会自动生成 Windows 标准的菜单资源。但这个默认生成的菜单资源往往不能满足实际的需要，因此用户需要利用菜单资源编辑器对其进行修改和添加。下面通过实例介绍如何利用菜单编辑器建立菜单。

例 11.1　编写一个单文档应用程序 MenuTest，为添加一个“测试”主菜单，并在其中添加“显示文本”和“弹出信息框”两个菜单项。

设计说明：

① 首先利用 MFC AppWizard[exe]向导创建 SDI 应用程序 MenuTest。然后在项目工作区的 ResourceView 选项卡中选择 Menu 项并展开，再双击下面的 IDR_MAINFRAME 项弹出菜单资源编辑器，显示应用程序向导所创建的菜单资源，如图 11－1 所示。

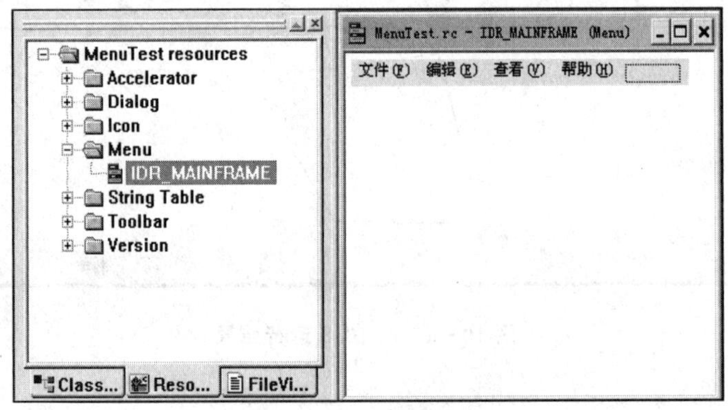

图 11－1　菜单编辑器

② 为程序添加主菜单：双击菜单右边的虚线空白框，弹出菜单属性对话框，在 Caption 文本框中输入主菜单的标题“测试(&T)”，字符 & 用于显示 T 时加下画线，并表示其快捷键为 Alt+T，如图 11-2 所示。

注意：主菜单只有标题而没有相应的 ID 标识。

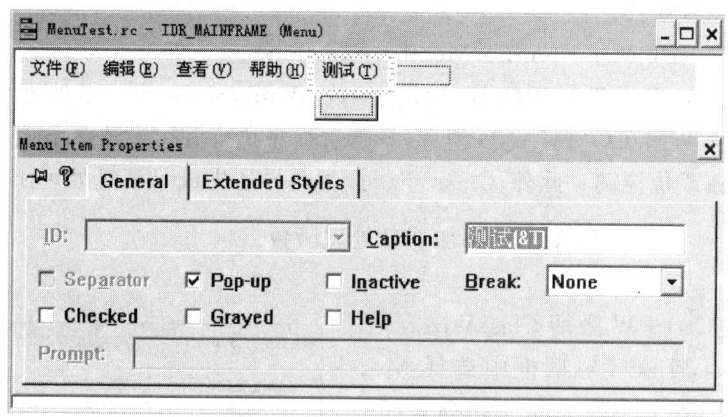

图 11-2　菜单属性对话框

③ 菜单按层次结构来组织菜单和菜单项，因此必须为主菜单添加菜单项。回到菜单编辑器，在刚建立的主菜单下方双击虚线空白框的空白菜单项，弹出菜单属性对话框。ID 是菜单项的标识，在其下拉列表框中输入 ID_ShowTxt。在 Caption 文本框中输入菜单项的标题“显示文本(&T)\t　Ctrl+T”“\t”使后面的内容右对齐，Ctrl+T 表明该菜单项的快捷键，但此处只起提示作用，要真正成为快捷键还要使用快捷键编辑器。在 Prompt 文本框中输入状态栏信息“在视图区输出七彩前湖，美丽的家园”。按上面同样步骤，为菜单添加菜单项“弹出信息框(&I) \t　Ctrl+I”。

在菜单项属性对话框中，Pop-up 指明菜单项是一个快捷菜单，Separtor 指明菜单项的一条水平分隔条，Checked 指明菜单项前加上一个选中标记，Grayed 指明菜单项是灰显的，Inactive 指明菜单项是不活动的，Break 指明菜单项是否放在新的一列。

要在两个菜单项之间加入一条水平分隔条，先双击菜单编辑器下部空白矩形区，在随后弹出的菜单项属性对话框中选中 Separtor 项以设置分隔属性，最后关闭属性对话框，将该分隔条拖到合适位置。

11.1.2　添加菜单命令处理函数

菜单实际上是一系列命令的列表，当一个菜单项被选中后，一个含有该菜单项 ID 的标识 WM_COMMAND 命令消息将发送到应用程序窗口，应用程序将该消息转换为一个函数(命令消息处理函数)调用。命令消息来自于用户界面对象，是由菜单项、工具栏按钮和快捷键等程序界面元素发送的 WM_COMMAND 消息。

到底应该将菜单映射到哪个类，需要由该命令的功能决定。如果一个命令同视图的显示有关，就应该将其映射到视图类；如果同文档的读/写有关，就应该映射到文档类；如果命令完成通用功能，一般映射到框架窗口类。而有时无法对功能进行准确判断，则可以将菜单命令映射到任意一个类，看是否能够完成指定的功能。

在例 11.1 的操作中,仅添加了菜单,并没有实现菜单的功能,即没有对应的命令处理函数与菜单项对应,因此,添加的菜单项为灰色,即处于不可用状态。添加新的菜单项后,还应该为新的菜单项指定一个处理函数,即利用 ClassWizard 类向导添加一个消息处理函数。利用 ClassWizard 类向导添加菜单命令的 WM_COMMAND 消息处理函数后,向导将自动添加一个如下格式的消息映射:

ON_COMMAND(MenuItemID,MemberFunction)

其中,参数 MenuItemID 是菜单项的 ID 标识,参数 MemberFunction 是处理该消息的成员函数名。一个菜单项 WM_COMMAND 消息,意味着程序执行后用户选择了该菜单项或选择了对应的工具栏按钮或快捷键。此外,ClassWizard 类向导还生成了消息处理函数的框架代码。

例 11.2　为例 11.1 中的菜单项添加消息处理函数。

设计说明:

① 按快捷键 Ctrl+W 激活 ClassWizard,在弹出的 MFC ClassWizard 对话框中选择 Message Maps 选项卡,在 Class name 下拉列表框中选择 CMenuTestView,在 Object IDs 列表框中选择 ID_ShowTxt,在 Messages 列表框中选择 COMMAND,单击 Add Function 按钮弹出 Add Member Function 对话框,如图 11-3 所示。单击 OK 按钮,则建立了菜单项与菜单处理函数之间的消息映射。

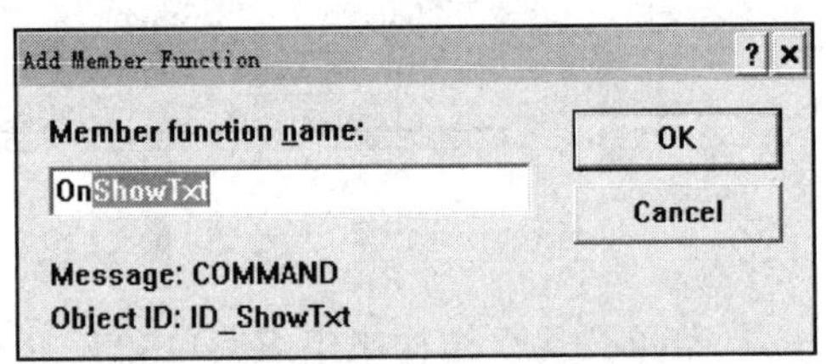

图 11-3　Add Member Funciton 对话框

单击 Edit Code 按钮,则生成如图 11-4 所示的消息处理函数的框架代码。

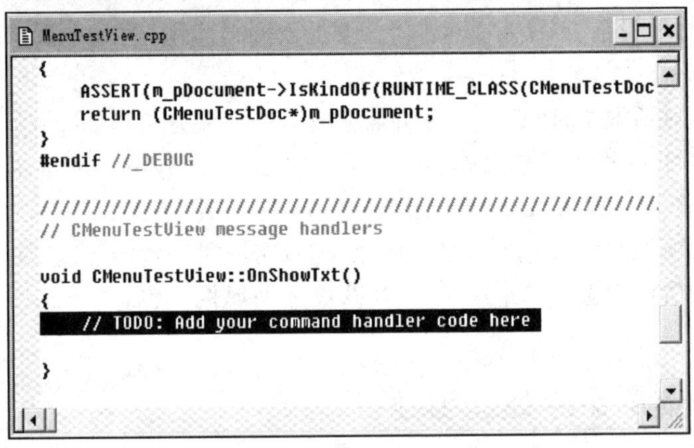

图 11-4　消息处理函数

在消息处理函数中添加如下面程序中阴影部分所示的代码:

```
void CMenuTestView::OnShowTxt()
{
    // TODO: Add your command handler code here
    CClientDC dc(this);
    dc.TextOut(100,100,"七彩前湖,美丽的家园");
}
```

运行程序，选择菜单命令“测试”|“显示文本”，则在视图区显示“七彩前湖，美丽的家园”，如图 11－5 所示。

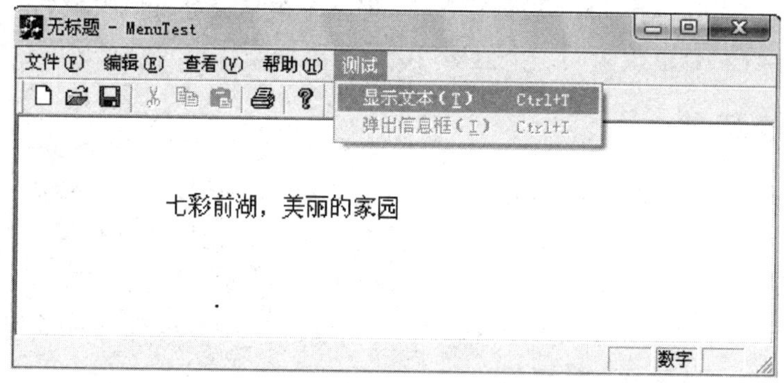

图 11－5　执行菜单命令“测试”|“显示文本”的效果

② 按快捷键 Ctrl＋W 激活 ClassWizard，在弹出的 MFC ClassWizard 对话框中选择 Message Maps 选项卡，在 Class name 下拉列表框中选择 CMenuTestView，在 Object IDs 列表框中选择 ID_PopMsg，在 Messages 列表框中选择 COMMAND，单击 Add Function 按钮弹出 Add Member Function 对话框。单击 OK 按钮，则建立了该菜单项与菜单处理函数之间的消息映射。

在消息处理函数中添加如下面程序中阴影部分所示的代码：

```
void CMenuTestView::OnShowTxt()
{
    // TODO: Add your command handler code here
    AfxMessageBox("日新自强，知行合一!");
}
```

运行程序，选择菜单命令“测试”|“弹出信息框”，则弹出消息框，如图 11－6 所示。

图 11－6　弹出的消息框

一个菜单命令可以映射到框架类、视图类及文档类的某一个成员函数，但不能同时映射到多个成员函数上，即使将一个菜单命令映射到多个不同的成员函数，其中也只有一个成员函数的映射是有效的。在 MFC 文档/视图结构中映射有效的优先级顺序为视图类、文档类及框架类。

虽然一个命令不能映射到多个成员函数上,但多个菜单命令可以映射到一个成员函数上,只需要将不同命令的 ID 值改为同一个值即可。

11.1.3 快捷菜单

在使用计算机时,经常会用到右击后弹出一个菜单,这种浮动的菜单称为快捷菜单,也称弹出式菜单或上下文菜单。当用户右击时,快捷菜单出现在光标所在位置。快捷菜单是通过 CMenu 类及其成员函数在程序运行过程中动态建立的。一般来说,快捷菜单是利用现有的菜单来进行创建,但也可以为快捷菜单专门建立一个菜单资源,然后通过调用函数 CMenu::LoadMenu()装入所创建的菜单资源。

当右击后,会触发 WM_CONTEXTMENU 消息。在程序中可通过为 WM_CONTEXTMENU 添加消息处理函数来实现快捷菜单。在消息处理函数中,先装入菜单资源或添加菜单项,然后调用 CMenu::TrackPopupMenu()函数显示快捷菜单。在这里为例 11.2 添加快捷菜单。

例 11.3　为例 11.2 添加快捷菜单。

设计说明:

按快捷键 Ctrl+W 激活 ClassWizard,在弹出的 MFC ClassWizard 对话框中选择 Message Maps 选项卡,在 Class name 下拉列表框中选择 CMenuTestView,在 Messages 列表框中选择 WM_CONTEXTMENU,为 WM_CONTEXTMENU 消息添加消息处理函数,并在生成的消息处理函数中添加如下面程序中阴影部分所示的代码:

```
void CMenuTestView::OnContextMenu(CWnd * pWnd, CPoint point)
{
    // TODO: Add your message handler code here
CMenu MenuPop;
if(MenuPop.CreatePopupMenu())
{
MenuPop.AppendMenu(MF_STRING,ID_ShowTxt, "显示文本(&S)\t  Ctrl + T");
MenuPop.AppendMenu(MF_STRING,ID_PopMsg, "弹出信息框(&I) \t  Ctrl + I");
MenuPop.TrackPopupMenu(TPM_LEFTALIGN,point.x,point.y,this);
}
}
```

函数 AppendMenu()用于菜单 MenuPop 添加菜单项,函数第一个参数指定加入菜单项的风格,值 MF_STRING 表示菜单项是一个字符串;第二个参数指定要加入菜单的 ID,如 ID_ShowTxt,第三个参数指定菜单项的显示文本。函数 TrackPopupMenu 用于在指定位置显示快捷菜单,并响应用户菜单项的选择。函数第一个参数是位置标记,TPM_LEFTALIGN 表示 x 坐标左对齐显示菜单;第二个、第三个参数指定快捷菜单的屏幕坐标;第四个参数指定拥有快捷菜单的窗口。

运行程序,在视图区右击,出现快捷菜单,如图 11-7 所示。选择其上的菜单项可以完成对应功能，其效果与普通菜单一样。

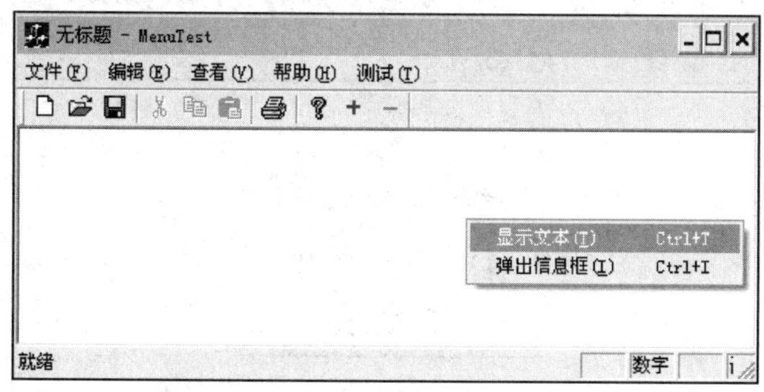

图 11 - 7　快捷菜单

11.2　工具栏

在 Windows 应用程序中，工具栏也是重要的用户界面资源。在利用 MFC AppWizard[exe] 向导创建一个文档/视图的应用程序时，用户无须再做任何其他工作就可自动得到 Windows 标准的工具栏和状态栏，即如果在向导的第四步接受默认的选项，创建的应用程序就具有一个标准的工具栏。

工具栏是用图形表示的应用程序的命令列表，它具有直观、快捷、便于用户使用的特点。因此，可以说工具栏结合了菜单和快捷键的优点。但由于工具栏要占用屏幕空间，所以只能将最常用的命令(一般是菜单项)做成按钮放到工具栏上，并且在需要的时候可以将其隐藏起来。Developer Studio 提供了可视化的工具栏编辑器，可以在原有的工具栏上的按钮或用户新添加的按钮上进行编辑。

与名单命令消息一样，单击工具栏上的工具按钮也产生命令消息。事实上，工具栏按钮和菜单项的功能往往是一致的。为了使工具栏上某个按钮的功能与某个菜单命令的功能相同，只需让该按钮的 ID 值与对应菜单命令的 ID 值相同即可。

例 11.4　为例 11.2 的菜单添加工具栏按钮。

设计说明：

① 打开应用程序项目，在项目工作区的 ResourceView 页面展开 ToolBar 文件夹，双击其下的 IDR_MAINFRAME，打开工具栏编辑器。单击工具栏资源最后的空白按钮，用画笔工具分别画一个“＋”按钮和一个“－”按钮。注意，拖动按钮向右或向左移动一点距离，就可以添加或删除垂直分隔条。

② 在工具栏资源上双击添加的“＋”按钮弹出属性对话框，修改“＋”按钮的 ID 与菜单项“显示文本”的 ID 相同，采用同样的方法设置“－”按钮的属性，其 ID 与菜单项“弹出信息框”的 ID 相同。

运行程序，单击工具栏上的“＋”按钮和“－”按钮，可以完成相应的操作，如图 11 - 8 所示。

如果添加的工具栏按钮没有对应的菜单项，必须利用 ClassWizard 类向导为新的工具栏按钮添加命令消息处理函数，方法与菜单项添加消息处理函数的过程一样，在这里不详细讲解。

图 11-8　单击工具栏按钮后的运行效果

11.3　状态栏

状态栏位于程序窗口的最底端,用于显示当前操作的提示信息和程序的运行状态。MFC 应用程序默认的状态栏分为四个窗格,第一个窗格最长,称为提示行,当把光标移到某个菜单项或工具栏按钮上时,显示菜单或工具栏的提示信息;第二个窗格 Caps Lock 显示键盘的大小写状态;第三个窗格 Num Lock 显示键盘的数字状态;第四个窗格 Scroll Lock 显示键盘的滚动状态。

利用 MFC AppWizard 向导创建应用程序时,在 CMainFrame 类中定义了一个成员变量 m_wndStatus,它是状态栏类 CStatusBar 的对象。在 MFC 应用程序框架的实现文件 MainFrm.cpp 中为状态栏定义了一个静态数组 indicators,如下所示:

```
static UINT indicators[] =
{
    ID_SEPARATOR,            // 分隔符
    ID_INDICATOR_CAPS,       //大小写
    ID_INDICATOR_NUM,        //数字指示
    ID_INDICATOR_SCRL,       //滚动指示
};
```

这个全局的提示符数组 indicators 中的每一个元素代表状态栏上一个指示器面板的 ID 值,这些 ID 在应用程序的串表资源 String Table 中进行了说明。通过增加新的 ID 标识来增加用于显示状态信息的指示器面板。状态栏显示的内容由数组 indicators 决定,需要在状态栏上显示的各指示器的标识符以及标识符的个数也由该数组决定。状态栏显示的内容是可以修改的。

MFC 应用程序的成员函数 CMainFrm::Oncreate()中通过调用 CStatusBar::Create()创

建状态栏，并调用函数 CStatusBar::SetIndicators()设置状态栏中的每个指示器面板。默认状态栏窗口的 ID 是 ID_View_STATUS_BAR。如果要在状态栏上显示信息，需要调用 CStatusBar 类的成员函数 SetPaneText()，而另一常用的成员函数 SetPaneInfo()可以一次改变一个指示器面板的 ID、风格和宽度。

例 11.5　在例 11.4 的基础上，在原状态栏四个窗格后面再增加一个窗格，并在该窗格中显示文本信息"计算机视觉研究室"。

设计说明：

① 要在状态栏上添加一个窗格，先在数组 indicators 后增加一项 ID_INDICATOR_INFOR，如下面数组 indicators 程序中阴影部分所示：

```
static UINT indicators[] =
{
    ID_SEPARATOR,
    ID_INDICATOR_CAPS,
    ID_INDICATOR_NUM,
    ID_INDICATOR_SCRL,
    ID_INDICATOR_INFOR,
};
```

② 选择项目工作区的 ResourceView 选项卡，展开 String Table 文件夹，双击 String Table，双击列表最左端的空白栏会弹出 String Properties 属性对话框，在 ID 下拉列表框中输入 ID_INDICATOR_INFOR，在 Caption 列表框中输入"信息显示"，如图 11－9 所示。

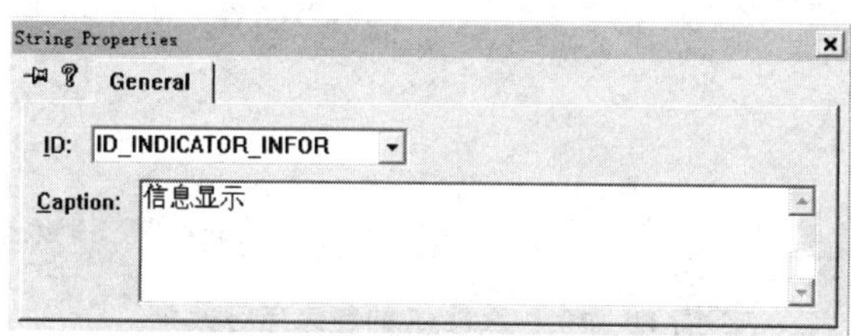

图 11－9　String Properties 属性对话框

③ 选择项目工作区的 ClassView 选项卡，展开 CMainFrame 类，双击 OnCreate()函数，在该函数体中添加如下面程序中阴影部分所示的代码：

```
int CMainFrame::OnCreate(LPCREATESTRUCT lpCreateStruct)
{
    if (CFrameWnd::OnCreate(lpCreateStruct) == -1)
        return -1;
    if (!m_wndToolBar.CreateEx(this, TBSTYLE_FLAT, WS_CHILD | WS_VISIBLE | CBRS_TOP
        | CBRS_GRIPPER | CBRS_TOOLTIPS | CBRS_FLYBY | CBRS_SIZE_DYNAMIC) ||
        !m_wndToolBar.LoadToolBar(IDR_MAINFRAME))
    {
        TRACE0("Failed to create toolbar\n");
        return -1;        // fail to create
    }
```

```
    if (!m_wndStatusBar.Create(this) ||
          !m_wndStatusBar.SetIndicators(indicators,
            sizeof(indicators)/sizeof(UINT)))
    {
        TRACE0("Failed to create status bar\n");
        return -1;      // fail to create
    }
    m_wndToolBar.EnableDocking(CBRS_ALIGN_ANY);
    EnableDocking(CBRS_ALIGN_ANY);
    DockControlBar(&m_wndToolBar);
CString str = "计算机视觉研究室";
CClientDC dc(this);
CSize sz = dc.GetTextExtent(str);
m_wndStatusBar.SetPaneInfo(4,ID_INDICATOR_INFOR,SBPS_NORMAL,sz.cx);
m_wndStatusBar.SetPaneText(4,str);
return 0;
}
```

运行程序,在原状态栏后面增加一个窗格,窗格内容显示"计算机视觉研究室",如图 11-10 所示。

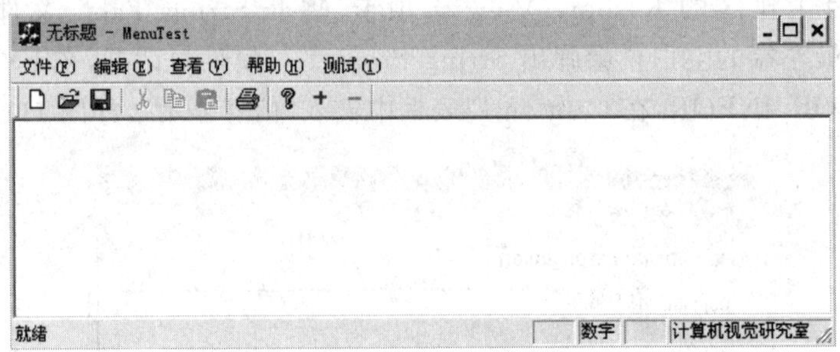

图 11-10　例 11.5 的程序运行效果

11.4　快捷键

除了菜单,快捷键也可以产生命令消息,使用键盘快捷键可以提高使用效率,并且由于快捷键总是与菜单项配合使用,所以不必为快捷键单独添加消息处理函数。

例 11.1 中虽然已为主菜单"测试"下的两个菜单项"显示文本"和"弹出信息框"设置了快捷键 Ctrl+T 和 Ctrl+I,但是还不能使用,现在来完成快捷键的功能。

例 11.6　在例 11.2 的基础上为主菜单"测试"下的两个菜单项"显示文本"和"弹出信息框"设置快捷键,当按下快捷键 Ctrl+T 在视图区显示"七彩前湖,美丽的家园",当按下快捷键 Ctrl+I 弹出信息框。

设计说明:

① 选择项目工作区的 ResourceView 选项卡,展开 Accelerator,双击 IDR_MAINFRAME,打开快捷键编辑器。双击快捷键列表底部的空白行出现快捷键属性对话框,如图 11-11 所示;

在 ID 下拉列表框中选择 ID_ShowTxt，在 Key 下拉列表框中输入 T，在 Modifiers 选项组中选择 Ctrl 作为快捷键的一部分，根据需要也可以选择 Alt 或 Shift，在 Type 选项组中选择 VirtKey（键名称），一般不使用 ASCII 值作为快捷键。

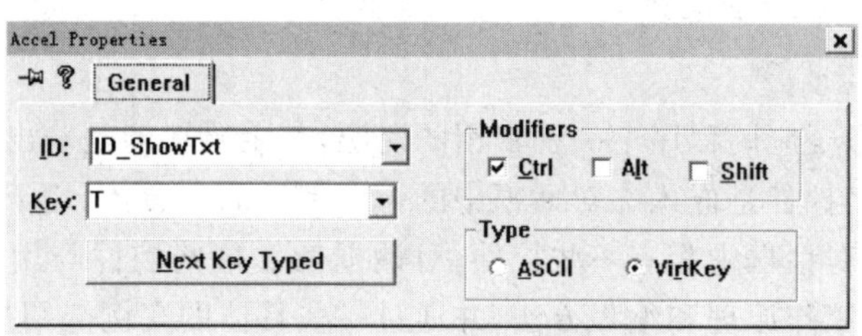

图 11-11　快捷键编辑器

② 按同样的方式为 ID_PopMsg 设置快捷键 Ctrl+I。

运行程序按快捷键 Ctrl+T 和 Ctrl+I，可以完成相关操作，其效果与单击菜单和工具栏上的工具按钮效果一样。

第 12 章　基于对话框的程序设计

对话框是 Windows 应用程序中一种常用的资源，其主要功能是输出信息和接收用户的输入数据。在对话框中，控件是嵌入在对话框中的一个特殊的小窗体，用于完成信息的输入和输出功能。通常在每个对话框中都有一些控件，对话框依靠这些控件与用户进行信息交互。本章主要介绍对话框的工作原理和编程方法，并通过一些具体的实例介绍控制的具体使用方法。

对话框是实现人机交互的一条重要途径，在实际使用过程中，控件常出现在对话框中，对话框通过控件来实现用户和计算机的交互。

12.1　对话框的类型

对话框分为模式对话框和非模式对话框两种。

1. 模式对话框

模式对话框也称为模态对话框，当一个模式对话框打开时，不允许用户在关闭对话框之前切换到应用程序的其他窗口，而只能与该对话框进行交互。大多数情况下使用的都是模式对话框。

2. 非模式对话框

非模式对话框与模式对话框恰恰相反，当用户打开一个非模式对话框，允许用户在该对话框与应用程序其他窗口之间的切换。最典型的是 Microsoft Word 中常用的查找和替换对话框。本书只讲述模式对话框的设计，非模式对话框的知识请参考其他相关书籍。

12.2　对话框设计

12.2.1　设计对话框资源

下面以一个简易计算器为例，介绍对话框设计的基本过程。

例 12.1　简易计算器，其界面如图 12－1 所示。

设计说明：

为了便于讲解后面的内容，按该简易计算器完成 0～100 以内的数的加、减、乘、除（这里是得到商）运算，其中标识为 C 的按钮完成清零功能，在 Num1 和 Num2 编辑框中输入两个要参与运算的数，在结果中显示运算的结果。

1. 创建对话框

使用 MFC AppWizard 创建一个基于对话框的应用程序，名称为 Calcu，其他为默认操作。当完成创建后，系统自动生成一个基本界面（包括一个“确定”按钮和一个“取消”按钮）对话框，如图 12－2 所示。可以移动、修改、删除这些控件，或者是增加新的控件到对话框模板，构成应用程序所需的对话框资源。

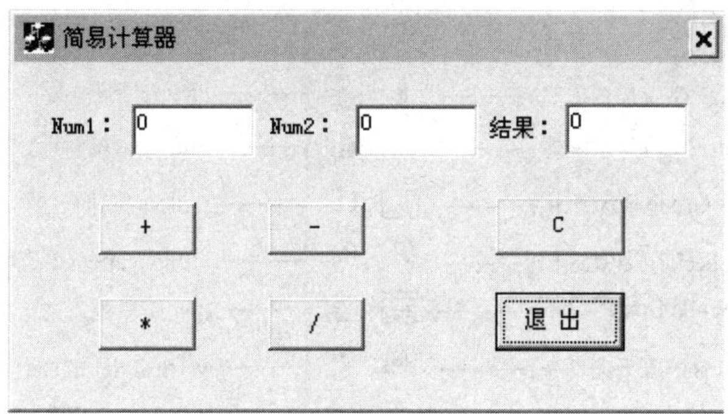

图 12 - 1　简易计算器操作界面

图 12 - 2　使用 MFC AppWizard 自动生成的对话框

2. 添加控件

控件能够放置在一个对话框中，提供应用程序与用户交互的某种功能。在一个对话框中添加控件的方法很简单，只需在控件工具栏中选中要增加的控制，再将此控件拖动到对话框模板中的确定位置，即添加了一个控件。

也可以在项目工作区右击资源 Dialog，从快捷菜单中选择 Insert Dialog 命令，就能直接插入一个通用的对话框资源。

在默认情况下，控件工具栏总是打开的，如果关闭，可以选择菜单项 Tools|Customize，在弹出的对话框中选择 Toolbars 标签，在 Toolbars 选项卡所列出的选项中选择 Controls，便可打开控件工具栏，如图 12 - 3 所示。

在这里把对话框设置成合适的大小，根据需要在对话框中合适的地方添加三个静态文本框（Static Text），三个编辑框（Edit Box），删除原来的“确定”按钮，保留原来的“取消”按钮，并添加五个按钮（Button）。

3. 设置控件属性

一个控件的相关属性设置决定了一个控件的可操作行为和显示效果。其中，控件的 ID 是控件的重要属性，MFC 以控件 ID 来标识一个控件。建议将控件的 ID 修改为与其功能相一致的名字。

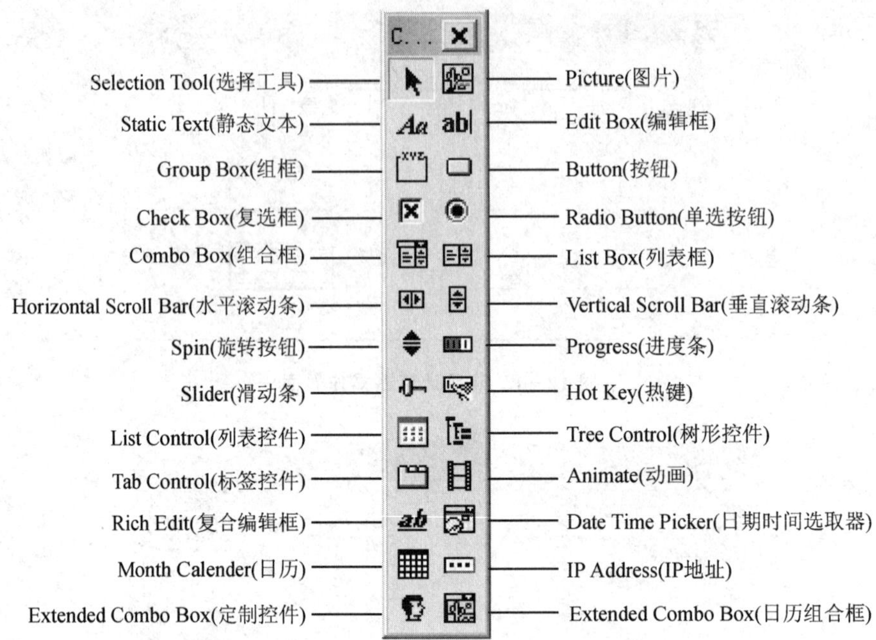

图 12－3　控件工具栏

属性的设置是在每个控件相对应的属性对话框中进行。右击，在弹出的快捷菜单中选择 Properties，打开“属性”对话框。每一种控件的属性对话框各有不同，都与其控件的特性紧密相关。

在这里将三个静态文本框属性对话框中的 Caption 项分别修改为 Num1、Num2 和结果，将五个 Button 属性对话框中的 Caption 项分别修改为“＋”，“－”，“＊”，“/”和“C”，并将其 ID 值分别修改为 IDC_Add，IDC_Sub，IDC_Mul，IDC_Div 和 IDC_Clr，修改 ID 后就能比较容易地通过 ID 值与对应的控件及其功能联系。

4. 组织和安排控件

组织和安排控件主要是指同时调整对话框中一个或多个控件的大小或位置，这样可以使程序界面更美观。排列控件有两种方法：一种方法是使用控件布局工具栏(一般位于 Visual C＋＋ IDE 的底端)，自动编排对话框中同时选定的多个控件；另一种方法是使用 Layout 菜单，当打开对话框编辑器时，Layout 菜单将出现在菜单栏上。

12.2.2　设计对话框类

一个对话框资源要加入到一个 Windows 应用程序中，首先要为它创建一个对话框类，即 CDialog 类的派生类。如果创建的是一个基于对话框的应用程序，则系统会自动为这个对话框创建一个类。如例 12.1 的简易计算器，系统自动为这个对话框创建了一个名为 CCalcuDlg 的类。但是，如果在该应用程序中再加入一个对话框，或者创建一个基于文档视图的应用程序，并在其中添加一个对话框，这时就要为该对话框创建一个对话框类。例如，在简易计算器这个项目中添加一个新的对话框，只要在项目工作区单击 ResourcesView 标签，右击资源 Dialog，从快捷菜单中选择 Insert Dialog 命令，就能直接插入一个通用的对话框资源，如图 12－4 所示。如果要对这个新的对话框进行调用或其他有效的操作，就要为该对话框设计一个类。

1. 创建对话框类

如果在对话框资源的非控件区域双击或按快捷键 Ctrl＋W，由于 ClassicWizard 类向导发现已添加了一个对话框资源，却没有设计其对应的类，则会弹出一个如图 12－5 所示的 Adding a Class 对话框，询问用户是否利用该对话框资源创建一个对话框类。

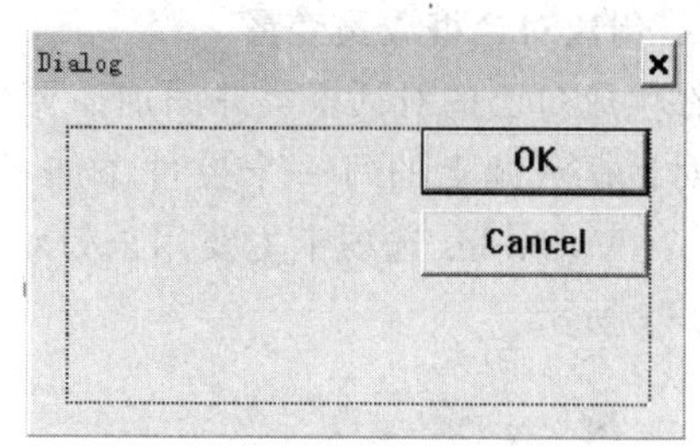

图 12－4　使用 Insert Dialog 命令生成的对话框

在 Adding a Class 对话框中单击 OK 按钮，弹出 New Class 对话框，如图 12－6 所示。其中 Name 文本框用于输入对话框类的名称。

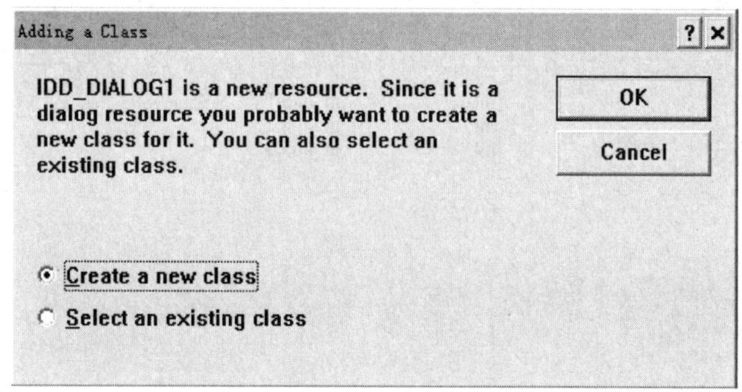

图 12－5　Adding a Class 对话框

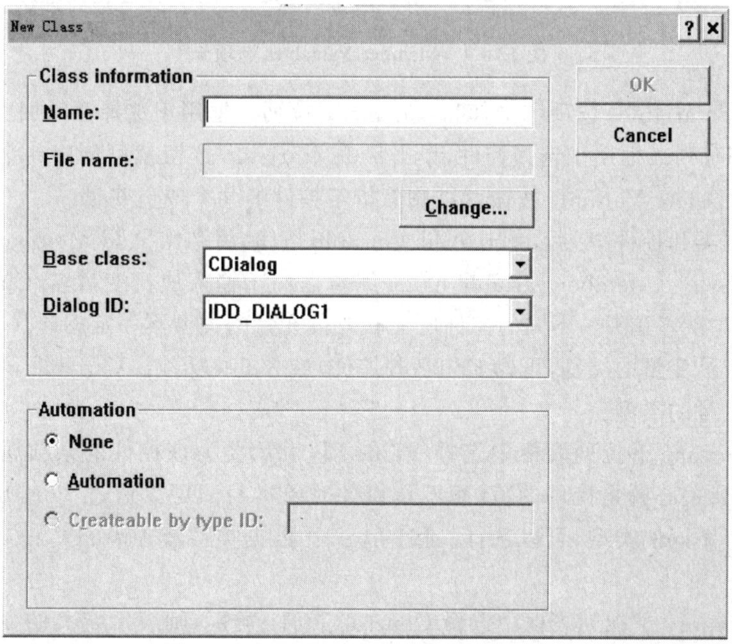

图 12－6　New Class 对话框

2. 创建对话框成员变量

在生成自己的对话框类并添加需要的控件后,可以利用 ClassWizard 类向导在对话框类中为对话框资源上的每一个控件添加一个或多个对应的成员变量。ClassWizard 类向导的 Member Variables 选项卡主要用来为对话框类添加和删除与对话框控件关联的成员变量,如图 12-7 所示。

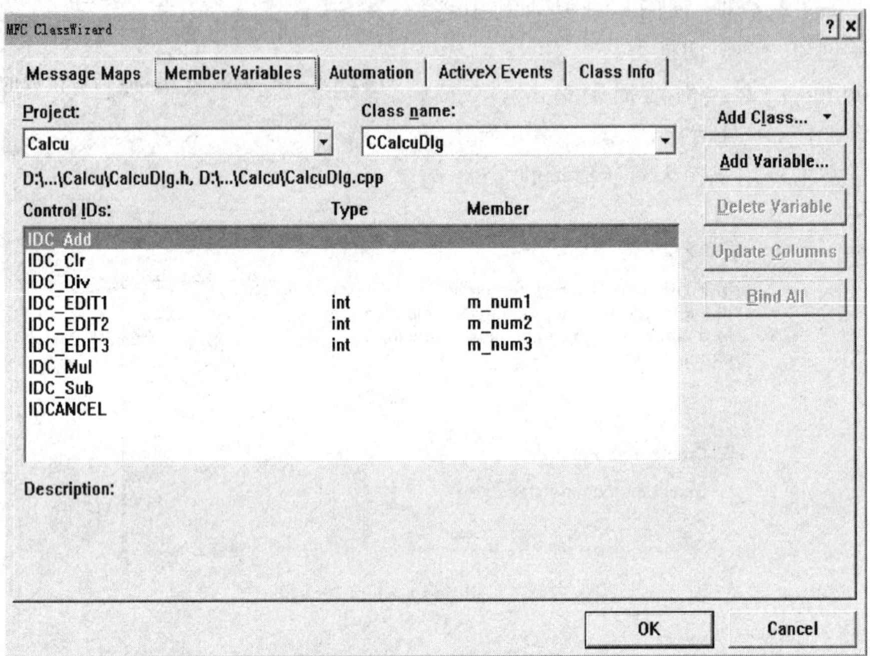

图 12-7　Member Variables 选项卡

在 Member Variables 选项卡中,Class name 下拉列表框用于选择要添加成员变量的对话框类;Control IDs 列表框用于选择控件,单击 Add Variable 按钮就可创建一个与控件关联的成员变量;单击 Delete Variable 按钮就可删除指定控件的某个成员变量。

选定对话框类和控件 ID 后,单击 Add Variable 按钮,将弹出 Add Member Variable 对话框,如图 12-8 所示。Member variable name 编辑框用于输入成员变量名,ClassWizard 类向导建议变量名以"m_"开头。不同的控件所关联成员变量的类型不一定相同,Category 下拉列表框用于选择成员变量的类别,可为 Control(控件)或 Value(值)。Variable type 下拉列表框用于选择成员变量的类型。

如果在 Category 下拉列表框中选择 Value 项,表示要为该控件的某项属性定义一个变量,意味着程序所关心的是控件的值,而不是控件对象本身。可以通过 Variable type 下拉列表框为变量选择不同的类型,可以选择一般的 C++数据类型或 Visual C++自定义的数据类型。

如果在 Category 下拉列表框中选择 Control(控件)类别,则表示定义的变量代表控件对象本身,Control 类别的对象实际上是一个控件对象,其类型是 MFC 控件类。对于按钮控件,此时成员变量的类型就是 CButton。如果需要,可以为一个控件同时定义一个 Value(值)类别的变量和一个 Control(控件)类别的变量。

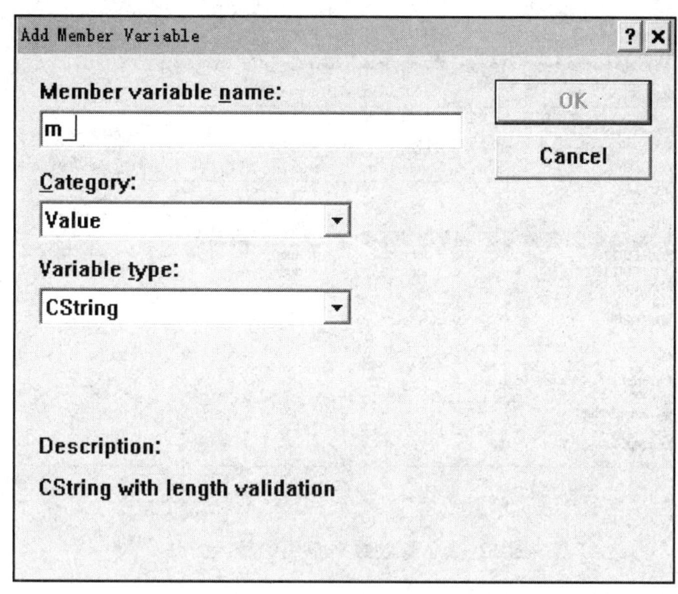

图 12-8　Add Member Variable 对话框

按照上面为控件关联成员变量的方法，为简易计算器的三个编辑框关联三个 Value(值)类别的 int 类型的成员变量 m_num1，m_num2，m_num3。

3. 对话框的数据交换和校验机制

对话框的 Value 类型的成员变量存储了与控件相对应的数据，对话框打开时，用户可以修改控件的数据，有时需要应用程序对用户的输入进行及时反馈，这时，成员变量需要与控件交换数据，以完成输入、输出以及数据的有效性检验等功能。

MFC 是依靠 CDataExchange 类提供的数据交换 DDX(Dialog Data exchange)机制和数据校验 DDV(Dialog Data Validation)机制完成成员变量与控件进行交互以及对数据的有效性进行检验的。

(1)数据交换机制

数据交换机制用来完成控件与对应成员变量之间的数据交换。具体使用时，可以用 UpdateData()函数来实现，其内部调用了 DoDataExchange 函数。Update()函数只有一个 bool 类型的参数，决定数据交换的方向说明如下：

- UpdateData(true)　将控件中的内容传送到对话框相应的成员变量。
- UpdateData(false)　将对话框成员变量值传送到控件中进行显示。

(2) 数据校验机制

数据校验机制用于对输入的数据的有效性进行检验，在为控件关联 Value 类别的成员变量时，可以指定有效的数值范围，如图 12-9 所示。其中，在 Minimum Value 编辑框中指定有效数据的最小值，在 Maximum Value 编辑框中指定有效数据的最大值。

运行程序时，如果输入的数据超过了有效范围，例如设置简易计算器输入数据的有效范围为 0～100，当数据不在这个范围时，如在这个简易计算器的 Num1 中输入 125，则 DDV 将弹出一个如图 12-10 所示的信息提示框进行提醒。

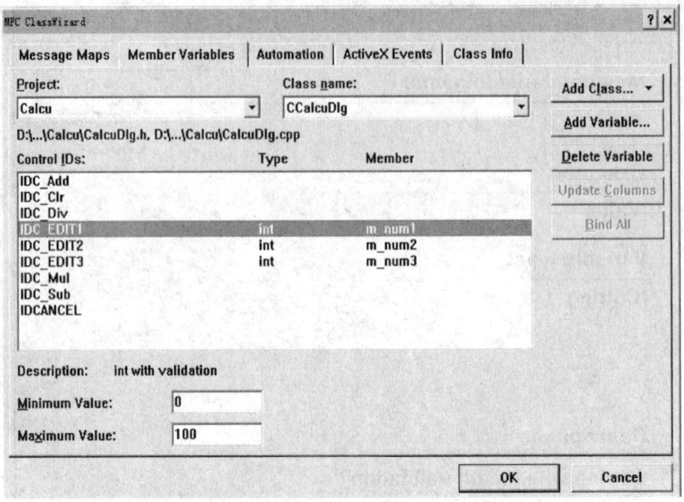

图 12－9　有效数据范围的输入方法

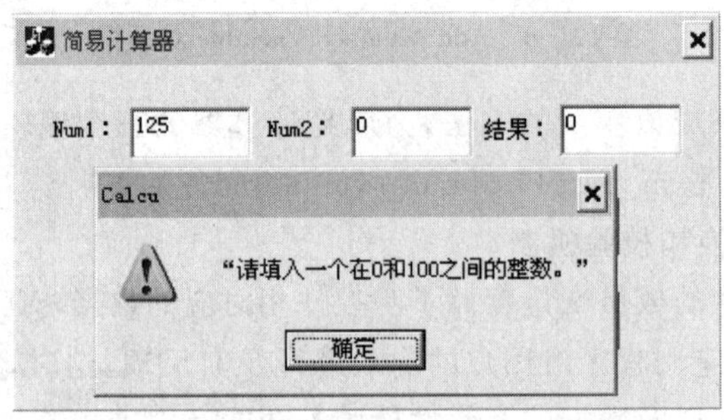

图 12－10　超过有效范围弹出的信息提示框

12.2.3　对话框的调用

如果系统使用 MFC AppWizard 应用程序向导自动生成了对话框，那么运行程序将显示自动生成的这个对话框。例如前面的简易计算器使用的 MFC AppWizard 自动生成了对话框，则程序运行后就显示这个对话框。

如果要调用的对话框不是系统默认生成的对话框，则首先要创建一个对话框的对象，然后调用 CDialog::DoModal()函数打开这个对话框。

DoModal()函数负责模式对话框的创建和撤销。在创建对话框时，DoModal()的任务包括装载对话框资源、调用 OnInitDialog()函数初始化对话框并将对话框显示在屏幕上。完成对话框的创建后，DoModal()启动一个消息循环，以响应用户的输入。这时，用户只能与该对话框进行交互，其他用户界面对象不能收到输入信息，只有终止该模式对话框才能进行其他工作。

若用户在对话框内单击了系统默认生成的 OK(确定)按钮，则将调用 CDialog::OnOK()函数。而 OnOK()函数首先调用 UpdateData(true)函数，将数据从对话框中的控件传递到成员变量中，然后调用 CDialog::EndDialog()关闭对话框，并返回值 IDOK。若用户在系统默认生成 Cancel(取消)按钮，则将调用 CDialog::OnCancel()函数，该函数只调用 CDialog::End-

Dialog()关闭对话框，并返回值 IDCANCEL。所以，用户可以根据返回值是 IDOK 还是 IDCANCEL 来判断用户到底单击了 OK(确定)按钮还是 Cancel(取消)按钮，这在程序设计中经常使用。

12.2.4　对话框控件消息及其消息映射

如果现在运行简易计算器的程序，出现的界面如图 12－1 所示。此时，输入两个有效的数据，按“+”,“—”,“*”,“/”,“C”按钮，此时还不能完成相应的加、减、乘、除和清零操作。这是因为还没有对这几个按钮建立消息映射，没有对这几个按钮编写消息处理程序。下面对这几个按钮建立消息映射，并完成消息处理程序的编写，实现它们各自的功能。

按快捷键 Ctrl+W 激活 ClassWizard，出现 MFC ClassWizard 对话框中，在 Class name 下拉列表框中选择 CCalcuDlg，在 Object IDs 列表框中选择“+”按钮的 ID 值 IDC_Add，在 Messages 列表框中选择 BN_CLICKED(单击按钮消息)，如图 12－11 所示然后单击 Add Function 按钮，完成消息映射，最后单击 Edit Code 将自动生成消息处理函数的函数体。

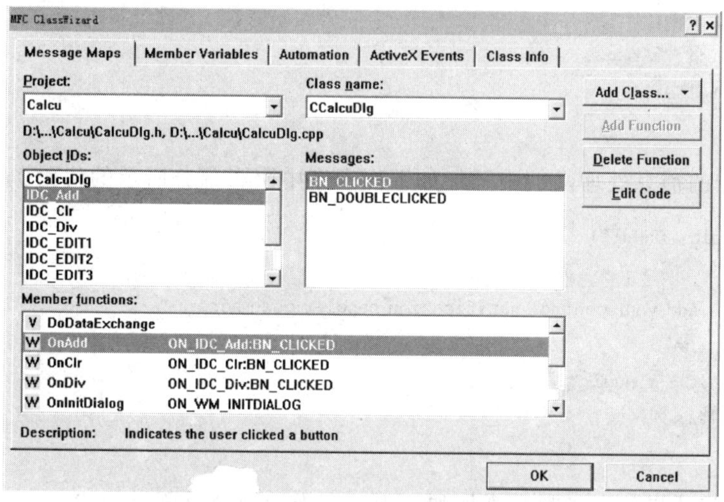

图 12－11　“+”按钮消息映射的设置

在生成的消息处理函数中添加如下面程序中阴影部分所示的代码，则可以完成“+”按钮的操作。

```
void CCalcuDlg::OnAdd()
{
    // TODO: Add your control notification handler code here
UpdateData(true);
m_num3 = m_num1 + m_num2;
UpdateData(false);
}
```

运行程序，在 Num1 和 Num2 编辑框中输入两个有效数字，单击“+”按钮，就可以完成对应的加法操作，如图 12－12 所示。

使用同样的方法完成“—”“*”“/”和“C”按钮的消息映射，并在相应的消息处理函数的函数体中添加所需的代码，就可以进行相应功能的操作了。

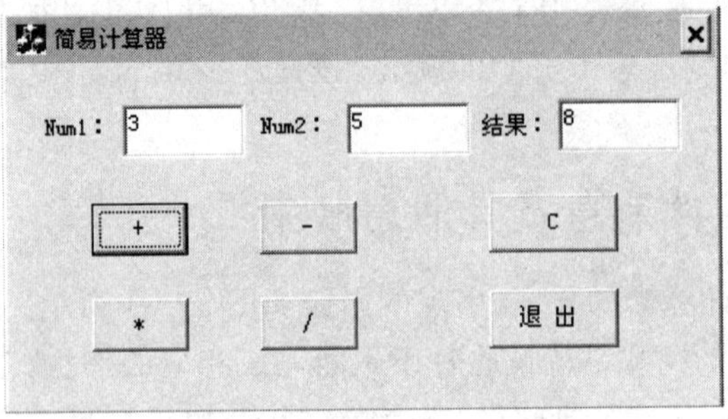

图 12-12 "+"按钮操作结果显示

在"-"按钮的消息处理函数中添加如下面程序中阴影部分所示的代码:

```
void CCalcuDlg::OnSub()
{
    // TODO: Add your control notification handler code here
UpdateData(true);
m_num3 = m_num1 - m_num2;
UpdateData(false);
}
```

在"*"按钮的消息处理函数中添加如下面程序中阴影部分所示的代码:

```
void CCalcuDlg::OnMul()
{
    // TODO: Add your control notification handler code here
UpdateData(true);
m_num3 = m_num1 * m_num2;
UpdateData(false);
}
```

在"/"按钮的消息处理函数中添加如下面程序中阴影部分所示的代码:

```
void CCalcuDlg::OnDiv()
{
    // TODO: Add your control notification handler code here
UpdateData(true);
m_num3 = m_num1/m_num2;
UpdateData(false);
}
```

在"C"按钮的消息处理函数中添加如下面程序中阴影部分所示的代码:

```
void CCalcuDlg::OnClr()
{
    // TODO: Add your control notification handler code here
m_num1 = m_num2 = m_num3 = 0;
UpdateData(false);
}
```

例 12.2　猜数字游戏。

设计说明：

启动程序出现游戏界面，如图 12-13 所示。单击“开始”按钮，系统会产生一个 0～999 之间的随机数，用户在“我猜”按钮左边的编辑框中输入一个 0～999 的整数，然后单击“我猜”按钮来进行猜数。

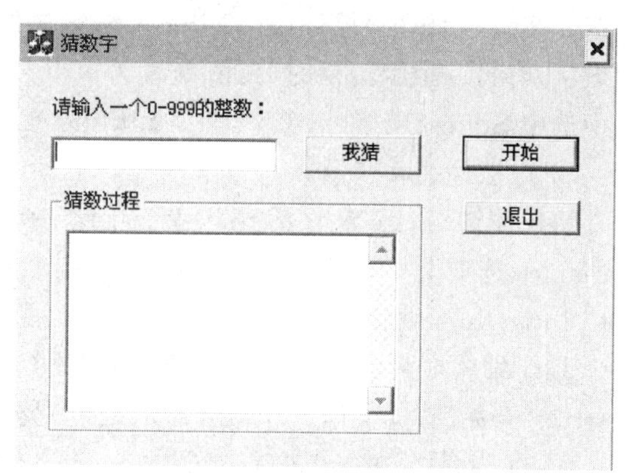

图 12-13　猜数字游戏程序启动界面

具体猜数规则是：如果用户输入的数字大于系统产生的随机数，则在下面的多行列表框中将显示“太大了”；如果用户输入的数字小于系统产生的随机数，则在下面的多行列表框中将显示“太小了”；如果输入的数字等于系统产生的随机数，则显示“恭喜猜中”。

注意：单击“开始”按钮后，“开始”按钮变成灰色（不可用），如果猜数不成功，则“开始”按钮处于灰色（不可用）状态（见图 12-14），直到猜数成功后，“开始”按钮才恢复到可用的状态，如图 12-15 所示。

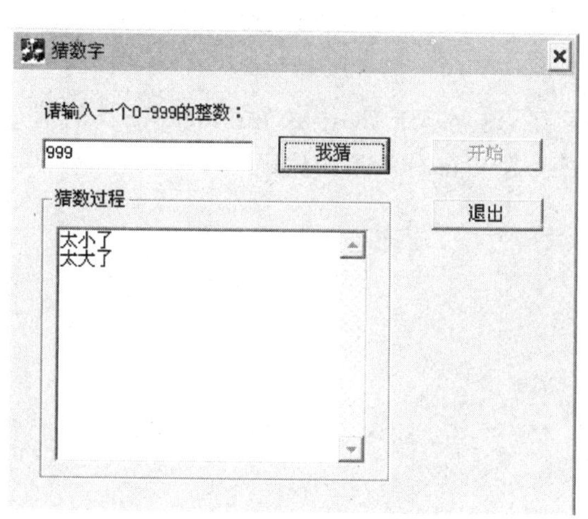

图 12-14　未猜中时的界面

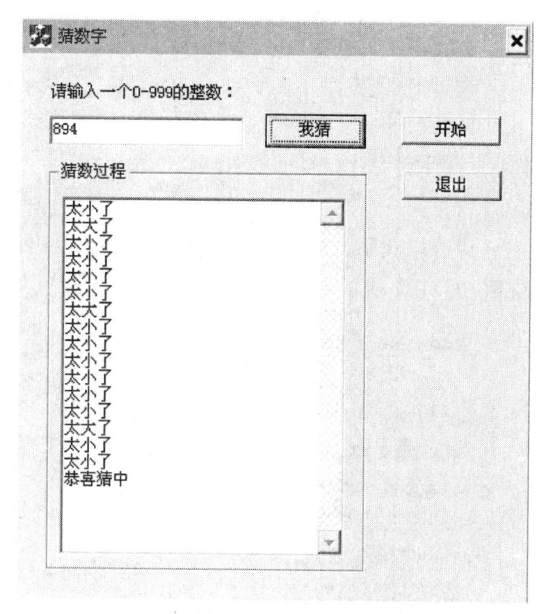

图 12-15　猜中后的界面

具体设计步骤如下：

① 创建一个基于对话框的应用程序，名称为 guess_num，其他为默认操作。

② 添加控件并设置控件属性。

在对话框上添加一个 Static Text（静态文本框）控件，修改其 Caption 属性为“请输入一个 0～999 的整数：”。添加一个 Group Box（组框）控件，修改其 Caption 属性为“猜数过程”。添加两个 Button（按钮）控件，其中将一个按钮的 ID 值修改为 ID_Guess，并修改其 Caption 属性为“我猜”，将另一个按钮的 ID 值修改为 ID_Start，并修改其 Caption 属性为“开始”。添加两个 Edit Box(编辑框)控件，将其中一个编辑框的 ID 值修改为 IDC_InputNum，用于输入要猜的数字，将另一个编辑框的 ID 值修改为 IDC_List，用来记录猜数过程，并且要在其属性对话框中选中 Styles(风格)选项卡，将 Multiline(多行)属性选中。

③ 为控件关联变量。

按快捷键 Ctrl+W 激活 ClassWizard，在弹出的 MFC ClassWizard 对话框中选择 Member Variables 选项卡中，在 Class name 下拉列表框中选择 CGuess_numberDlg 类，为 ID 值的 IDC_InputNum 编辑框关联一个 Value(值)类别的 int 类型的成员变量 m_num；为 ID 值的 IDC_List 编辑框关联一个 Value(值)类别的 CString 类型的成员变量 m_List；为 ID 值的 ID_Start 的"开始"按钮关联一个 Control(控件)类别 CButton 类型的成员变量 m_start。

④ 为 CGuess_numberDlg 类添加一个公有的 int 类型的变量 rnd。

⑤ 为"开始"按钮(ID_Start)建立基于 CGuess_numberDlg 类的消息映射，并在生成的消息处理函数中添加如下面程序中阴影部分所示的代码：

```
void CGuess_numberDlg::OnStart()
{
srand(time(NULL));
rnd = rand() % 1000;
m_start.EnableWindow(false);
m_list = "";
m_num = 0;
UpdateData(false);
}
```

⑥ 为"我猜"按钮(ID_Guess)添加消息处理程序，建立基于 CGuess_numberDlg 类的消息映射，并在生成的消息处理函数中添加如下面程序中阴影部分所示的代码：

```
void CGuess_numberDlg::OnGuess()
{
UpdateData(true);
CString str;
if(m_num>rnd)
str = "太大了";
else if(m_num<rnd)
str = "太小了";
else
{str = "恭喜猜中";
m_ok.EnableWindow(true);}
m_list = m_list + str + "\r\n";
UpdateData(false);
}
```

12.2.5　为对话框设计菜单

在使用 MFC AppWizard 向导创建基于文档/视图的应用程序时，向导会自动生成 Windows 标准的菜单资源。但是，在使用 MFC AppWizard 向导创建基于对话框的应用程序时，向导不会为默认的对话框产生菜单，因此在实际应用中，为了使程序有完善的帮助系统，或者为了使程序操作更加灵活，经常会为对话框设计菜单。

例 12.3　为例 12.2 的对话框设计菜单。

设计说明：

(1) 添加菜单资源

选择菜单 Insert|Resource，或者按快捷键 Ctrl+R，系统将弹出 Insert Resource 对话框，如图 12-16 所示。

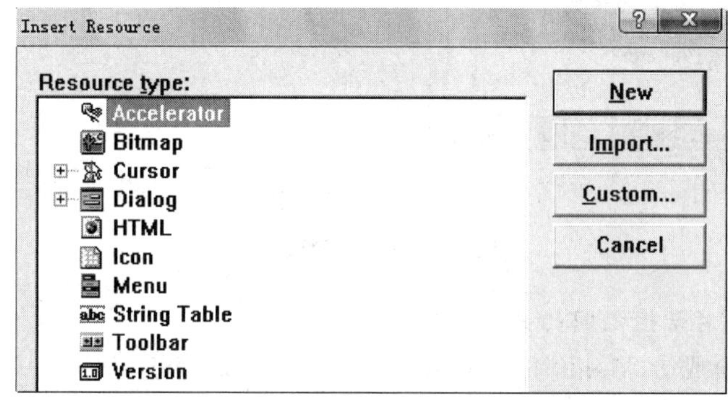

图 12-16　Insert Resource 对话框

单击 Menu 选项，然后单击 New 按钮，系统将在 ResourceView 中为工程增加菜单资源，展开 Menu 项，双击 IDR_MENU1，将出现菜单资源编辑器，如图 12-17 所示。

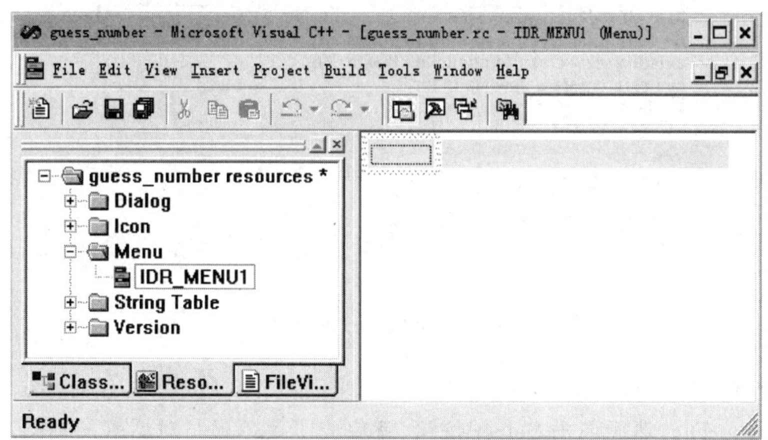

图 12-17　菜单资源编辑器

(2) 编辑菜单

可以在菜单编辑器上编辑菜单，此处菜单的编辑方法与前面所讲的菜单编辑方法完成一样，不再赘述。这里要设计主菜单“帮助”及两个子菜单“使用说明”和“版本信息”，如图 12-18 所示。

此时运行程序，对话框的界面上并没有出现菜单，这是什么原因呢？原因是此时菜单和对话框相互对立，并没有关联，还需要建立菜单和对话框的关联，使菜单作为对话框的一部分出现在对话框的上面。

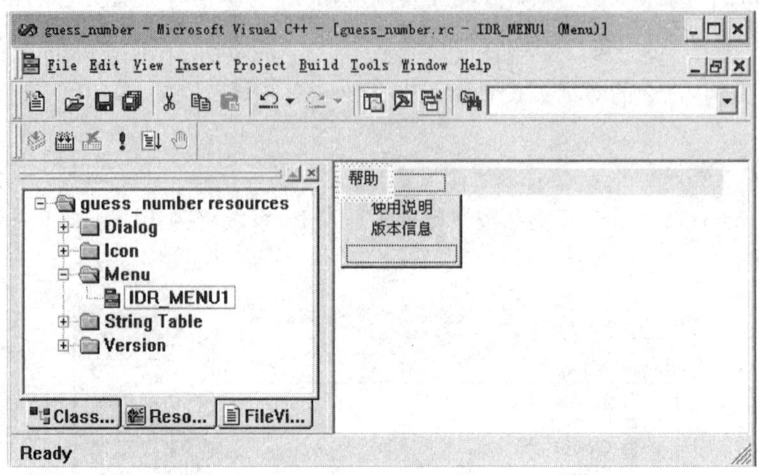

图 12 - 18 编辑菜单

(3) 建立菜单与对话框之间的关联

单击选择菜单项或者 Menu 下的 IDR_MENU1,按快捷键 Ctrl+W,将弹出 Adding a Class 对话框,如图 12 - 19 所示。这个对话框是提示用户为该菜单资源选择一个相关联的类,并且默认选择了 Select an existing class,此时不要更改。

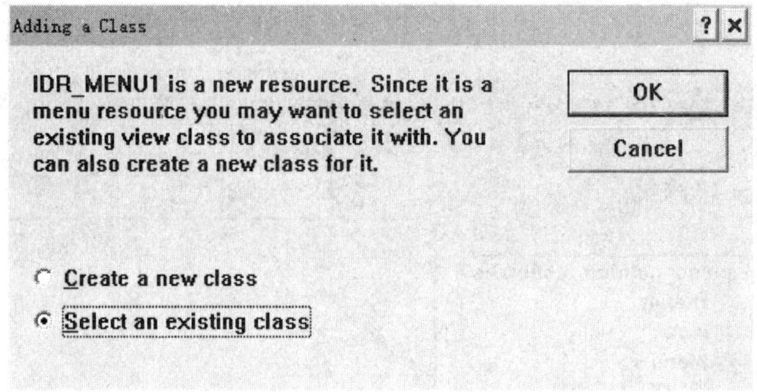

图 12 - 19 Adding a Class 对话框

单击 OK 按钮,将弹出 Select Class 对话框,如图 12 - 20 所示,在 Class list 类列表中,选择 CGuess_numberDlg,然后单击 Select 按钮,就完成了菜单项与对话框的关联。

此时,如果运行程序,对话框上还是不能出现菜单,这时还需要为对话框的属性进行相关设置。

(4) 设置对话框属性

在对话框的非控件区选中对话框右击,在弹出的属性对话框中选择 General 选项卡,在 Menu 下拉列表框中选择 IDR_MENU1,如图 12 - 21 所示。

运行程序,此时对话框上面出现了菜单项,如图 12 - 22 所示。

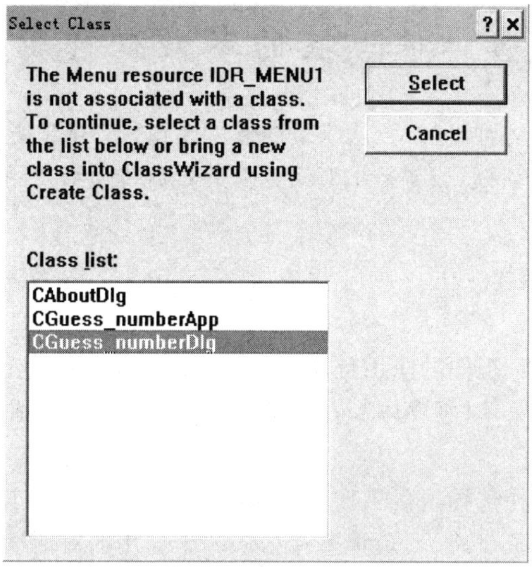

图 12 - 20　Select Class 对话框

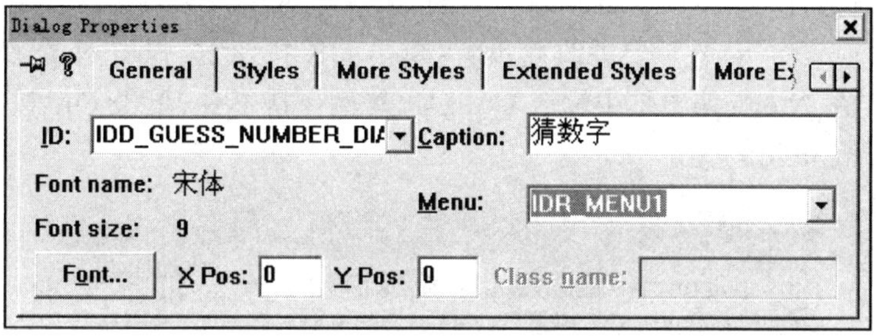

图 12 - 21　Menu 属性的设置

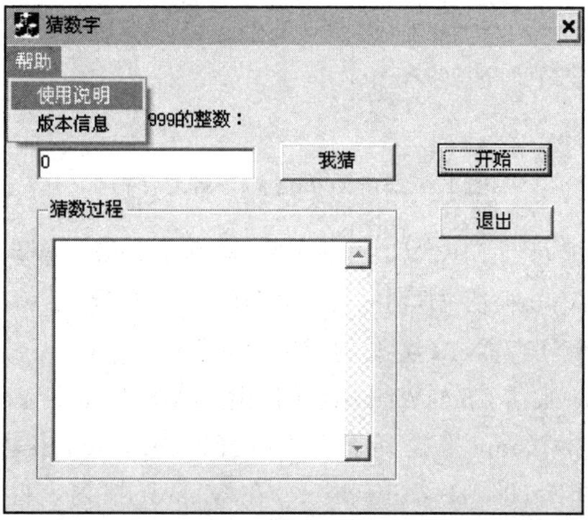

图 12 - 22　关联菜单的对话框

12.3 对话框的参数传递方法

在 VC 程序设计中,经常要把参数从一个地方传递到另一个地方,例如把一个对话框里输入的参数传递到另一个对话框,或者是把对话框里的参数传递给视图类,来控制显示图形的大小、颜色、线条和填充样式等。

例 12.4 指定半径画圆。

设计说明:

① 新建一个基于文档/视图的应用程序,名称为 draw_circle,其他为默认操作。

② 设计菜单:设计主菜单“画物体”,在主菜单下设计子菜单“画圆”,修改“画圆”项的 ID 值为 ID_DrawCircle。

③ 设计对话框资源:在选择项目工作区的 ResourceView 选项卡,选择 Dialog 项右击,在快捷菜单中选择 Insert Dialog 命令,就能直接插入一个通用的对话框资源,并在对话框中添加一个静态文本框和一个编辑框,设置静态文本框的 Caption 属性为“请输入圆的半径”。

④ 设计对话框类:在对话框资源的非控件区域双击或按快捷键 Ctrl+W,将弹出一个 Adding a Class 对话框,如图 12-23 所示。这时,系统提示用户为对话框设计一个新类,系统默认选中 Create a new class,不要更改此设置,单击 OK 按钮,会弹出 New Class 对话框,如图 12-24 所示。在 Name 编辑框中输入 CCircle,其他保持不变,单击 OK 按钮,则为对话框设计了一个名为 CCircle 的类。

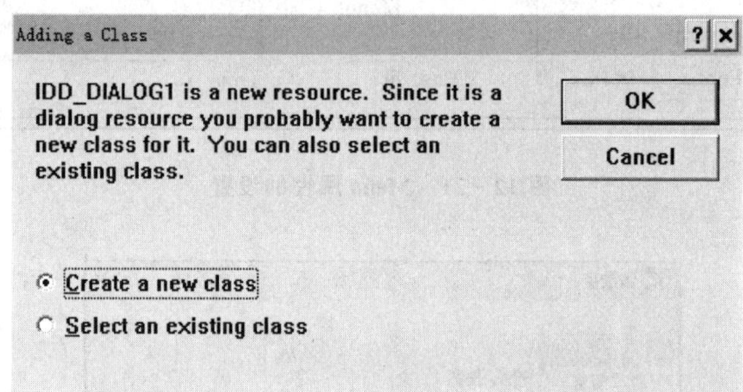

图 12-23 Adding a Class 对话框

单击 OK 按钮后,系统回到 MFC ClassWizard 对话框,此时选择 Member Variables 选项卡,并为编辑框关联一个 Value(值)类别的 int 类型的成员变量 m_radius。

⑤ 为视图类添加一个公有的 int 类型的成员变量 m_viewradius。

⑥ 按快捷键 Ctrl+W 激活 ClassWizard,在弹出的 MFC ClassWizard 对话框中选择 Message Maps 选项卡,在 Class name 下拉列表框中选择 CDraw_circleView,在 Object IDs 列表框中选择菜单项“画圆”的 ID,即 ID_DrawCircle,在 Messages 列表框中选择 COMMAND,建立消息映射,并在生成的消息处理函数的函数体中添加如下面程序中阴影部分所示的代码:

```
void CDraw_circleView::OnDrawCircle()
{
```

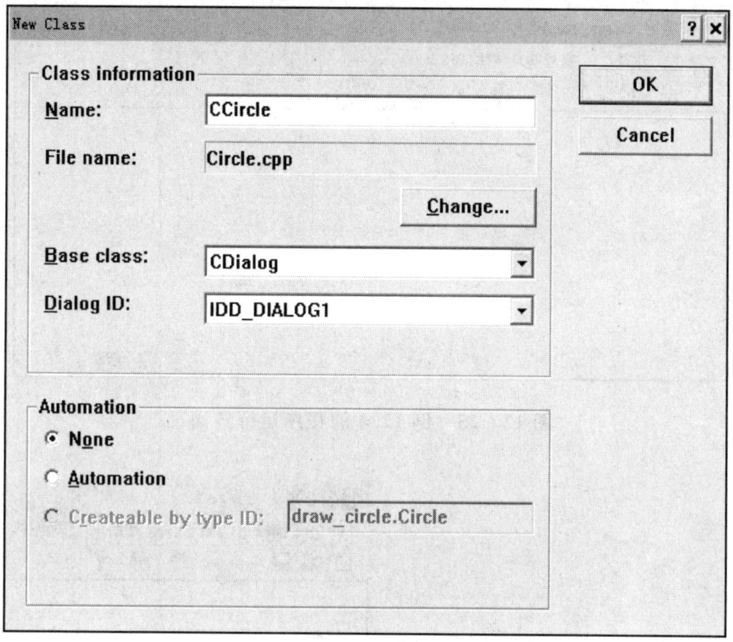

New Class

Class information
Name: CCircle
File name: Circle.cpp
Change...
Base class: CDialog
Dialog ID: IDD_DIALOG1
Automation
None
Automation
Createable by type ID: draw_circle.Circle
OK
Cancel

图 12-24　为对话框设计类

```
    // TODO: Add your command handler code here
CCircle c1;
if(c1.DoModal() == IDOK)
{
m_viewradius = c1.m_radius;
Invalidate();
}
}
```

⑦ 双击视图类的 OnDraw( )函数，在函数体中添加如下面程序中阴影部分所示的代码：

```
void CDraw_circleView::OnDraw(CDC * pDC)
{
    CDraw_circleDoc * pDoc = GetDocument();
    ASSERT_VALID(pDoc);
    // TODO: add draw code for native data here
        pDC->Ellipse(100,50,100 + m_viewradius,50 + m_viewradius);
}
```

⑧ 在 draw_circleView.cpp 文件的头部将 CCircle 类包含进来，具体方法如下：

```
#include "Circle.h"
```

运行程序，出现图 12-25 所示的对话框。选择菜单项"画物体"|"画圆"，出现如图 12-26 所示的对话框。在该对话框中的"请输入圆的半径"文本框中输入圆的半径，单击 OK 按钮，则该半径参数会传递给视图类，然后在视图区绘制该半径的圆，绘制结果如图 12-27 所示。

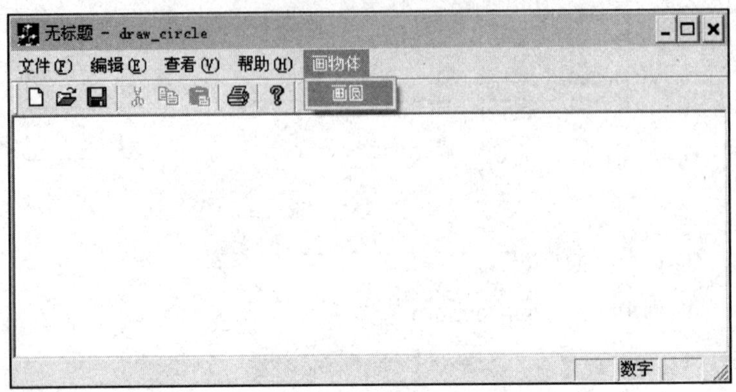

图 12-25 例 12.4 的程序运行界面

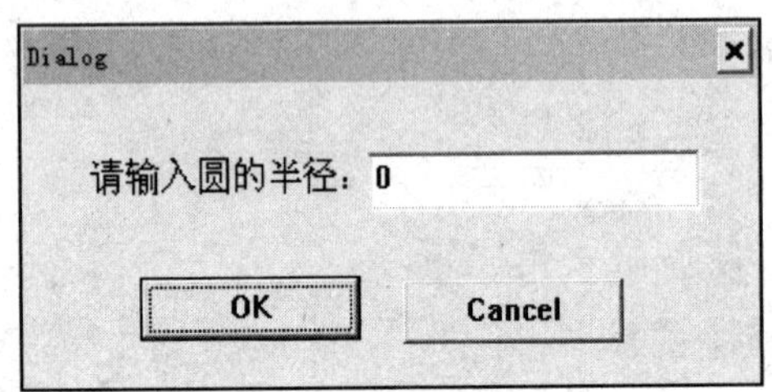

图 12-26 输入半径对话框

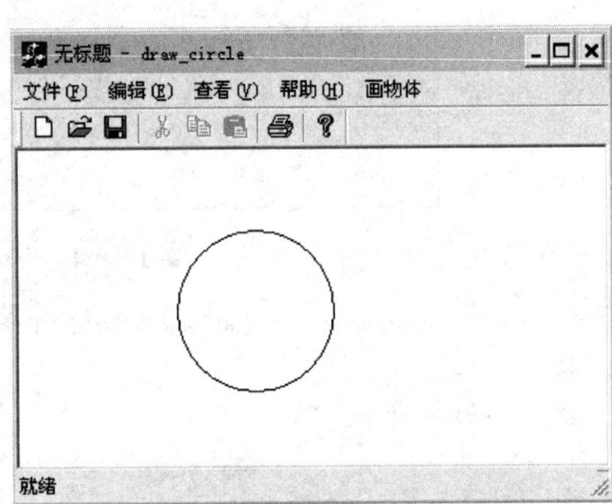

图 12-27 指定半径绘制的圆

第 13 章　定时器及其应用

在工程应用和软件开发中，定时器得到了广泛应用。在硬件系统设计中，可以利用定时器产生定时中断来实现信号的采集，波形信号的输出，等等。同样，在软件设计中，定时器也得到了广泛采用，例如动态显示的时间，飞翔移动的文字，很多简单动画的完成，游戏里面的计时等。本章通过几个实例，深入介绍定时器的特点、消息以及应用。

13.1　定时器函数和定时器消息

1. SetTimer( )函数

SetTimer()函数是定时器最重要的函数，其函数原型如下：

UINT SetTimer(UINT nIDEvent，UINT nElapse，void(CALLBACK EXPORT * lpfnTimer)(HWND，UINT ，UINT ，DWORD))

当使用 SetTimer()函数时，就会生成一个定时器。函数中，nIDEvent 指的是计时器的标识，也就是定时器 ID，当有多个定时器时，可以通过该 ID 判断是哪个定时器。nElapse 指的是时间间隔，单位为毫秒，也就是每隔多长时间触发一次定时器消息。第三个参数是一个回调函数，在这个函数里，放入想要做的事情的代码，可以将它设定为 NULL，也就是使用系统默认的回调函数，系统默认的是 OnTimer(UINT nIDEvent)函数。这个函数是怎么生成的呢？要在需要计时器的类中生成 OnTimer(UINT nIDEvent)函数(具体操作见 13.1.3 节)。

2. KillTimer( )函数

由于定时器是系统的资源，当使用完毕后要及时释放，以便于其他的应用程序使用，当不需要定时器的时候也要及时释放。释放定时器的方法很简单，只需要调用 KillTimer(nIDEvent)即可，例如 KillTimer(1)就可以释放定时器 1。

3. 定时器消息 WM_TIMER

WM_TIMER 消息是定时器消息，当用 SetTimer 来设置一个定时器时，假设设置的时间间隔是 1 s，那么就会每隔 1 s 触发一个 WM_TIMER 消息。在 ClassWizard 对话框中，选择需要定时器的类，添加 WM_TIMER 消息映射，就自动生成 OnTimer(UINT nIDEvent)函数了。然后向该函数体添加代码，就可以实现每隔 1 s 运行某段代码了。

13.2　定时器的应用

下面通过几个实例来介绍定时器的具体应用。

例 13.1　静态时间的显示。

设计说明：

① 设计基于对话框的应用程序，名称为 static_time，其他为默认操作。

② 为对话框添加一个 Static Text(静态文本框)控件，修改其 Caption 属性为“时间：”；添

加一个 Edit Box(编辑框)控件,并为这个控件关联一个 Value(值)类别为 CString 类型的成员变量 m_time。将 ID 值为 IDOK 按钮的 Caption 值修改为"显示时间",将 ID 值为 IDCANCEL 按钮的 Caption 值修改为"退出"。

③ 双击"显示时间"按钮建立消息映射,并在生成的消息处理函数中添加如下面程序中阴影部分所示的代码:

```
void CStatic_timeDlg::OnOK()
{
    // TODO: Add extra validation here
CTime curTime = CTime::GetCurrentTime();
m_time = curTime.Format("%H:%M:%S");
UpdateData(false);
}
```

运行程序,如图 13-1 所示,当单击"显示时间"按钮时,编辑框显示系统当前的时间,但是这个时间不能随时间动态改变。

如果要求显示的时间既要有时间信息,又要有日期信息,该怎么办呢? 办法很简单,只需要将上面程序中的代码

```
m_time = curTime.Format("%H:%M:%S");
```

修改为

```
m_time = curTime.Format("%Y-%m-%d %H:%M:%S");
```

修改后程序运行结果如图 13-2 所示。

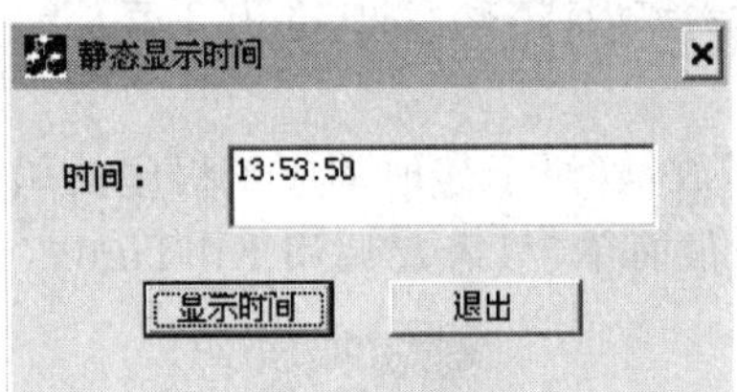

图 13-1　例 13.1 的程序运行结果

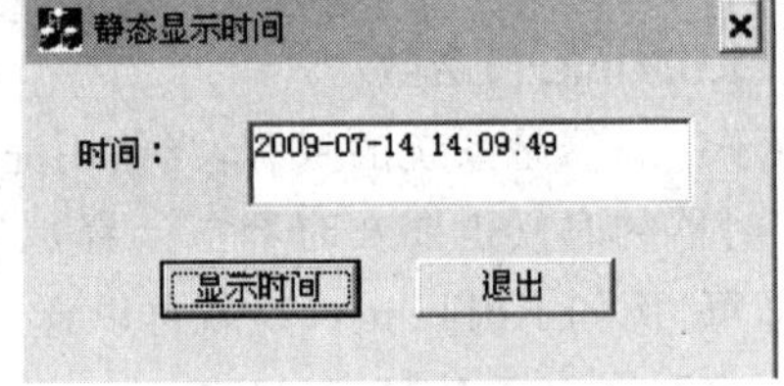

图 13-2　日期和时间的显示

例 13.2　动态显示时间。

设计说明:

① 设计基于对话框的应用程序,名称为 dynamic_time,其他为默认操作。

② 控件的添加和属性设置与例 13.1 完全一样。

③ 为"显示时间"按钮建立消息映射,并在生成的消息处理函数中添加如下面程序中阴影部分所示的代码:

```
void CDynamic_timeDlg::OnOK()
{
    // TODO: Add extra validation here
    SetTimer(1,1000,NULL);//启动定时器 1
}
```

④ 按快捷键 Ctrl+W 激活 ClassWizard,在弹出的 MFC ClassWizard 对话框中选择 Message Maps 选项卡,在 Class name 下拉列表框中选择 CDynamic_timeDlg,在 Messages 列表框中选择 WM_TIMER,为该消息建立消息映射,并在生成的消息处理函数中添加如下面程序中阴影部分所示的代码:

```
void CDynamic_timeDlg::OnTimer(UINT nIDEvent)
{
    // TODO: Add your message handler code here and/or call default
    CDialog::OnTimer(nIDEvent);
CTime curTime = CTime::GetCurrentTime();
m_time = curTime.Format("%H:%M:%S");
UpdateData(false);
    CDialog::OnTimer(nIDEvent);
}
```

⑤ 为"停止"按钮添加消息映射,并在生成的消息处理函数中添加如下面程序中阴影部分所示的代码:

```
void CClockDlg::OnButton1()
{
// TODO: Add your control notification handler code here
    KillTimer(1);//销毁定时器
    CDialog::OnCancel();
}
```

运行程序,单击"显示时间"按钮,则编辑框内会动态显示时间,如图 13-3 所示,虽然图中看不到动态的效果,但实际运行程序会看到动态效果。

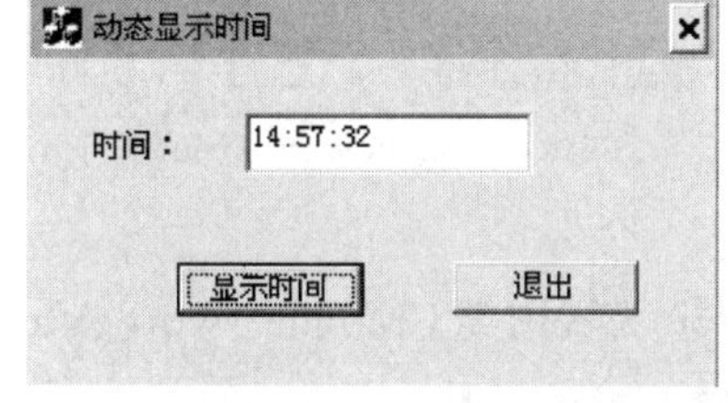

图 13-3　例 13.2 的程序运行界面 1303

例 13.3　移动的文字(左移)。

设计说明:

① 新建一个基于文档/视图的应用程序,名称为 moving_words,其他为默认操作。

② 为视图类 CMoving_wordsView 添加公有的 int 类型的成员变量 m_x,并在视图类 CMoving_wordsView 构造函数中添加如下面程序中阴影部分所示的代码,完成其初始化。

```
CMoving_wordsView::CMoving_wordsView()
{
    // TODO: add construction code here
    m_x = 500;
}
```

③ 按快捷键 Ctrl+W 激活 ClassWizard,在弹出的 MFC ClassWizard 对话框中选择 Message Maps 选项卡,在 Class name 下拉列表框中选择 CMoving_wordsView,在 Messages 列表框中选择 WM_CREATE,为该消息建立消息映射,并在生成的消息处理函数中添加如下面程序中阴影部分所示的代码:

```
int CMoving_wordsView::OnCreate(LPCREATESTRUCT lpCreateStruct)
{
    if (CView::OnCreate(lpCreateStruct) == -1)
        return -1;
    // TODO: Add your specialized creation code here
        SetTimer(1,50,NULL); //启动定时器 1
    return 0;
}
```

④ 按快捷键 Ctrl+W 激活 ClassWizard,在弹出的 MFC ClassWizard 对话框中选择 Message Maps 选项卡在 Class name 下拉列表框中选择 CMoving_wordsView,在 Messages 列表框中选择 WM_TIMER 消息,为该消息建立消息映射,并在生成的消息处理函数中添加如下面程序中阴影部分所示的代码:

```
void CMoving_wordsView::OnTimer(UINT nIDEvent)
{
    // TODO: Add your message handler code here and/or call default
m_x = m_x - 50;
if(m_x< -180)
{
CRect rect;
GetClientRect(rect);
m_x = rect.right;
}
Invalidate();
    CView::OnTimer(nIDEvent);
}
```

⑤ 为视图类 CMoving_wordsView 的 OnDraw()函数添加如下面程序中阴影部分所示的代码:

```
void CMoving_wordsView::OnDraw(CDC * pDC)
{
    CMoving_wordsDoc * pDoc = GetDocument();
    ASSERT_VALID(pDoc);
    // TODO: add draw code for native data here
CRect rect;
GetClientRect(rect);
CString str = "日新自强,知行合一";
pDC->TextOut(m_x,rect.bottom/2,str);
}
```

⑥ 按快捷键 Ctrl+W 激活 ClassWizard,在弹出的 MFC ClassWizard 对话框中选择 Message Maps 选项卡,在 Class name 下拉列表框中选择 CMoving_wordsView,在 Messages 列表框中选择 WM_DESTROY,为该消息建立消息映射,并在生成的消息处理函数中添加如下面

程序中阴影部分所示的代码：

```
Void Cmoving_wordsView::OnDestroy()
{
    Cview::OnDestroy();
    KillTimer(1);//销毁定时器
    // TODO: Add your message handler code here
}
```

运行程序，文字“日新自强，知行合一”在水平方向上从右向左移动，当文字从左端消失后，又从右端进入视图区，依次循环运行，如图 13-4 所示，虽然图上看不到动态的效果，但实际运行程序会看到动态效果。

图 13-4　例 13.3 的程序运行结果

如果要让文字从左向右移动，只需要将例 13.3 的第④步的程序 WM_TIMER 消息的消息处理函数的代码编写如下面程序中阴影部分所示的代码即可：

```
void CMoving_wordsView::OnTimer(UINT nIDEvent)
{
m_x = m_x + 10;//此处数据可以决定行进速度
CRect rect;
GetClientRect(rect);
if(m_x> = rect.right) m_x = -180;
Invalidate();
    CView::OnTimer(nIDEvent);
}
```

例 13.4　秒表。

设计说明：

① 新建一个基于对话框的应用程序，名称为 miaobiao，其他为默认操作。

② 为对话框类 CMiaobiaoDlg 添加三个公有的 int 类型的成员变量 h、m、s，并在 CMiaobiaoDlg 类的构造函数中初始化这三个成员变量，即令 h=m=s=0。

③ 为对话框添加一个 Static Text(静态文本框)控件，修改其 Caption 属性为“秒表计时:”；添加一个 Edit Box(编辑框)控件，并为这个控件关联一个 Value(值)类别为 CString 类型的成员变量 m_time。添加一个按钮(Button)控件，其 Caption 属性修改为“清零”，ID 值修改为 IDC_Clr，将 ID 值为 IDOK 按钮的 Caption 值修改为“开始”，将 ID 值为 IDCANCEL 按钮的 Caption 值修改为“退出”。

④ 按快捷键 Ctrl+W 激活 ClassWizard,在弹出的 MFC ClassWizard 对话框中选择 Message Maps 选项卡,在 Class name 下拉列表框中选择 CMiaobiaoDlg,在 Object IDs 列表框中选择 IDOK,在 Messages 列表框中选择 BN_CLICK,为该消息建立消息映射,并在生成的消息处理函数中添加如下面程序中阴影部分所示的代码:

```
void CMiaobiaoDlg::OnOK()
{
    // TODO: Add extra validation here
CString text;
GetDlgItem(IDOK)->GetWindowText(text);
if (text == "开始")
{
GetDlgItem(IDOK)->SetWindowText("停止");
SetTimer(1,1,NULL);
}
else
{
GetDlgItem(IDOK)->SetWindowText("开始");
KillTimer(1);
}
}
```

用同样的方法,为"清零"按钮建立消息映射,并在生成的消息处理函数中添加如下面程序中阴影部分所示的代码:

```
void CMiaobiaoDlg::OnButton1()
{
h = m = s = 0;
m_time = "00:00:00";
UpdateData(false);
}
```

用同样的方法,为"退出"按钮建立消息映射,并在生成的消息处理函数中添加如下面程序中阴影部分所示的代码:

```
void CMiaobiaoDlg::OnCancel()
{
    // TODO: Add extra cleanup here
    KillTimer(1);
    CDialog::OnCancel();
}
```

⑤ 按快捷键 Ctrl+W 激活 ClassWizard,在弹出的 MFC ClassWizard 对话框中选择 Message Maps 选项卡,在 Class name 下拉列表框中选择 CMiaobiaoDlg,在 Messages 列表框中选择 WM_TIMER 消息,为该消息建立消息映射,并在生成的消息处理函数中添加如下面程序中阴影部分所示的代码:

```
void CMiaobiaoDlg::OnTimer(UINT nIDEvent)
{
```

```
    // TODO: Add your message handler code here and/or call default
s = s + 1;
if(s == 60)
{
s = 0;
m = m + 1;}

if(m == 60)
{
m = 0;
h = h + 1;
}
CString str_s,str_m,str_h;
if(s<10)
str_s.Format("0 % d",s);
else
str_s.Format(" % d",s);
if(m<10)
str_m.Format("0 % d",m);
else
str_m.Format(" % d",m);
if(h<10)
str_h.Format("0 % d",h);
else
str_m.Format(" % d",m);
m_time = str_h + ":" + str_m + ":" + str_s;
UpdateData(false);
    CDialog::OnTimer(nIDEvent);
}
```

运行程序，出现如图 13－5 所示的初始化界面，编辑框显示“00:00:00”。单击“开始”按钮，开始计时，并且“开始”按钮上的文字变成“停止”，单击该按钮计时暂停，如图 13－6 所示，再次单击该按钮则在原来计时的基础上继续计时，单击“清零”按钮，则把上一次的计时清零。

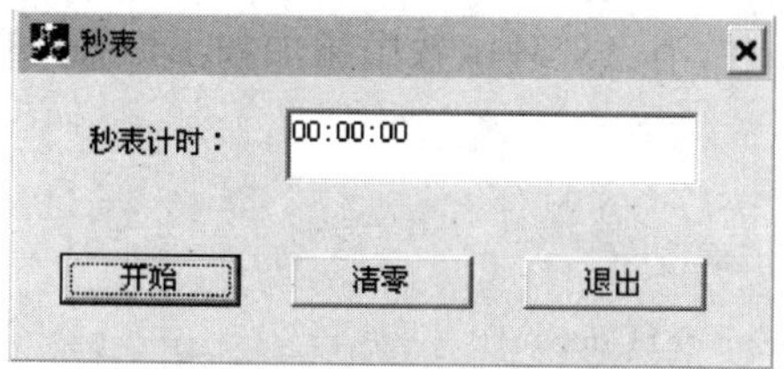

图 13－5　初始化界面

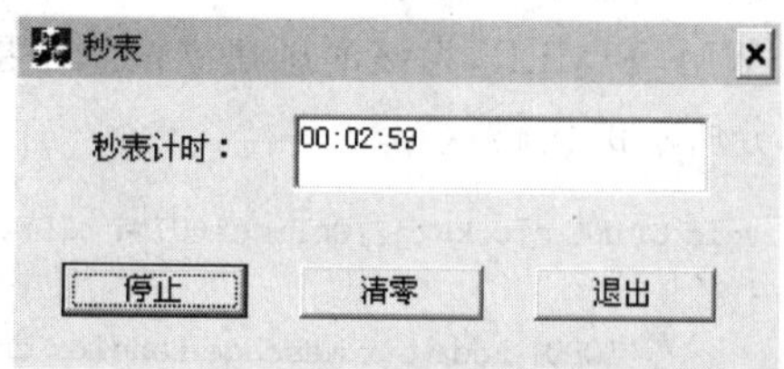

图 13－6　按开始按钮后的界面

例 13.5　定时闹钟。

设计说明：

① 新建一个基于文档/视图的应用程序，名称为 time_clock，其他为默认操作。

② 为对话框类 CTime_clockDlg 添加一个公有的 CString 类型的成员变量 m_time。

③ 为对话框添加一个 Group Box 控件,修改其 Caption 属性为“设置闹钟时间:”。添加四个 Static Text(静态文本框)控件,修改其 Caption 属性分别为“时:”,“分:”,“秒:”和“系统当前时间:”;并将 Caption 属性修改为“系统当前时间:”的那个静态文本框控件的 ID 修改为 IDC_STATIC1。添加三个 Edit Box 控件,并分别为这三个控件关联 Value(值)类别为 int 类型的成员变量 m_hour,m_minute 和 m_second。将 ID 值为 IDOK 按钮的 Caption 值修改为“启动”,将 ID 值为 IDCANCEL 按钮的 Caption 值修改为“退出”。

④ 按快捷键 Ctrl+W 激活 ClassWizard,在弹出的 MFC ClassWizard 对话框中选择 Message Maps 选项卡,在 Class name 下拉列表框中选择 CTime_clockDlg,在 Messages 列表框中选择 WM_CREATE,为该消息建立消息映射,并在生成的消息处理函数中添加如下面程序中阴影部分所示的代码:

```
int CTime_clockDlg::OnCreate(LPCREATESTRUCT lpCreateStruct)
{
    if (CDialog::OnCreate(lpCreateStruct) == -1)
        return -1;
    // TODO: Add your specialized creation code here
    SetTimer(1,1000,NULL);
    return 0;
}
```

⑤ 按快捷键 Ctrl+W 激活 ClassWizard,在弹出的 MFC ClassWizard 对话框中选择 Message Maps 选项卡,在 Class name 下拉列表框中选择 CTime_clockDlg,在 Object IDs 列表框中选择 IDOK,在 Messages 列表框中选择 BN_CLICK,为“启动”按钮建立该消息的消息映射,并在生成的消息处理函数中添加如下面程序中阴影部分所示的代码:

```
void CTime_clockDlg::OnOK()
{
    // TODO: Add extra validation here
    UpdateData(true);
}
```

⑥ 按快捷键 Ctrl+W 激活 ClassWizard,在弹出的 MFC ClassWizard 对话框中选择 Message Maps 选项卡,在 Class name 下拉列表框中选择 CTime_clockDlg,在 Messages 列表框中选择 WM_TIMER,为该消息建立消息映射,并在生成的消息处理函数中添加如下面程序中阴影部分所示的代码:

```
void CTime_clockDlg::OnTimer(UINT nIDEvent)
{
    // TODO: Add your message handler code here and/or call default
CTime curTime = CTime::GetCurrentTime();
m_time = curTime.Format("%H:%M:%S");
m_time = "系统当前时间:" + m_time;
SetDlgItemText(IDC_STATIC1,m_time);
if((m_hour == curTime.GetHour())&&(m_minute == curTime.GetMinute())&&
(m_second == curTime.GetSecond()))
{
sndPlaySound("打呼噜.wav",SND_ASYNC);  //播放音频文件
```

```
    MessageBox("定时时间到","闹钟",MB_ICONINFORMATION);
    }
        CDialog::OnTimer(nIDEvent);
    }
```

⑦ 按快捷键 Ctrl＋W 激活 ClassWizard，在弹出的 MFC ClassWizard 对话框中选择 Message Maps 选项卡，在 Class name 下拉列表框中选择 CTime_clockDlg，在 Object IDs 列表框中选择 IDCANCEL，在 Messages 列表框中选择 BN_CLICK，为"退出"按钮建立该消息的消息映射，并在生成的消息处理函数中添加如下面程序中阴影部分所示的代码：

```
void CTime_clockDlg::OnDestroy()
{
    KillTimer(1);
    CDialog::OnDestroy();
    // TODO: Add your message handler code here
}
```

要完成上面音频文件的播放，必须在 time_clockDlg.cpp 的头文件中包含以下库文件：

```
#include "mmsystem.h"
#pragma comment(lib,"WINMM.LIB")
```

运行程序，出现如图 13－7 所示的界面，在下面的静态文本框中动态显示系统当前时间，在三个编辑框中分别输入时、分、秒，完成闹铃时间的设定，然后单击"启动"按钮，启动闹铃工作，当系统时间与设置的闹铃时间一致时，播放音频文件，并弹出一个信息提示框，进行提醒，如图 13－8 所示。

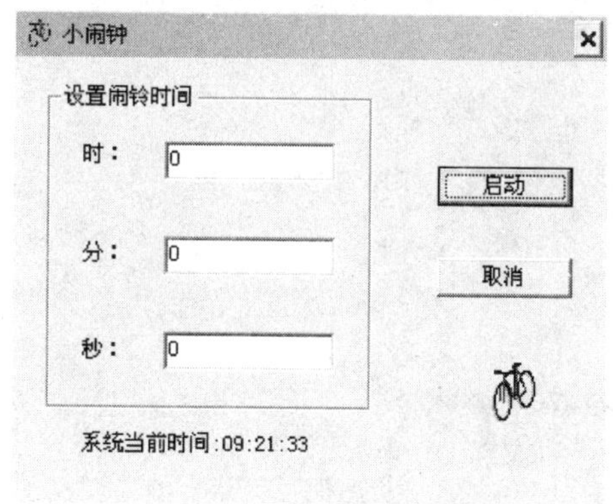

图 13－7　例 13.5 的程序初始界面

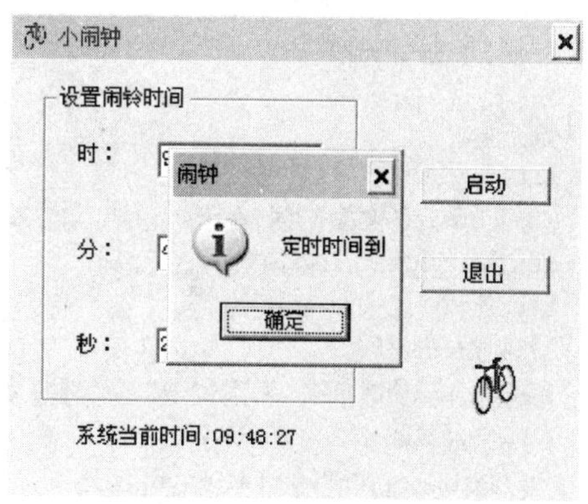

图 13－8　定时时间到提醒界面

例 13.6　倒计时猜数字。

设计说明：

在例 12.2 中讲解了一个"猜数字"游戏的设计方法，在该程序里没有游戏时间的限制。在实际游戏程序中，一般都限制游戏的时间，那么在程序设计中如何加入时间限制呢？例如在例 12.2 的基础上加一个 60 s 的时间限制，如果 60 s 内还没有完成，则此次游戏结束。下面来完成带时间限制的倒计时猜数字游戏的设计。在例 12.2 程序的基础上只要做简单的修改即可完成。

具体修改如下：

① 在原对话框资源的基础上再添加一个 Static Text(静态文本框)控件，将其 ID 修改为 IDC_STATIC1，并将 Caption 属性修改为“剩余时间：”。

② 再为对话框类 CGuess_numberDlg 添加成员变量 t，并在 CGuess_numberDlg 类的构造函数中初始化 t=60。

③ 在原来程序的基础上，为“开始”按钮添加如下面程序中阴影部分所示的代码：

```
void CGuess_numberDlg::OnOK()
{
    // TODO: Add extra validation here
    srand(time(NULL));
    rnd = rand() % 1000;
    m_ok.EnableWindow(false);
    SetTimer(1,1000,NULL);
    t = 60;
    m_list = "";
    m_num = 0;
    UpdateData(false);
}
```

④ 按快捷键 Ctrl+W 激活 ClassWizard，在弹出的 MFC ClassWizard 对话框中选择 Message Maps 选项卡，在 Class name 下拉列表框中选择 CGuess_numberDlg，在 Messages 列表框中选择 WM_TIMER，为该消息建立消息映射，并在生成的消息处理函数中添加如下面程序中阴影部分所示的代码：

```
void CGuess_numberDlg::OnTimer(UINT nIDEvent)
{
t--;
CString str;
str.Format("剩余时间：%d",t);
SetDlgItemText(IDC_STATIC1,str);
if(t == 0)
{KillTimer(1);
MessageBox("时间到,下次再来","游戏提示", MB_ICONEXCLAMATION);
m_ok.EnableWindow(true);}
    CDialog::OnTimer(nIDEvent);
}
```

运行程序，单击“开始”按钮，“开始”按钮变成灰色不可用状态，定时器开始计时，其上面的静态文本框显示剩余的时间，如图 13-9 所示。如果在 60 秒内还没有猜中正确的数字，则游戏结束，并弹出一个信息提示框，如图 13-10 所示。单击信息提示框的“确定”按钮，则此次游戏结束，并清空猜数过程中的记录，“开始”按钮重新变成有效可用状态。

例 13.7　设计程序在视图区内的动态并画正弦曲线。

设计说明：

① 新建一个基于文档/视图的应用程序，名称为 DrawSin，其他为默认操作。

② 为视图类 CDrawSinView 添加公有的 double 类型的成员变量 x，y，并在视图类

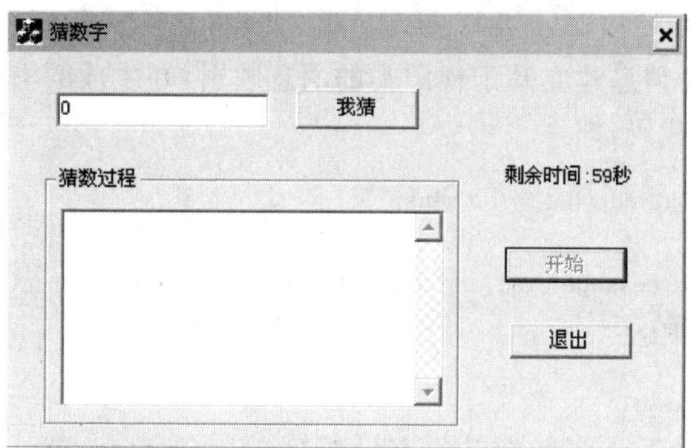

图 13－9　单击“开始”按钮后的计时界面

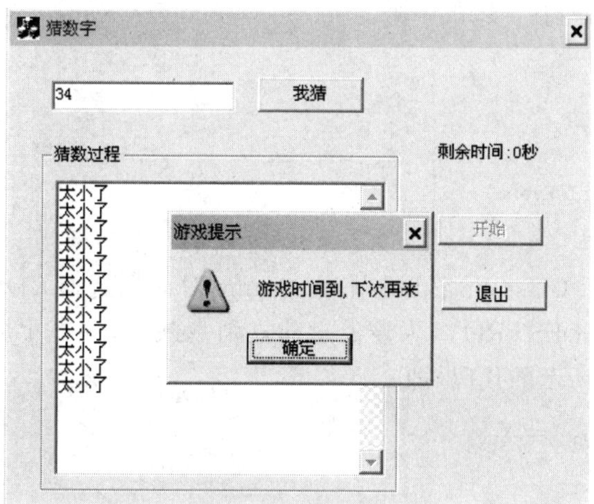

图 13－10　游戏时间结束后弹出的信息提示框

CDrawSinView 构造函数中添加如下程序中阴影部分所示的代码以完成其初始化，即

```
CDrawSinView::CDrawSinView()
{
    // TODO: add construction code here
    x = 0.0;
}
```

③ 按 Ctrl＋W 激活 ClassWizard，在 Class name 对话框选择 CDrawSinView，在 Messages 对话框中选择 WM_CREATE，为该消息建立消息映射，并在生成的消息处理函数中添加如下程序中阴影部分所示的代码，即

```
int CDrawSinView::OnCreate(LPCREATESTRUCT lpCreateStruct)
{
    if (CView::OnCreate(lpCreateStruct) = = -1)
        return -1;
    // TODO: Add your specialized creation code here
    SetTimer(1,1,NULL);
    return 0;
```

```
}
```

④ 为 WM_TIMER 消息建立基于视图类的消息映射,在生成的消息处理函数的函数体中添加如阴影部分所示的代码,即

```
void CDrawSinView::OnTimer(UINT nIDEvent)
{
    // TODO: Add your message handler code here and/or call default
    CClientDC dc(this);
    CRect rect;
    GetClientRect(rect);
    dc.MoveTo(x,rect.bottom/2 - 200 * sin(4 * 3.14 * x/rect.right));
    x = x + 1;
    dc.LineTo(x,rect.bottom/2 - 200 * sin(4 * 3.14 * x/rect.right));
    if(x> = rect.right)
    {
        x = 0;
        Invalidate();
    }
    CView::OnTimer(nIDEvent);
}
```

⑤ 按 Ctrl+W 激活 ClassWizard,在 Class name 对话框选择 CDrawSinView,在 Messages 对话框中选择 WM_DESTROY,为该消息建立消息映射,并在生成的消息处理函数中添加如下程序中阴影部分所示的代码,即

```
void CDrawSinView::OnDestroy()
{
    CView::OnDestroy();
    // TODO: Add your message handler code here
    KillTimer(1);//销毁定时器
}
```

运行程序,其结果如图 13-11 所示。

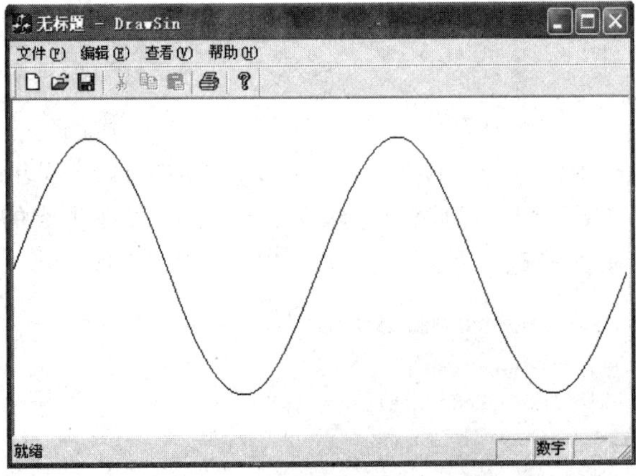

图 13-11　例 13.7 运行结果

第 14 章　Windows 标准控件

Windows 提供的控件分为两类：标准控件和公共控件。标准控件包括静态控件、编辑框、按钮、列表框和组合框等，利用标准控件可以满足大部分用户界面程序设计的要求，如编辑框用于输入用户数据，复选框按钮用于选择不同的选项，列表框用于选择输入的信息。此外，Windows 还提供了一些通用的公共控件，如滑块、进度条、列表视控件、树形控件和标签控件等，以实现应用程序用户界面风格的多样性。

14.1　控件概述

控件是 Windows 提供的完成特定功能的独立小部件，它使应用程序对话功能的设计更容易完成。控件作为程序与用户之间的一个友好的接口，在对话框与用户的交互过程中担任主要角色，用于完成用户的输入和程序运行过程中的输出功能。

控件对应一个 CWnd 派生类的对象，它实际上也是一个窗口。作为窗口，控件与其他窗口一样具有窗口的一般功能和窗口的通用属性，可以通过调用窗口类的成员函数如 MoveWindow()、ShowWindow()、EnableWindow()等窗口管理函数实现控件的移动、显示或隐藏、禁用或可用等操作，也可以重新设置它们的尺寸和风格等属性。

为了在 MFC 应用程序中使用控件，MFC 以类的形式对标准控件和公共控件进行了封装。表 14－1 列出了 MFC 中主要的控件类，这些类大部分是从 CWnd 类直接派生而来，可以利用 MFC 控件类提供的成员函数对控件进行管理和操作。

表 14－1　常用的 MFC 控件类

MFC 类	控　件	MFC 类	控　件
CStatic	静态文本、图片控件	CTreeCtrl	树式控件
CEdit	编辑框	CTabCtrl	标签
CButton	按钮、复选框、单选按钮、组框	CAnimateCtrl	动画控件
CComboBox	组合框	CRichEditCtrl	复合编辑框
CListBox	列表框	CDateTimeCtrl	日期、时间选取器
CScrollNar	滚动条	CMonthCalCtrl	日历
CSpinButtonCtrl	旋转按钮	CComboBoxEx	扩展组合框
CProgressCtrl	进度条	CStatusBarCtrl	状态条控件
CSliderCtrl	滑块	CToolBarCtrl	工具条控件
CListCtrl	列表式控件	CImageList	图像列表

用户对控件的操作将引发控件事件，Windows 产生对应的控件通知 Notification 消息，消息由其父窗口（如对话框）接收并处理。标准控件发送 WM_COMMAND 控件通知消息，公共

控件一般发送WM_NOTIFY控件通知消息,有时也发送WM_COMMAND消息。通过WM_COMMAND消息参数标识发送消息的控件和具体的事件,消息参数中包含了控件的ID标识和通知码(如BN_CLICKED单击按钮事件)。控件通知码前缀最后一个字母为N,如EN_UPDATE(编辑框刷新)、CBN_SETFOCUS(组合框得到焦点)。

在进行控件消息处理的编程时,MFC为程序员提供了很大的帮助。程序员不必关心消息具体的发送和接收情况,只需利用ClassWizard类向导将控件映射到成员变量,将控件消息映射到成员函数,然后编写具体的处理代码。

控件在程序中可作为对话框控件或独立的窗口两种形式存在,因此控件的创建方法也有两种:一种方法是在对话框控件模板资源中指定控件,这样当应用程序创建对话框时,Windows就会为对话框创建控件,编程时一般都采用这种方法。另一种方法是通过调用MFC控件类的成员函数Create()创建控件,也可以调用API函数CreateWindow()或CreateWindowEx()创建控件,这时必须指定控件的窗口类。控件属于某个窗口类,这个窗口类可以在应用程序中定义并注册,但一般使用Windows系统的自定义窗口类,如名为BUTTON,COMOBOX,EDIT,LISTBOX,SCROLLBAR和STATIC的窗口类。

控件一般用于对话框中,但也可以用于其他窗口,如在程序视图窗口中显示控件。这时,需要首先声明一个MFC控件类的对象,然后调用Create()函数和其他成员函数显示控件和设置控件属性。编程时经常在CFromView视图中使用控件。

14.1.1 控件的组织

创建对话框资源后,需要利用对话框编辑器和Controls控件工具栏进行控件的添加、删除和编辑。同时,为了使对话框界面美观和控件布局合理,需要对控件进行重新编排。这些控件的组织工作都采用了可视化的操作方式,通过按下快捷键Ctrl+T就能测试对话框运行时的界面效果。

1. 添加或删除控件

打开对话框编辑器和控件工具栏。在控件工具栏中单击要添加的控件,当光标指向对话框时将变成十字形状,在对话框指定位置处单击,则该控件被添加到对话框中指定的位置。也可以将光标指向控件工具栏中的控件,然后按住鼠标将控件拖入对话框中。要删除已添加的控件,先单击对话框中的控件,再按Delete键即可删除指定的控件。

2. 设置控件属性

将光标指向对话框中需设置属性的控件,按回车键(或右击,在快捷菜单中选择Properties项)弹出Properties对话框,在Properties对话框中设置控件属性。有时为了修改多个控件的属性,可以将属性对话框始终保持打开,这时只需要单击属性对话框左上角的图钉按钮,如图14-1所示。

图14-1 保持属性对话框始终打开的设置

3. 调整控件的大小

对于静态文本控件，当输入标题内容时，控件的大小会自动改变。对于其他控件，先单击控件，然后拖动周围的尺寸调整点来改变控件的大小。

4. 同时选取多个控件

同时选中多个控件通常用来移动、对齐或者设置共同的大小等操作。同时选取多个控件有两种方法：一种是在对话框内按住鼠标不放，拖曳出一个大的虚线框，然后释放，则该虚线框所包围的控件都将被同时选中；另一种是按住 Shift(或 Ctrl)键不放，然后用鼠标连续选取需要同时编排的控件。

5. 移动和复制控件

当单个或多个控件被选取后，按方向键或拖动选择的控件可移动控件。若在拖动过程中按住 Ctrl 键则复制控件，复制的控件保持原来的控件大小和属性；控件能够通过复制和粘贴操作加入到其他对话框中，甚至整个对话框资源也能复制到其他应用程序项目中。

6. 排列控件

排列控件主要是指同时调整对话框中一组控件的大小或位置，这样可以使程序界面更美观。排列控件有两种方式：一种是使用所示的控件布局工具栏(一般位于 Visual C ++ IDE 的底端)，自动编排对话框中同时选定的多个控件；另一种是使用 Layout 菜单，当打开对话框编辑器时，Layout 菜单将出现在菜单栏上。为了便于用户在对话框内精确定位各个控件，系统还提供了网格、标尺等辅助功能。控件布局工具栏的最后两个按钮分别用于网格和标尺的切换。当用网格显示时，添加或移动控件操作都将自动定位在网格线上。

14.1.2 控件共有属性

控件的属性决定了控件的外观和功能，只有通过控件属性对话框才能设置控件的属性。控件属性对话框中有若干个选项卡，如 General(通用属性)、Style(风格)及 Extend Styles(扩展风格)等，其中 General 选项卡用于设置控件的通用属性，Style 和 Extended Styles 选项卡用来设置控件的外观和辅助属性。不同控件有不同的属性，但它们都具有通用属性，如控件标识 ID、标题 Caption 等项，表 14-2 列出了控件的通用属性及说明。

表 14-2 控件的 General 属性

项 目	说 明
ID	控件的标识，对话框编辑器会为每一个加入的控件分配一个默认的 ID
Captrion	控件的标题，作为程序执行时在控件位置上显示的文本
Visible	指明显示对话框时该控件是否可见
Group	用于指定一个控件组中的第一个控件
HelpID	表示为该控件建立一个上下文相关的帮助标识 ID
Disabled	指定控件初始化时是否禁用
Tab Stop	表示对话框运行后该控件可以通过使用 Tab 键来获取焦点

1. 控件 ID

每个控件都有一个 ID 标识。系统给每一个添加的控件指定了一个默认的 ID 标识，但用户最好用一个容易理解记忆的名字来设置 ID 标识。控件 ID 以 IDC_开头，对话框 ID 以 IDD_

开头。ID 命名时最好包括控件类型,例如 IDC_BUTTON 前缀用于按钮,IDC_字符开头,MFC 约定字母全部大写。ID 值实质上是一个常量,为了在编程时可以通过 ID 标识引用控件,不同控件的 ID 值不能相同。

2. Caption

静态文本、组框和按钮等控件都有一个标题 Caption 属性,此属性用于在程序执行后显示控件上的文本标题。Caption 中某个字符前面的"&"标记表示该字符是控件的命令键,显示时为该字符加上下画线,表示该控件除了相应的单击操作,还响应命令键或 Alt+命令键组合的按键操作。

3. Group

Group 属性一般用于对一组控件进行编组,成组的目的是让用户用键盘上的方向键在同一组控件中进行切换。设置该属性表示该控件是某个控件组中的第一个控件,此控件后所有未选择 Group 属性的控件均被看成同一组,直到出现一个选择另一 Group 属性的控件,则该控件作为另一组控件中的第一个控件。Group 属性常用于单选按钮和复选框。

4. Tab Stop

除了利用鼠标对控件进行操作,还可以利用键盘上的 Tab 键来获取对话框窗口的操作焦点,获取焦点的控件能够响应当前的键盘输入。控件获取焦点后,按空格键就执行控件所对应的命令。任何时候对话框中只能有一个控件拥有焦点,一般情况下,拥有焦点的控件或者其边框较厚,或者突出显示,或者有一个闪烁的光标位于控件中。用户按一下 Tab 键,焦点会从一个控件移到下一个控件,若按组合键 Shift+Tab 则回到上一个控件。TabStop 属性用于设置该控件是否能接收焦点,当选择了 TabStop 项,控件才可以接收焦点。

控制焦点由一个控件到下一个控件的巡回顺序是由 TabOrder 顺序确定的。添加控件时,对话框编辑器会根据控件的添加顺序自动设置相应的 Tab 键巡回顺序。执行 Lay|TabOrder 菜单命令(组合键为 Ctrl+D),对话框模板资源中每个控件上将显示一个数字,表明它在 Tab 键顺序中的序号。

按下组合键 Ctrl+D 后,可以设置新的 Tab 键顺序。若想改变所有控件的 Tab 键顺序,只需按照所要求的 Tab 顺序单击各个控件(包括没有设置 TabStop 属性的控件),对于与原来 Tab 键顺序号一致的控件,也必须单击。如果只想改变某个控件的 Tab 键顺序,则应按住 Ctrl 键并单击最后一个不需要改变 Tab 键顺序的控件,然后释放 Ctrl 键,再按所要求的 Tab 键顺序依次单击其余的控件。

14.2　静态控件

静态控件(Static Control)是用来显示一个文本串或图形信息的控件,包括静态文本控件、图片控件和组框。静态文本控件用来显示一般不需要变化的文本;图片控件用来显示边框、矩形、图标或位图等图形;组框用来显示一个文本标题和一个矩形边框,通常用来作为一组控件周围的虚拟边界,并将一组控件组织在一起。管理静态文本控件和图片控件的 MFC 类是 CStatic 类,而管理组框的 MFC 类是 CButton 类。

所有静态控件默认的 ID 标识都是 IDC_STATIC,如果要为一个静态控件添加成员变量或消息处理函数,必须重新为它指定一个唯一的 ID 标识。静态控件是一种单向交互的控件,一般只能在控件上输出某些信息(文本或图形),不用来响应用户的输入,即它可以接收消息,基本上不发送消息。如果想要静态控件响应输入而发送消息,需要设置它的 Notify 风格属性。

编程时用的最多的是静态文本控件,它被用来作为其他控件的标题,主要是作为编辑框的标题,因为编辑框本身不能设置标题。

每一个静态文本控件最多只能显示 255 个字符,可以使用"\n"换行符,并可以通过 Styles 选项卡的 Align text 下拉列表框设置显示的文本的左、右或居中对齐方式,还可以通过 Sunken,Modal frame,Border 和 Client edge 等属性设置控件的凹陷、凸起及边框风格。

14.3　编辑框

编辑框(Edit Box)又称为文本框或编辑控件,也是一种常用的控件。编辑框一般与静态文本一起使用,用于数据的输入和输出。编辑框提供了完整的键盘输入和编辑功能,可以输入各种文本、数字或者密码,并可以进行退格、删除、剪切和粘贴等操作。当编辑框获得焦点时,框内会出现一个闪动的插入符。

编辑框有单行编辑和多行编辑功能,由其 Multiline 属性决定。编辑框其他常用的属性有:Align text 设置文本的对齐方式,Number 表示只能输入数字,Password 表示输入编辑框的字符都显示为"*",Border 用于设置控件周围的边框,Uppercase 或 Lowercase 表示输入编辑框的字符全部转换成大写或小写形式,Read-only 表示只能输出数据。

编辑框为用户提供了良好的输入、输出功能,能够将键盘输入的字符串转化为所要求的数据类型,并验证它是否符合输入要求(字符串长度或数字范围),完成上述工作是利用对话框数据交换和数据校验机制。

当编辑框中的文本被修改或被滚动时,会向其父窗口(对话框)发送消息,可以利用 ClassWizard 类向导在对话框类中添加消息处理函数。编辑框能发送的常用消息有:当编辑框中的文本被修改且新的文本显示之后发送消息 EN_CHANGE;当编辑框得到键盘输入焦点时发送消息 EN_SETFOCUS;当编辑框失去键盘输入焦点时发送消息 EN_KILLFOCUS 等。

14.4　单选按钮

单选按钮(Radio Button)用于在一组相互排斥的选项中选择一项,由一个圆圈和紧跟其后的文本标题组成,必须为同组中的第一个单选按钮设置 Group 属性,表示一组控件的开始,而同组的其他单选按钮不可再设置 Group 属性,并且同一组控件的 Tab Order 要求是连续的。

打开 MFC ClassWizard 对话框中的 Member Variables 选项卡,可以发现对一组单选按钮,列表中只出现第一个控件 ID,这意味着只能在对话框类中设置一个值类型的成员变量,该变量的值是 int 型,表示所选中的单选按钮在组中的序号,序号从 0 开始,第一个单选按钮的值为 0,第二个的值为 1,依次类推。

例 14.1　单选按钮举例。

设计说明:

① 新建一个基于对话框的应用程序,名称为 radio_select,其他为默认操作。

② 为对话框资源添加四个单选按钮,并修改它们的 Caption 属性分别为"测试与光电工程学院""信息工程学院""飞行器工程学院""航空制造工程学院",并且要在第一个单选按钮的属性对话框中选中 General 选项卡,将 Group 属性选中;添加一个 Static Text 控件,修改其 Caption 属性分别为"您所在学院:";添加一个 Edit Box 控件。

③ 按快捷键 Ctrl + W 激活 ClassWizard,在弹出的 MFC ClassWizard 对话框中选择 Member Variables 选项卡,在 Class name 下拉列表框中选择 CRadio_selectDlg 类,为单选按钮关联一个 Value(值)类别 int 类型的成员变量 m_radio,并为编辑框控件关联 Value(值)类别为 CString 类型的成员变量 m_college。

④ 初始化 CRadio_selectDlg 类的构造函数如下面程序中阴影部分所示的代码:

```
CRadio_selectDlg::CRadio_selectDlg(CWnd * pParent /* = NULL */)
    : CDialog(CRadio_selectDlg::IDD, pParent)
{
    //{{AFX_DATA_INIT(CRadio_selectDlg)
    m_radio = 0;
    m_college = _T("测试与光电工程学院");
    //}}AFX_DATA_INIT
    // Note that LoadIcon does not require a subsequent DestroyIcon in Win32
    m_hIcon = AfxGetApp() ->LoadIcon(IDR_MAINFRAME);
}
```

⑤ 分别双击四个单选按钮,在生成的消息处理函数的函数体中分别添加如下面程序中阴影部分所示的代码:

```
void CRadio_selectDlg::OnRadio1()
{
        // TODO: Add your control notification handler code here
    m_radio = 0;
    m_college = "测试与光电工程学院";
    UpdateData(false);
}
void CRadio_selectDlg::OnRadio2()
{
    // TODO: Add your control notification handler code here
    m_radio = 1;
    m_college = "信息工程学院";
    UpdateData(false);
}
void CRadio_selectDlg::OnRadio3()
{
    // TODO: Add your control notification handler code here
    m_radio = 2;
    m_college = "飞行器工程学院";
    UpdateData(false);
```

```
}
void CRadio_selectDlg::OnRadio4()
{
    // TODO: Add your control notification handler code here
    m_radio = 3;
    m_college = "航空制造工程学院";
    UpdateData(false);
}
```

运行程序,如图 14-2 所示,选择不同的单选按钮,则下面的编辑框中出现相应的学院的名称。

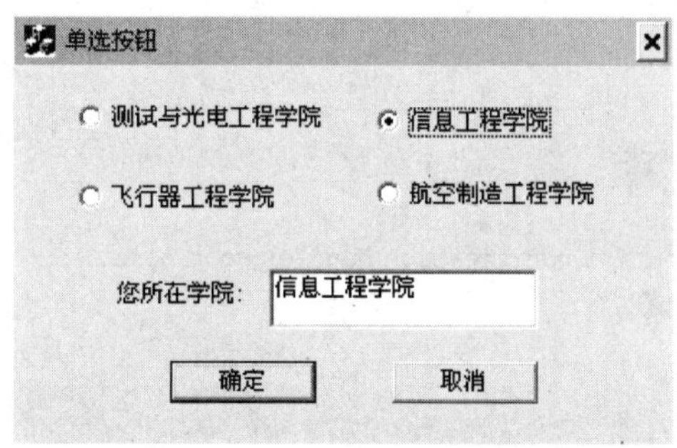

图 14-2　例 14.1 的程序运行结果

14.5　复选框

复选框(Check Box)是由空心方框和紧跟其后的文本组成,当它被选中时,空心方框中加上一个"√"标记。不同于单选按钮,在一组复选框中可以同时选择一个或多个选项,各个选项之间互不相关。

使用 ClassWizard 类向导可以为每一个复选框在它所在的对话框类中添加一个值类型的成员变量用于传递数据,该变量的值是 bool 型,选中复选框时值为 true,未选中时值为 false。

例 14.2　复选框的应用。

设计说明:

① 新建一个基于对话框的应用程序,名称为 check_use,其他为默认操作。

② 为对话框资源添加一个 Group Box(组框)控件,并修改其 Caption 属性为"爱好";添加四个 Check Box(复选框)控件,并修改它们的 Caption 属性分别为"打球""上网""聊天""购物";添加一个 Static Text 控件,修改其 Caption 属性分别为"您的爱好:";添加一个 Edit Box 控件。

③ 按快捷键 Ctrl+W 激活 ClassWizard,在弹出的 MFC ClassWizard 对话框中选择 Member Variables 选项卡,在 Class name 下拉列表框中选择 CCheckUseDlg 类,分别为每个复选框关联一个 Value(值)类别 bool 类型的成员变量 m_check1,m_check2,m_check3 和 m_check4,并为编辑框控件关联 Value(值)类别 CString 类型的成员变量 m_hobby。

④ 分别双击四个复选框,在生成的消息处理函数的函数体中分别添加如下面程序中阴影

部分所示的代码:

```
void CCheckUseDlg::OnCheck1()
{
    // TODO: Add your control notification handler code here
    m_check1 = !m_check1;
}

void CCheckUseDlg::OnCheck2()
{
    // TODO: Add your control notification handler code here
    m_check2 = ! m_check2;
}

void CCheckUseDlg::OnCheck3()
{
    // TODO: Add your control notification handler code here
    m_check3 = !m_check3;
}

void CCheckUseDlg::OnCheck4()
{
    // TODO: Add your control notification handler code here
    m_check4 = !m_check4;
}
```

⑤ 双击"确定"按钮,在生成的消息处理函数的函数体中分别添加如下面程序中阴影部分所示的代码:

```
void CCheckUseDlg::OnOK()
{
    // TODO: Add extra validation here
    m_hobby = "";
    if(m_check1) m_hobby = m_hobby + "打球";
    if(m_check2) m_hobby = m_hobby + "上网";
    if(m_check3) m_hobby = m_hobby + "聊天";
    if(m_check4) m_hobby = m_hobby + "购物";
    UpdateData(false);
    //CDialog::OnOK();
}
```

注意:一定要将函数体中原来自动生成的代码 CDialog::OnOK();删除或者注销掉。

运行程序,在弹出的界面中根据个人爱好选中不同的复选框,单击"确定"按钮,则编辑框中显示相关的信息,如图 14-3 所示。

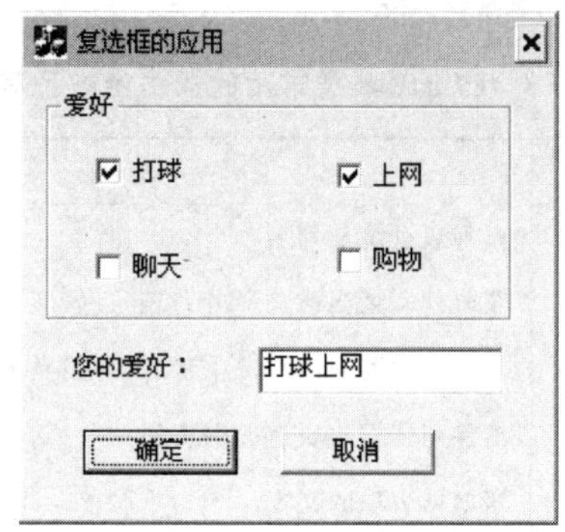

图 14-3 例 14.2 的程序运行结果

14.6 列表框

为了使信息的显示更加直观，许多信息采用列表的形式显示。列表框（List Box）是一个列出了若干文本项的窗口，常用来显示类型相同的一系列清单，可以使用其中的一项或多项；当列表框含有的选项超出其范围时，列表框中将自动加入一个滚动条。

列表框有四种不同的风格：

- 单选（single）；
- 多选（multiple）；
- 扩展多选（extended）；
- 不选（none）。

在列表框控件属性（Properties）对话框中的 Selection 下拉列表框中设置以上四种风格：单选为默认风格，表示用户一次只能选择一个选项；多选允许用户在按下 Shift 或 Ctrl 键的同时利用鼠标选择多个选项；扩展多选除了多选列表框的功能外，可以在按下 Shift 键的同时利用方向键选择多个选项，还可以通过拖动来选择多个选项；不选表示用户不能选择任何项。

列表框还有很多其他属性，较常用的是 Sort 属性，"√"标记表示选中，则列表项按字母顺序排列；否则为未选中，列表项按先后次序排序。

列表框常用的消息有：双击列表框中的列表项时发送消息 LBN_DBLCLK；列表框中的当前选择项发生改变时发送消息 LBN_SELCHANGE 等。

封装列表框控件的 MFC 类是 CListBox 类，当列表框创建之后，在程序中可以通过调用 CListBox 类的成员函数来实现列表框的添加、删除、修改和获取等操作。CListBox 类常用的成员函数及其功能如表 14-3 所列。

例 14.3 列表框举例。

设计说明：

如图 14-4 所示为一个简单的选课单，左边的列表框列出了可以选择的课程，当选中左边列表框的一门课程，单击" > "按钮，或者双击该门课程，则该课程出现在右边的列表框中，单击" >> "按钮则所有的课程出现在右边的列表框中。右边的列表框显示所选的课程，单选中右边列表框中的某项，然后单击" < "按钮，双击该项，则在右边的列表框中将删除该门课程，单击

“ << ”按钮,右边列表框所选的课程将全部删除。

表 14-3 CListBox 类常用的成员函数及其功能

成员函数	功能
AddString()	向列表框增加列表项
GetCurSel()	获取列表框当前选择的列表项,返回该列表项的位置序号
SetCurSel()	设定某个列表项为选中状态(高亮显示)
ResetContent()	清除列表框中所有的列表项
GetText()	获取列表项的文本
FindString()	在列表框中查找完全匹配的列表项
DeleteString()	删除指定的列表项

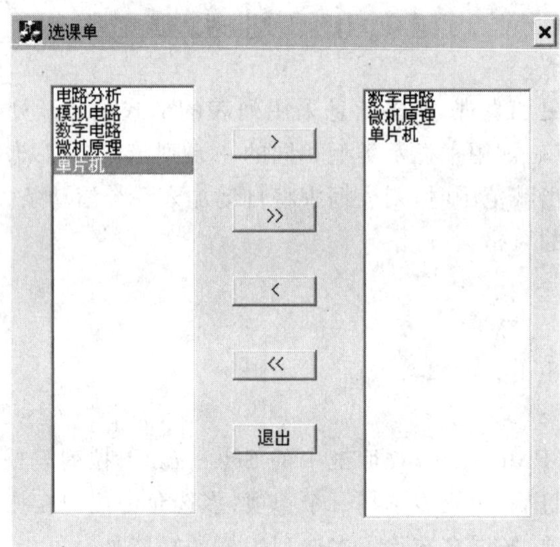

图 14-4 例 14.3 的界面

具体设计步骤如下:

① 新建一个基于对话框的应用程序,名称为 select_course,其他为默认操作。

② 为对话框资源添加两个 List Box(列表框),在每个列表框的属性对话框中均选择 Styles 选项卡,将原来选中的 Sort 属性去掉。添加四个按钮,将第一个按钮的 Caption 属性修改为“ > ”,并将其 ID 值修改为 IDC_InsertOne;将第二个按钮的 Caption 属性修改为“ >> ”,并将其 ID 值修改为 IDC_InsertAll;将第三个按钮的 Caption 属性修改为“ < ”,并将其 ID 值修改为 IDC_ClearOne;将第四个按钮的 Caption 属性修改为“ << ”,并将其 ID 值修改为 IDC_ClearAll。将系统默认产生的“确定”按钮删除,将系统默认产生的“取消”按钮的 Caption 属性修改为“退出”。

③ 按快捷键 Ctrl+W 激活 ClassWizard,在弹出的 MFC ClassWizard 对话框中选择 Member Variables 选项卡,在 Class name 下拉列表框中选择 CSelect_courseDlg 类,分别为两个列表框(ID 为 IDC_LIST1 和 IDC_LIST2)关联 Control(控件)类别 CListBox 类型的成员变量 m_list1 和 m_list2。

④ 按快捷键 Ctrl+W 激活 ClassWizard，在弹出的 MFC ClassWizard 对话框中选择 Message Maps 选项卡，在 Class name 下拉列表框中选择 CSelect_courseDlg 类，在 Messages 列表框中选择 WM_INITDIALOG，建立该消息的消息映射，并在生成的消息处理函数的函数体中分别添加如下面程序中阴影部分所示的代码：

```
BOOL CSelect_courseDlg::OnInitDialog()
{
    CDialog::OnInitDialog();
    ……
    m_list1.AddString("电路分析");
    m_list1.AddString("模拟电路");
    m_list1.AddString("数字电路");
    m_list1.AddString("微机原理");
    m_list1.AddString("单片机");
    m_list1.setcursel(0);
    return TRUE;  // return TRUE unless you set the focus to a control
}
```

为了书写简化，在上面的函数体中，省略了部分程序代码。

⑤ 双击“>”“>>”“<”和“<<”按钮，在其生成的函数体中分别添加如下面程序中阴影部分所示的代码：

```
//双击“>”按钮的函数体
void CSelect_courseDlg::OnInsertOne()
{
    // TODO: Add your control notification handler code here
CString str1;
m_list1.GetText(m_list1.GetCurSel(),str1);
if((m_list2.FindString(-1,str1))!=LB_ERR)
AfxMessageBox("列表中已有该项");
else
{
CString str;
m_list1.GetText(m_list1.GetCurSel(),str);
m_list2.AddString(str);}
}
//双击“>>”按钮的函数体
void CSelect_courseDlg::OnInsertAll()
{
    // TODO: Add your control notification handler code here
m_list2.ResetContent();
for(int i=0;i<m_list1.GetCount();i++)
{CString str;
m_list1.GetText(i,str);
m_list2.AddString(str);
}
```

```
}
//双击"<"按钮的函数体
void CSelect_courseDlg::OnClearOne()
{
    // TODO: Add your control notification handler code here
    m_list2.DeleteString(m_list2.GetCurSel());
}
//双击"<<"按钮的函数体
void CSelect_courseDlg::OnClearAll()
{
    // TODO: Add your control notification handler code here
    m_list2.ResetContent();
}
```

⑥ 按快捷键Ctrl+W激活ClassWizard,在弹出的MFC ClassWizard对话框中选择Message Maps选项卡,在Class name下拉列表框中选择CSelect_courseDlg类,在Object IDs列表框中选择IDC_LIST1,在Messages列表框中选择LBN_DBLCLK,为消息建立消息映射,在生成的消息处理函数中添加如下面程序中阴影部分所示的代码:

```
void CSelect_courseDlg::OnDblclkList1()
{
    // TODO: Add your control notification handler code here
CString str1;
m_list1.GetText(m_list1.GetCurSel(),str1);
if((m_list2.FindString(-1,str1))!=LB_ERR)
AfxMessageBox("列表中已有该项");
else
{CString str;
m_list1.GetText(m_list1.GetCurSel(),str);
m_list2.AddString(str);}
}
```

⑦ 按快捷键Ctrl+W激活ClassWizard,在弹出的MFC ClassWizard对话框中选择Message Maps选项卡,在Class name下拉列表框中选择CSelect_courseDlg类,在Object IDs列表框中选择IDC_LIST2,在Messages列表框中选择LBN_DBLCLK,为消息建立消息映射,在生成的消息处理函数中添加如下面程序中阴影部分所示的代码:

```
void CSelect_courseDlg::OnDblclkList2()
{
    // TODO: Add your control notification handler code here
    m_list2.DeleteString(m_list2.GetCurSel());
}
```

14.7　组合框

组合框(Combo Box)吸收了列表框和编辑框的优点,它可以显示列表项供用户进行选择,也允许用户输入新的列表项。实际上组合框是多个控件的组合，包括编辑框、列表框和按钮。

组合框的三种形式如下：

- 简单组合框；
- 下拉组合框；
- 下拉列表框。

通过属性(Properties)对话框中的 Styles 选项卡的 Type 下拉列表框设置这三种形式。简单组合框是一个列表框和一个编辑框的组合，列表框总是可见的，被选中的列表项显示在编辑框中；下拉组合框除了含有列表框和编辑框，在编辑框旁还有一个下拉按钮，只有当用户单击下拉按钮时，列表框才显示出来；下拉列表框除了用户不能在编辑框中进行输入操作外，其他功能与下拉组合框一样。

组合框的大部分属性与列表项的属性相同，但组合框有一个新的属性，就是组合框控件的初始化列表可以通过组合框控件属性对话框的 Data 选项卡添加初始的列表项(见图 14-5)，每输入完一个列表项，按下组合键 Ctrl＋Enter 后才能换行输入下一项。也可以通过对话框类的初始化函数 OnInitDialog()编写程序完成组合框列表项的初始化。

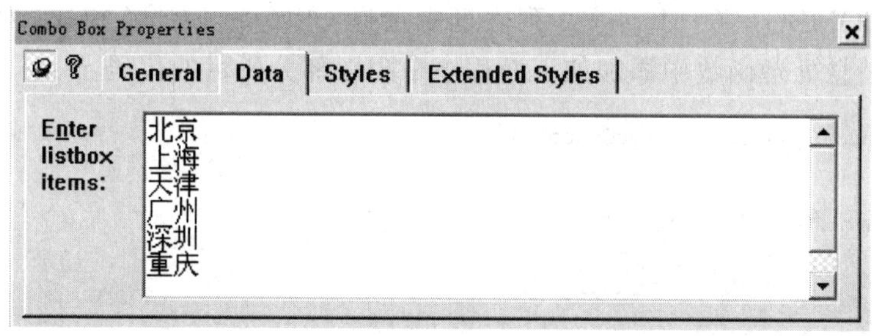

图 14-5　Data 选项卡初始化列表项

如果选择了带下拉按钮的组合框，编排控件时单击组合框控件的下拉按钮，当光标变成垂直方向的双向箭头时，可以调整列表框部分的显示大小。当列表框含有的选项超出其范围时，列表框中将自动加入一个滚动条。

例 14.4　组合框的应用。

设计说明：

① 新建一个基于对话框的应用程序，名称为 combo_use，其他为默认操作。

② 为对话框资源添加一个 Group Box，并修改其 Caption 属性为“请选择”，添加两个 Combo Box(组合框)，并在每个组合框的属性对话框选中 Styles 选项卡，将原来选中的 Sort 属性去掉。

③ 按快捷键 Ctrl＋W 激活 ClassWizard，在弹出的 MFC ClassWizard 对话框中选择 Member Variables 选项卡，在 Class name 下拉列表框中选择 CCombo_useDlg 类，分别为两个列表框(ID 为 IDC_COMBO1 和 IDC_COMBO2)关联 Control(控件)类别 CComboBox 类型的成员变量 m_combo1 和 m_combo2。

④ 按快捷键 Ctrl＋W 激活 ClassWizard，在弹出的 MFC ClassWizard 对话框中选择 Message Maps 选项卡，在 Class name 下拉列表框中选择 CCombo_useDlg 类，在 Messages 列表框中选择 WM_INITDIALOG 消息，建立该消息的消息映射，并在生成的消息处理函数的函数

体中分别添加如下面程序中阴影部分所示的代码:

```
BOOL CCombo_useDlg::OnInitDialog()
{
    ……
    m_combo1.AddString("江西");
    m_combo1.AddString("广东");
    m_combo1.SetCurSel(0);
    m_combo2.AddString("南昌");
    m_combo2.AddString("九江");
    m_combo2.SetCurSel(0);
    return TRUE;  // return TRUE  unless you set the focus to a control
}
```

为了书写简化,在上面的函数体中,省略了部分程序代码。

⑤ 按快捷键 Ctrl+W 激活 ClassWizard,在弹出的 MFC ClassWizard 对话框中选择 Message Maps 选项卡,在 Class name 下拉列表框中选择 CCombo_useDlg 类,在 Object IDs 列表框中选择 IDC_COMBO1,在 Messages 列表框中选择 CBN_SELCHANGE,为消息建立消息映射,在生成的消息处理函数中添加如下面程序中阴影部分所示的代码:

```
void CCombo_useDlg::OnSelchangeCombo1()
{
int i = m_combo1.GetCurSel();
if(i == 1)
{
m_combo2.ResetContent();
m_combo2.AddString("广州");
m_combo2.AddString("深圳");
m_combo2.SetCurSel(0);
}
else
{
m_combo2.ResetContent();
m_combo2.AddString("南昌");
m_combo2.AddString("九江");
m_combo2.SetCurSel(0);
}
}
```

⑥ 双击"确定"按钮,在生成的函数体中添加如下面程序中阴影部分所示的代码:

```
void CCombo_useDlg::OnOK()
{
    // TODO: Add extra validation here
    CString str1,str2;
    m_combo1.GetLBText(m_combo1.GetCurSel(),str1);
    m_combo2.GetLBText(m_combo2.GetCurSel(),str2);
```

```
    str1 = "您选择了:" + str1 + "省" + str2 + "市";
    AfxMessageBox(str1);
}
```

注意:一定要将函数体中原来自动生成的代码 CDialog::OnOK();删除或者注销掉。

运行程序,在弹出的对话框左边的组合框中选择省份,在右边的组合框中选择城市,单击"确定"按钮,则会弹出一个包含所选省份和城市信息的消息框,如图 14-6 所示。

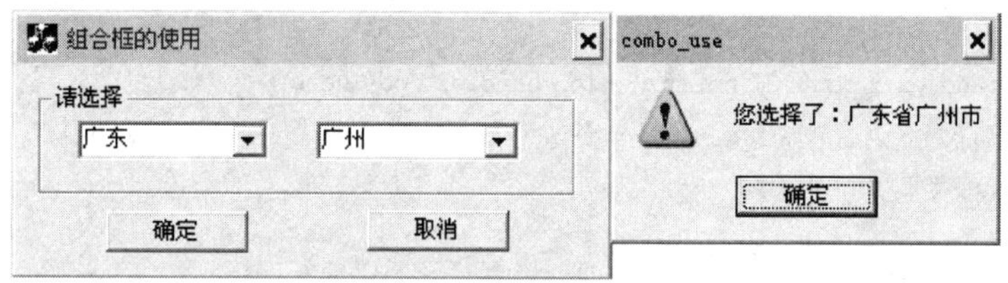

图 14-6　例 14.4 的程序运行结果

例 14.5　石头剪刀布游戏。

设计说明:

① 新建一个基于对话框的应用程序,名称为 stone_use,其他为默认操作。

② 为对话框资源添加两个 Static Text(静态文本框),并修改其 Caption 属性分别为"请您选择:"和"电脑:";添加一个 Combo Box(组合框),并在每个组合框的属性对话框中选中 Styles 选项卡,将原来所选中的 Sort 属性去掉;添加一个 Edit Box(编辑框),并在其属性对话框中选中 Styles 选项卡,并将 Read-only 属性选中,添加一个按钮,将其 ID 值修改为 IDC_HandShow,并修改其 Caption 属性为"出拳",添加一个 List Box(列表框),并在其属性对话框中选中 Styles 选项卡,将原来选中的 Sort 属性去掉,将原来系统自动产生的"确定"按钮的 Caption 属性修改为"清空",将原来系统自动产生的"取消"的 Caption 属性修改为"退出"。

③ 按快捷键 Ctrl+W 激活 ClassWizard,在弹出的 MFC ClassWizard 对话框中选择 Member Variables 选项卡,在 Class name 下拉列表框中选择 CStone_useDlg 类,为组合框(ID 为 IDC_COMBO1)关联 Control(控件)类别 CComboBox 类型的成员变量 m_combo1,为编辑框(ID 为 IDC_Edit1)关联 Value(值)类别 CString 类型的成员变量 m_computer,为列表框(ID 为 IDC_COMBO1)关联 Control(控件)类别 CListBox 类型的成员变量 m_list1。

④ 按快捷键 Ctrl+W 激活 ClassWizard,在弹出的 MFC ClassWizard 对话框中选择 Message Maps 选项卡,在 Class name 下拉列表框中选择 CStone_useDlg 类,在 Messages 列表框中选择 WM_INITDIALOG,建立该消息的消息映射,并在生成的消息处理函数的函数体中分别添加如下面程序中阴影部分所示的代码:

```
BOOL CStone_useDlg::OnInitDialog()
{
    ……
    // TODO: Add extra initialization here
    m_combo1.AddString("石头");
    m_combo1.AddString("剪刀");
    m_combo1.AddString("布");
    m_combo1.SetCurSel(0);
```

```
    return TRUE;  // return TRUE  unless you set the focus to a control
}
```

为了书写简化,在上面的函数体中,省略了部分程序代码。

⑤ 双击"出拳"按钮,在生成的处理函数的函数体中添加如下面程序中阴影部分所示的代码:

```
void CStone_useDlg::OnHandShow()
{
    // TODO: Add your control notification handler code here
srand(time(NULL));
int rnd = rand() % 3;
if(rnd == 0)
m_computer = "石头";
else if(rnd == 1)
m_computer = "剪刀";
else
m_computer = "布";
int i = m_combo1.GetCurSel();
CString str;
if(rnd == 0)
if(i == 0)
str = "您出石头,电脑出石头,平局";
else if(i == 1)
str = "您出剪刀,电脑出石头,电脑胜";
else
str = "您出布,电脑出石头,您胜";
else if(rnd == 1)
if(i == 0)
str = "您出石头,电脑出剪刀,您胜";
else if(i == 1)
str = "您出剪刀,电脑出剪刀,平局";
else
str = "您出布,电脑出剪刀,电脑胜";
else
if(i == 0)
            str = "您出石头,电脑出布,电脑胜";
else if(i == 1)
str = "您出剪刀,电脑出布,您胜";
else
str = "您出布,电脑出布,平局";
m_list1.AddString(str);
UpdateData(false);
}
```

⑥ 双击"清空"按钮,在生成的处理函数的函数体中添加如下面程序中阴影部分所示的

代码：

```
void CStone_useDlg::OnOK()
{
    // TODO: Add extra validation here
    m_list1.ResetContent();
    //CDialog::OnOK();
}
```

注意：一定要将函数体中原来自动生成的代码 CDialog::OnOK();删除或者注销掉。

运行程序，出现如图 14-7 所示的界面，在组合框中选择"石头""剪刀"或者"布"，然后单击"出拳"按钮，则系统会自动为电脑产生石头、剪刀或者布，根据常规的石头剪刀布的游戏规则判断胜负关系，并把每次游戏者的选择、电脑的选择以及之间胜负关系在列表框控件中显示出来。单击"清空"按钮，则会清除列表框中的全部列表项。

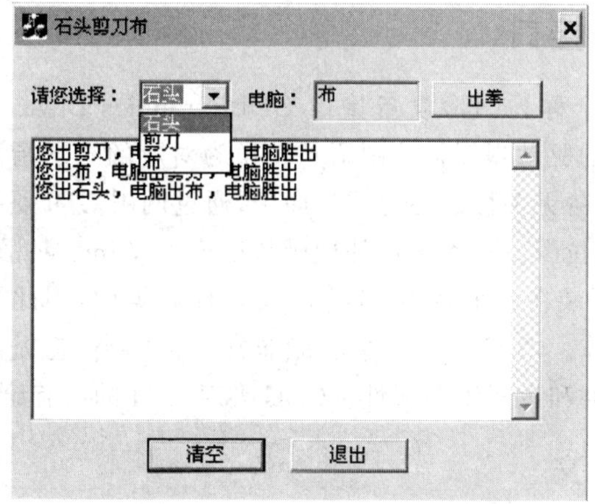

图 14-7 例 14.5 的程序运行结果

第 15 章　设备上下文和图形设备接口

Windows 是一个图形操作系统,其所有的图形可视化效果都是通过绘制操作完成的。图形显示的实质是利用 Windows 提供的图形设备接口将图形绘制在显示器上。大多数应用程序都需要在客户区绘制图形,如绘制文本、几何图形、位图、线条和图标等。本章介绍有关图形处理的基本原理,包括颜色的设定、画笔和画刷的使用、字体的设定和位图的显示。

15.1　概　述

15.1.1　图形设备接口

Windows 提供了一个称为图形设备接口 GDI(Graphics Device Interface)的抽象接口,GDI 通过不同设备提供的驱动程序将绘图语句转换为对应的绘图指令,避免了用户直接对硬件进行操作,从而实现设备无关性。在应用程序中,通过调用 GDI 函数绘制不同尺寸、颜色和风格的几何图形、文本和位图。这些图形处理函数组成了 Windows 图形设备接口 GDI。

MFC 将 GDI 函数封装在一个名为 CDC 的设备环境类中,因此可以通过调用 CDC 类的成员函数来完成绘图操作。CDC 类是一个功能非常丰富的类,它提供了 170 多个成员函数,利用它可以访问设备属性和设置绘图属性。CDC 类对 GDI 的所有绘图函数进行了封装。

15.1.2　设备上下文

为了体现 Windows 的设备无关性,应用程序的输出不直接面向显示器或打印机等物理设备,而是面向一个称为设备上下文 DC(Device Context)的虚拟逻辑设备。

设备上下文是由 Windows 管理的一个数据结构,保存了绘图操作中一些共同需要设置的信息,如当前的画笔、画刷、字体和位图等图形对象及其属性,以及颜色和背景等影响图形输出的绘图模式。形象地说,一个设备环境提供了一张画布和一些绘画的工具,用户可以使用不同颜色的工具在上面绘制点、线、圆和文本等。

15.2　颜色的设定

Windows 提供了颜色管理技术,保证绘制出的图形以最接近于原色的颜色在显示器或打印设备上输出。Windows 用 COLORREF 类型的数据存放颜色组成。COLORREF 类型为一个 32 位的整数,最低的一字节存放红色值,第二字节存放绿色值,第三字节存放蓝色值,高位字节为 0,每一种颜色分量的取值范围为 0～255。直接设置 COLORREF 类型的数据不方便,Windows 提供 RGB 宏用于设置颜色,它将其中的红、绿、蓝分量值转换为 COLORREF 类型的颜色数据。RGB 宏格式如下:

RGB(byRed, byGreen,byBlue)

如红色：RGB(255,0,0)；绿色：RGB(0,255,0)；蓝色：RGB(0,0,255)；白色：RGB(255,255,255)。

标准的 RGB 颜色表如表 15－1 所列。

表 15－1　标准 RGB 颜色

RGB 值	颜　色	RGB 值	颜　色
(255,255,255)	白色	(0,0,0)	黑色
(255,0,0)	浅红	(128,0,0)	深红
(0,255,0)	浅绿	(0,128,0)	深绿
(0,0,255)	浅蓝	(0,0,128)	深蓝
(255,255,0)	浅黄	(128,128,0)	深黄
(0,255,255)	浅青	(0,128,128)	深绿
(255,0,255)	紫色	(192,192,192)	灰色

例 15.1　设置输出文本的背景色和文字颜色。

设计说明：

① 新建一个基于文档/视图的应用程序，名称为 color_set_1，其他为默认操作。

② 双击视图类 CColor_set_1View 的成员函数 OnDraw()，在函数体中添加如下面程序中阴影部分所示的代码：

```
void CColor_set_1View::OnDraw(CDC * pDC)
{
    CColor_set_1Doc * pDoc = GetDocument();
    ASSERT_VALID(pDoc);
    // TODO: add draw code for native data here
     pDC->SetTextColor(RGB(255,0,0));  //字体颜色为红色
     pDC->SetBkColor(RGB(0,0,255));  //背景色为蓝色
     pDC->TextOut(100,100,"七彩前湖,美丽的家园");
}
```

运行程序，在视图区输出的文字背景色为蓝色，文字颜色为红色，如图 15－1 所示。

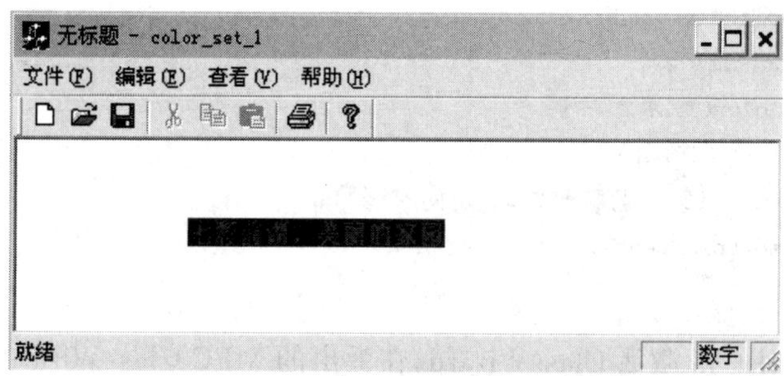

图 15－1　例 15.1 的程序运行结果

例 15.2　当程序运行时，视图区输出文字，其字体颜色和背景色随时间随机变化。

设计说明：

① 新建一个基于文档/视图的应用程序，名称为 color_set_2，其他为默认操作。

② 按快捷键 Ctrl+W 激活 ClassWizard，在弹出的 MFC ClassWizard 对话框中选择 Message Maps 选项卡，在 Class name 下拉列表框中选择 CColor_set_2View，在 Messages 列表框中选择 WM_CREATE 消息，为该消息建立消息映射，并在生成的消息处理函数中添加如下面程序中阴影部分所示的代码：

```
int CColor_set_2View::OnCreate(LPCREATESTRUCT lpCreateStruct)
{
    if (CView::OnCreate(lpCreateStruct) == -1)
        return -1;
    // TODO: Add your specialized creation code here
    SetTimer(1,1000,NULL);
    return 0;
}
```

③ 按快捷键 Ctrl+W 激活 ClassWizard，在弹出的 MFC ClassWizard 对话框中选择 Message Maps 选项卡，在 Class name 下拉列表框中选择 CColor_set_2View，在 Messages 列表框中选择 WM_TIMER 消息，为该消息建立消息映射，并在生成的消息处理函数中添加如下面程序中阴影部分所示的代码：

```
void CColor_set_2View::OnTimer(UINT nIDEvent)
{
     srand(time(NULL));
     int r,g,b;
     r = rand() % 256;
     g = rand() % 256;
     b = rand() % 256;
     int r1,g1,b1;
     r1 = rand() % 256;
     g1 = rand() % 256;
     b1 = rand() % 256;
     COLORREF BKCOLOR = RGB(r,g,b);
     COLORREF TEXTCOLOR = RGB(r1,g1,b1);
     CClientDC dc(this);
     dc.SetTextColor(TEXTCOLOR);
     dc.SetBkColor(BKCOLOR);
     dc.TextOut(100,100,"七彩前湖,美丽的家园");
    CView::OnTimer(nIDEvent);
}
```

④ 按快捷键 Ctrl+W 激活 ClassWizard，在弹出的 MFC ClassWizard 对话框中选择 Message Maps 选项卡，在 Class name 下拉列表框中选择 CColor_set_2View，在 Messages 列表框中选择 WM_DESTROY 消息，为该消息建立消息映射，并在生成的消息处理函数中添加如下面程序中阴影部分所示的代码：

```
void CColor_set_2View::OnDestroy()
{
    CView::OnDestroy();
    // TODO: Add your message handler code here
    KillTimer(1);//销毁定时器 1
}
```

运行程序,字体颜色和背景色随时间变化,如图 15-2 所示。

图 15-2　例 15.2 的程序运行结果

例 15.3　当程序运行时,视图区输出文字,其字体颜色和背景色随时间随机变化,当在视图区单击时,字体颜色和背景色停止变化,并且弹出消息框显示字体颜色和背景颜色的具体参数,在视图区右击,则字体颜色和背景颜色继续变化。

设计说明:

① 新建一个基于文档/视图的应用程序,名称为 color_set_3,其他为默认操作。

② 与例 15.2 的第②步操作相同。

③ 为视图类 CColor_set_3View 添加 6 个公有的 int 类型成员变量 r,g,b,r1,g1,b1。

④ 按快捷键 Ctrl+W 激活 ClassWizard,在弹出的 MFC ClassWizard 对话框中选择 Message Maps 选项卡,在 Class name 下拉列表框中选择 CColor_set_3View,在 Messages 列表框中选择 WM_TIMER 消息,为该消息建立消息映射,并在生成的消息处理函数中添加如下面程序中阴影部分所示的代码:

```
void CColor_set_3View::OnTimer(UINT nIDEvent)
{
    // TODO: Add your message handler code here and/or call default
    srand(time(NULL));
    r = rand() % 256;
    g = rand() % 256;
    b = rand() % 256;
    r1 = rand() % 256;
```

```
        g1 = rand() % 256;
        b1 = rand() % 256;
        COLORREF BKCOLOR = RGB(r,g,b);
        COLORREF TEXTCOLOR = RGB(r1,g1,b1);
        CClientDC dc(this);
        dc.SetTextColor(TEXTCOLOR);
        dc.SetBkColor(BKCOLOR);
        dc.TextOut(100,100,"七彩前湖,美丽的家园");
    CView::OnTimer(nIDEvent);
}
```

⑤ 按快捷键 Ctrl＋W 激活 ClassWizard,在弹出的 MFC ClassWizard 对话框中选择 Message Maps 选项卡,在 Class name 下拉列表框中选择 CColor_set_3View,在 Messages 列表框中选择 WM_LBUTTONDOWN 消息,为该消息建立消息映射,并在生成的消息处理函数中添加如下面程序中阴影部分所示的代码:

```
void CColor_set_3View::OnLButtonDown(UINT nFlags, CPoint point)
{
    // TODO: Add your message handler code here and/or call default
    KillTimer(1);
    CString str1,str2,str3;
    str1.Format("背景色:RGB( %d, %d, %d)",r,g,b);
    str2.Format("字体颜色:RGB( %d, %d, %d)",r1,g1,b1);
    str3 = str1 + "\n" + str2;
    AfxMessageBox(str3);
    CView::OnLButtonDown(nFlags, point);
}
```

⑥ 按快捷键 Ctrl＋W 激活 ClassWizard,在弹出的 MFC ClassWizard 对话框中选择 Message Maps 选项卡,在 Class name 下拉列表框中选择 CColor_set_3View,在 Messages 列表框中选择 WM_LBUTTONDOWN 消息,为该消息建立消息映射,并在生成的消息处理函数中添加如下面程序中阴影部分所示的代码:

```
void CColor_set_3View::OnRButtonDown(UINT nFlags, CPoint point)
{
    // TODO: Add your message handler code here and/or call default
    SetTimer(1,1000,NULL);
    CView::OnRButtonDown(nFlags, point);
}
```

⑦ 与例 15.2 的第④步操作相同。

运行程序,在例 15.2 的基础上单击,颜色停止变化,并且弹出如图 15-3 所示的消息框。

消息框上显示了字体颜色和背景颜色的具体参数,美术工作者、广告设计,艺术设计及相关行业工作人员可以据此程序选择恰当的色彩搭配。右击,字体颜色和背景颜色继续随时间变化,单击重复前面的操作。

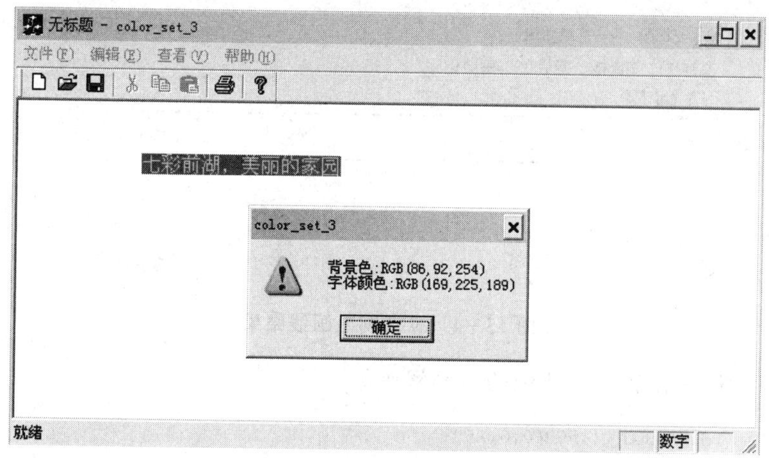

图 15-3　例 15.3 的程序运行结果

15.3　画笔和画刷

画笔和画刷是 Windows 中两种最重要的绘图工具，画笔用于绘制点、线、矩形、椭圆等几何图形，画刷用指定的颜色和图案来填充绘图区域。

15.3.1　画笔的使用

当用户创建一个用于绘图的设备环境时，该设备环境自动提供一个宽度为一像素，风格为黑实线的默认画笔。

例 15.4　默认画笔举例。

设计说明：

① 建立一个基于文档/视图的应用程序，名称为 default_pen，其他为默认操作。

② 双击视图类 CDefault_penView 的成员函数 OnDraw()，在函数体中添加如下面程序中阴影部分所示的代码：

```
void CDefault_penView::OnDraw(CDC * pDC)
{
    CDefault_penDoc * pDoc = GetDocument();
    ASSERT_VALID(pDoc);
    // TODO: add draw code for native data here
    pDC->MoveTo(100,100);        //设置画线的起点坐标
    pDC->LineTo(300,100);        //画线到指定的终点坐标
}
```

运行程序，其结果如图 15-4 所示。

如果要使用自己的画笔绘图，首先需要创建一个指定风格的画笔，然后将创建的画笔选入设备上下文，最后在使用该画笔绘图结束后需要释放该画笔。

创建画笔比较简单的方法是调用 Cpen 类的一个带参数的构造函数来构造一个 Cpen 类

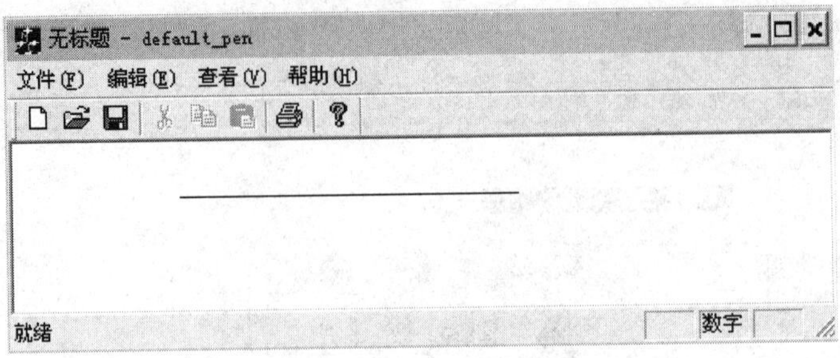

图 15-4　默认画笔画线结果

画笔对象,以下代码是创建一个蓝色的点画线画笔:

```
CPen  NewPen(PS_DASHDOT,1,RGB(0,0,255))
```

其中构造函数的第一个参数用于指定画笔线型,第二个参数指定画笔宽度,第三个参数指定画笔的颜色。

也可以首先创建一个没有初始化的 CPen 画笔对象,然后利用成员函数 CreatePen()函数创建,其程序如下:

```
CPen * NewPen;
NewPen = new CPen;
NewPen->CreatePen(PS_DASHDOT,1,RGB(0,0,255));
```

例 15.5　使用自定义画笔画线。

设计说明:

① 建立一个基于文档/视图的应用程序,名称为 self_pen,其他为默认操作。

② 双击视图类 CSelf_penView 的成员函数 OnDraw(),在函数体中添加如下面程序中阴影部分所示的代码:

```
void CSelf_penView::OnDraw(CDC * pDC)
{
    CSelf_penDoc * pDoc = GetDocument();
    ASSERT_VALID(pDoc);
    // TODO: add draw code for native data here
    CPen * OldPen, * NewPen;
    NewPen = new CPen;
    NewPen->CreatePen(PS_DASHDOT,1,RGB(0,0,255));//画蓝色点画线
    OldPen = pDC->SelectObject(NewPen);//指定画笔选入设备上下文
    pDC->MoveTo(100,100);
    pDC->LineTo(300,100);
    pDC->SelectObject(OldPen);//将默认的画笔选入设备上下文
    delete NewPen;//释放自定义的画笔
}
```

程序运行结果如图 15-5 所示。画笔线型的基本样式如表 15-2 所列。

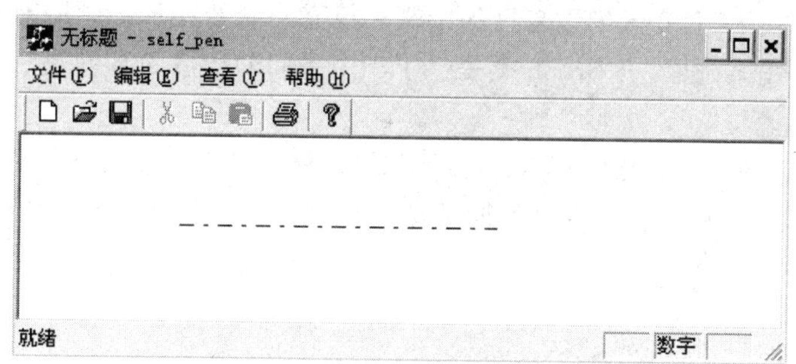

图 15-5　自定义画笔

表 15-2　画笔的基本线型

线　型	说　明
PS_SOLID	实　线
PS_DOT	点　线
PS_DASH	虚　线
PS_DASHDOT	点画线
PS_DASHDOTDOT	双点画线
PS_NULL	空的边框
PS_INSIDEFRAME	边框实线

15.3.2　画刷的使用

当用户创建一个用于绘图的设备上下文时，该设备上下文会自动提供一个填充色为白色的默认画刷。

例 15.6　使用默认画刷绘制圆角矩形。

设计说明：

① 建立一个基于文档/视图的应用程序，名称为 default_brush，其他为默认操作。

② 双击视图类 CDefault_brushView 的成员函数 OnDraw()，在函数体中添加如下面程序中阴影部分所示的代码：

```
void CDefault_brushView::OnDraw(CDC * pDC)
{
    CDefault_brushDoc * pDoc = GetDocument();
    ASSERT_VALID(pDoc);
    // TODO: add draw code for native data here
    pDC->RoundRect(200,100,350,200,40,40); //圆角矩形
}
```

程序运行结果如图 15-6 所示。

图 15-6　例 15.6 的程序运行结果

与画笔一样,可以利用MFC画刷类CBrush创建自己的画刷来填充绘制的图形。画刷有三种基本类型:纯色画刷、阴影画刷、图案画刷。CBrush类提供了三个不同的构造函数创建三种不同类型的画刷。

创建画刷时也可以首先构造一个没有初始化的CBrush画刷对象,然后调用CBrush类的初始化成员函数创建定制的画刷工具。CBrush类通过不同的成员函数来创建三种不同类型的画刷。

例 15.7 使用纯色画刷。

设计说明:

① 建立一个基于文档/视图的应用程序,名称为solid_brush,其他为默认操作。

② 双击视图类CSolid_brushView的成员函数OnDraw(),在函数体中添加如下面程序中阴影部分所示的代码:

```
void CSolid_brushView::OnDraw(CDC * pDC)
{
    CSolid_brushDoc * pDoc = GetDocument();
    ASSERT_VALID(pDoc);
    // TODO: add draw code for native data here
    CBrush * BrushOld, * BrushNew;
    BrushNew = new CBrush;
    BrushNew->CreateSolidBrush(RGB(0,255,255));
    BrushOld = pDC->SelectObject(BrushNew);
    pDC->RoundRect(200,100,350,200,40,40);
    pDC->SelectObject(BrushOld);
    delete BrushNew;
}
```

程序运行结果如图15-7所示。

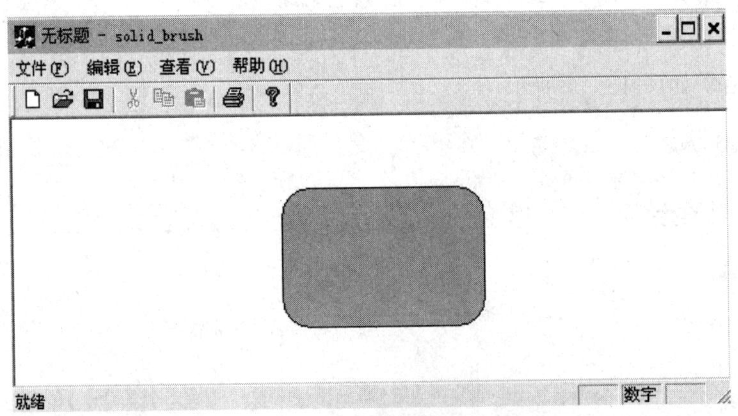

图 15-7 例15.7的程序运行结果

例 15.8 使用阴影画刷。

设计说明:

① 建立一个基于文档/视图的应用程序,名称为hatch_brush,其他为默认操作。

② 双击视图类 CHatch_brushView 的成员函数 OnDraw()，在函数体中添加如下面程序中阴影部分所示的代码：

```
void CHatch_brushView::OnDraw(CDC * pDC)
{
    CHatch_brushDoc * pDoc = GetDocument();
    ASSERT_VALID(pDoc);
    // TODO: add draw code for native data here
    CBrush * BrushOld, * BrushNew;
    BrushNew = new CBrush;
    BrushNew->CreateHatchBrush(HS_BDIAGONAL,RGB(255,0,0));
    BrushOld = pDC->SelectObject(BrushNew);
    pDC->RoundRect(200,100,350,200,40,40);
    pDC->SelectObject(BrushOld);
    delete BrushNew;
}
```

程序运行结果如图 15-8 所示。画刷的填充样式如表 15-3 所列。

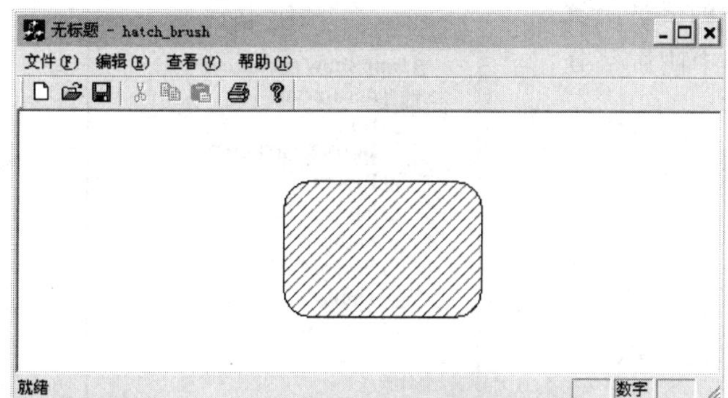

图 15-8　例 15.8 的程序运行结果

表 15-3　画刷的填充样式

填充样式	说　明
HS_CROSS	水平和垂直交叉线
HS_DIAGCROSS	45°十字交叉线
HS_HORIZONTAL	水平线
HS_VERTICAL	垂直线
HS_BDIAGONAL	45°从右到左的平行线
HS_FDIAGONAL	45°从右到左的平行线

例 15.9　使用图案画刷。

设计说明：

① 建立一个基于文档/视图的应用程序，名称为 bmp_brush，其他为默认操作。

② 插入位图资源。

在系统集成开发环境中选择菜单 Insert|Resource，则弹出 Insert Resource 对话框，如图 15-9 所示。

选中 Resource type 的第二项 Bitmap（位图）选项，单击 Import 按钮，则弹出 Import Resource 对话框，如图 15-10 所示。

在“文件类型”下拉列表框中选择“所有文件(*.*)”项，在“查找范围”下拉列表框中在个人计算机上找到一幅 bmp 图像，然后单击 Import 按钮。

经过上述一系列操作以后，位图文件被加载到系统资源，可以单击项目工作区的 ResourceView 标签，在打开的 ResourceView 选项卡中可以看到增加了一项资源，即 Bitmap，并且系统为刚才添加的位图的 ID 命名为 IDB_BITMAP1,如图 15 - 11 所示。双击 Bitmap 项下的 IDB_BITMAP1,可以对位图进行编辑,并且可以修改 ID。

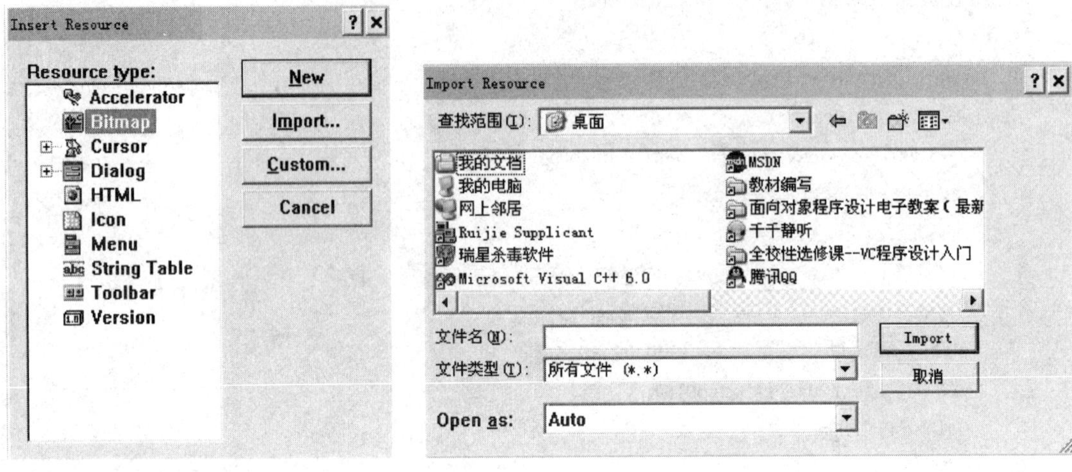

图 15 - 9 **Insert Resource 对话框**

图 15 - 10 **Import Resource 对话框**

③ 双击视图类 CHatch_brushView 的成员函数 OnDraw(),在函数体中添加如下面程序中阴影部分所示的代码:

```
void CBmp_brushView::OnDraw(CDC * pDC)
{
    CBmp_brushDoc * pDoc = GetDocument();
    ASSERT_VALID(pDoc);
    // TODO: add draw code for native data here
    CBitmap bm;
    bm.LoadBitmap(IDB_BITMAP1);
    CBrush * BrushOld, * BrushNew;
    BrushNew = new CBrush;
    BrushNew->CreatePatternBrush(&bm);
    BrushOld = pDC->SelectObject(BrushNew);
    CRect rc;
    GetClientRect(rc);
    pDC->Ellipse(0,0,rc.right,rc.bottom);
    pDC->SelectObject(BrushOld);
    delete BrushNew;
}
```

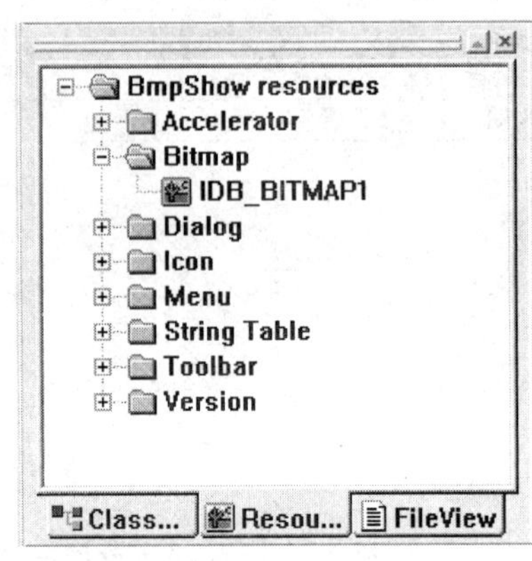

图 15 - 11 新增加的位图资源

程序运行结果如图 15 - 12 所示。

图 15-12　例 15.9 的程序运行结果

15.4　绘制基本图形

设置绘图属性和绘图工具后，就可以开始绘制不同形状的几何图形，Windows 中可以绘制的基本几何图形包括点、直线、曲线、矩形、椭圆、扇形、圆弧和弦等。常用的绘图函数及其功能如表 15-4 所列。

表 15-4　常用的绘图函数及其功能

函　数	功　能
SetPixel()	在指定的坐标画点
MoveTo()	移动当前位置到指定的坐标
LineTo()	从当前位置到指定位置画直线
Rectangle()	根据指定的左上角和右下角坐标绘制矩形
Ellipse()	根据指定的左上角和右下角坐标绘制内切椭圆
RoundRect()	绘制圆角矩形
Arc()	绘制圆弧
Chord()	绘制弦形
Pie()	绘制扇形
Polyline()	绘制折线
PloyBezier()	绘制贝塞尔曲线

例 15.10　几种基本图形的绘制。

设计说明：

① 建立一个基于文档/视图的应用程序,名称为 DrawFunc,其他为默认操作。

② 双击视图类 CDrawFuncView 的成员函数 OnDraw(),在函数体中添加如下面程序中阴影部分所示的代码：

```
void CDrawFuncView::OnDraw(CDC * pDC)
{
    CDrawFuncDoc * pDoc = GetDocument();
    ASSERT_VALID(pDoc);
    // TODO: add draw code for native data here
    CBrush * BrushOld, * BrushNew;
    CPoint a1(175,240),a2(195,210),a3(215,240), a4(235,210);
    CPoint p[4] = {a1,a2,a3,a4};
    POINT t[4] = {{300,220},{330,190},{330,270},{360,220}};
    BrushNew = new CBrush;
    BrushNew ->CreateHatchBrush(HS_CROSS,RGB(255,0,0));
    BrushOld = pDC ->SelectObject(BrushNew);
    pDC ->Rectangle(20,20,100,75);//绘制矩形
    pDC ->RoundRect(20,118,100,178,20,20);//绘制圆角矩形
    pDC ->SetPixel(50,222,RGB(255,0,0));  //绘制像素点
    pDC ->SetPixel(54,222,RGB(255,0,0));  //绘制像素点
    pDC ->SetPixel(58,222,RGB(255,0,0));  //绘制像素点
    pDC ->SetPixel(62,222,RGB(255,0,0));  //绘制像素点
    pDC ->SetPixel(66,222,RGB(255,0,0));  //绘制像素点
    pDC ->SetPixel(70,222,RGB(255,0,0));  //绘制像素点
    pDC ->SetPixel(46,222,RGB(255,0,0));  //绘制像素点
    pDC ->Chord(280,70,380,170,280,170,380,170);//绘制弦形
    pDC ->Arc(150,70,250,170,150,170,250,170); //绘制画弧
    pDC ->Pie(280,0,380,80,280,70,380,70);//绘制扇形
    pDC ->Ellipse(150,20,250,80);//绘制椭圆
    pDC ->PolyBezier(t,4);//绘制贝塞尔曲线
    pDC ->Polyline(p,4);//绘制折线
    pDC ->SelectObject(BrushOld);
    delete BrushNew;
}
```

程序运行结果如图 15 - 13 所示。

更多的绘图函数和更详细的绘图函数说明请查阅 MSDN。

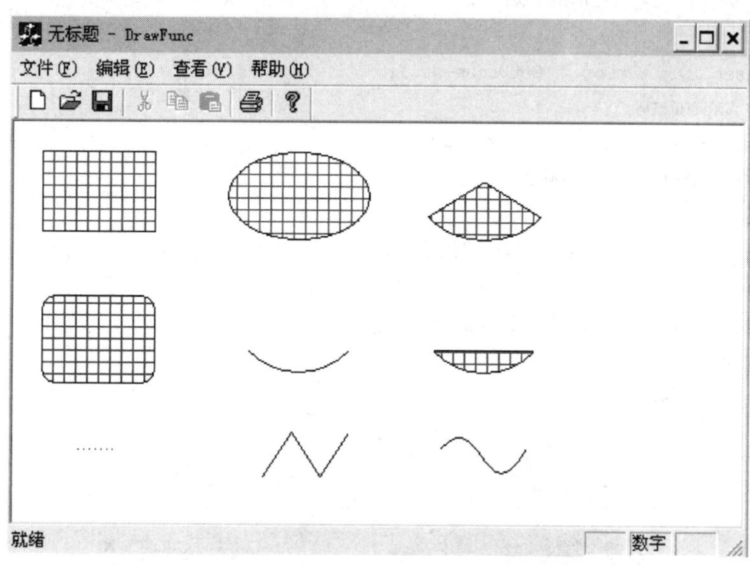

图 15-13 例 15.10 运行结果

15.5 字体的设置

屏幕和打印机输出的文本的大小和外观是由字体描述的。字体是指采用某种字样的一套字符和符号，每一种字体都有字符集，包括所有可显示的字符，如大小写字符、数字、汉字和其他一些符号。决定字体的三个要素是字样、风格和大小。字样是字母的样式和文本的视觉外观，字体的风格是字体的粗细和倾斜度。

管理字体的是 CFont 类，可以利用成员函数 CreateFont，CreatePointFont，CreateFontIndirect 或 CreatePointIndirect 进行初始化。

除了采用 CFont 类的成员函数来设置字体外，还可使用公用字体对话框类 CFontDialog 来设置字体。使用公用字体对话框设置字体与使用者有更好的交互性。

15.5.1 使用 CreatePointFont()函数初始化字体

创建字体的最简单方法是使用成员函数 CFont::CreatePointFont()。该函数只需要传递三个参数：

- 字体的高度(为实际像素的 10 倍)；
- 字体的名称；
- 字体的设备环境。

例 15.11 使用 CreatePointFont 函数创建字体。

设计说明：

① 建立一个基于文档/视图的应用程序，名称为 font_set_1，其他为默认操作。

② 双击视图类 CFont_set_1View 的成员函数 OnDraw()，在函数体中添加如下面程序中阴影部分所示的代码：

```
void CFont_set_1View::OnDraw(CDC * pDC)
{
    CFont_set_1Doc * pDoc = GetDocument();
    ASSERT_VALID(pDoc);
    // TODO: add draw code for native data here
    CFont * fontold, * fontnew;
    fontnew = new CFont;
    fontnew->CreatePointFont(200,"隶书",pDC);
    fontold = pDC->SelectObject(fontnew);
    pDC->TextOut(100,100,"日新自强,知行合一");
    pDC->SelectObject(fontold);
    delete fontnew;
}
```

程序运行结果如图 15 - 14 所示。

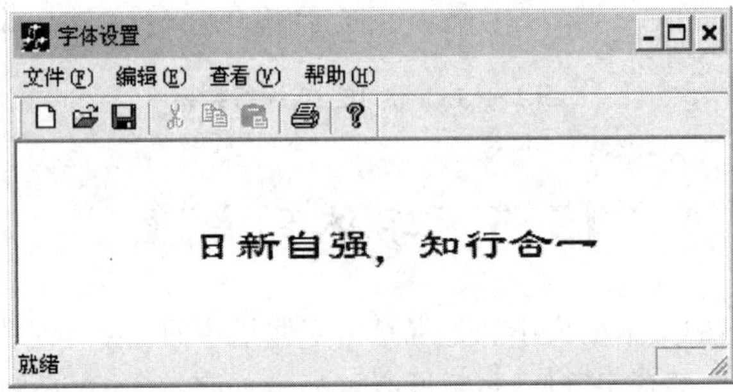

图 15 - 14　例 15.11 的程序运行结果

15.5.2　使用 CreateFontIndirect()函数创建字体

使用 CreateFontIndirect()函数创建字体需要传递一个参数指向 LOGFONT 结构的指针。LOGFONT 结构用于说明一种字体的所有属性,具体参数如下:

```
LOGFONT   typedef struct tagLOGFONT {
LONG lfHeight;                       //字体高度
LONG lfWidth;                        //字体宽度
LONG lfEscapement;                   //水平角度
LONG lfOrientation;                  //字体方向
LONG lfWeight;                       //字体线条宽度
BYTE lfItalic;                       //是否斜体
BYTE lfUnderline;                    //是否有下画线
BYTE lfStrikeOut;                    //是否有删除线
BYTE lfCharSet;                      //字体使用的字符集
BYTE lfOutPrecision;                 //字体输出的精度
BYTE lfClipPrecision;                //字体的裁减精度
BYTE lfQuality;                      //字体的质量
BYTE lfPitchAndFamily;               //字符间距和字体属性
TCHAR lfFaceName[LF_FACESIZE];       //字体命名
} LOGFONT;
```

例 15.12　使用 CreateFontIndirect()函数创建字体。

设计说明：

① 建立一个基于文档/视图的应用程序，名称为 font_set_2，其他为默认操作。

② 双击视图类 CFont_set_2View 的成员函数 OnDraw()，在函数体中添加如下面程序中阴影部分所示的代码：

```
void CFont_set_2View::OnDraw(CDC * pDC)
{
    CFont_set_2Doc * pDoc = GetDocument();
    ASSERT_VALID(pDoc);
    // TODO: add draw code for native data here
CFont  * fontold, * fontnew;
fontnew = new CFont;
LOGFONT LogFnt = {30,24,0,0,FW_HEAVY,1,1,1,
ANSI_CHARSET,
OUT_DEFAULT_PRECIS,
CLIP_DEFAULT_PRECIS,
DEFAULT_QUALITY,
DEFAULT_PITCH,
"Arial"};
fontnew->CreateFontIndirect(&LogFnt);
fontold = pDC->SelectObject(fontnew);
pDC->TextOut(50,100,"日新自强，知行合一");
pDC->SelectObject(fontold);
delete fontnew;
}
```

程序运行结果如图 15-15 所示。

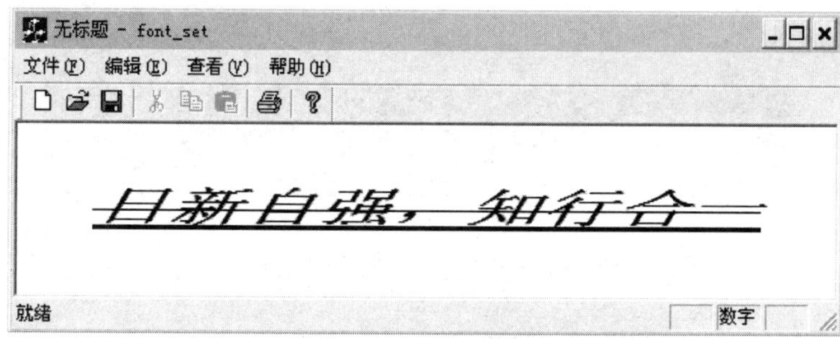

图 15-15　例 15.12 的程序运行结果

15.5.3　使用 CreateFont()函数初始化创建字体

CreateFont()函数的具体参数如下：

BOOL CreateFont(int nHeight, int nWidth, int nEscapement, int nOrientation, int nWeight, BYTE bItalic, BYTE bUnderline, BYTE cStrikeOut, BYTE nCharSet, BYTE nOutPrecision, BYTE nClipPrecision, BYTE nQuality, BYTE nPitchAndFamily, LPCTSTR lpszFacename);

例 15.13 使用 CreateFont()函数初始化创建字体。

设计说明:

① 建立一个基于文档/视图的应用程序,名称为 font_set_3,其他为默认操作。

② 双击视图类 CFont_set_3View 的成员函数 OnDraw(),在函数体中添加如下面程序中阴影部分所示的代码:

```
void CFont_set_3View::OnDraw(CDC * pDC)
{
    CFont_set_3Doc * pDoc = GetDocument();
    ASSERT_VALID(pDoc);
    // TODO: add draw code for native data here
CFont * fontold, * fontnew;
fontnew = new CFont;
fontnew->CreateFont(20,20,0,0,400,TRUE,TRUE,0,
ANSI_CHARSET,
OUT_DEFAULT_PRECIS,
CLIP_DEFAULT_PRECIS,
DEFAULT_QUALITY,
DEFAULT_PITCH,
"Arial");
fontold = pDC->SelectObject(fontnew);
pDC->TextOut(50,100,"日新自强,知行合一");
pDC->SelectObject(fontold);
delete fontnew;
}
```

程序运行结果如图 15-16 所示。

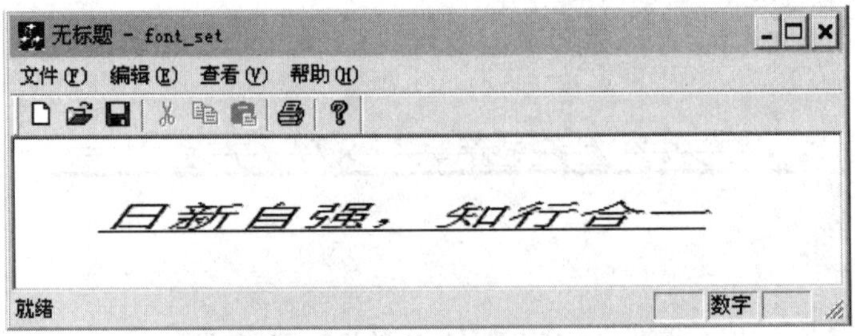

图 15-16 例 15.13 的程序运行结果

15.5.4 使用公用字体对话框设置字体

前面三种设置字体的方法都是在编译程序的时候已经完成了字体的设置,在程序运行以后不能由用户自行设定,因此交互性较差。

如果使用公用字体对话框 CFontDialog 类来进行字体设置,可以得到较好的交互性。

例 15.14　使用公用字体对话框来设置字体。

设计说明：

① 新建一个基于文档/视图的应用程序，名称为 draw_circle，其他为默认操作。

② 单击项目工作区 ResourceView 标签，展开 Menu 项，双击 IDR_MAINFRAME，打开菜单编辑器，设计主菜单“设置”，设计子菜单“字体”，并修改“字体”菜单项的 ID 为 ID_FontSet。

③ 为视图类 CFont_set_dlgView 添加一个公有的 CFont 类型的成员变量 m_fontDlg，添加一个公有的 COLORREF 类型的成员变量 m_clrText。

④ 按快捷键 Ctrl＋W 激活 ClassWizard，在弹出的 MFC ClassWizard 对话框中选择 Message Maps 选项卡，在 Class name 下拉列表框中选择 CFont_set_dlgView 类，在 Object IDs 列表框中选择 ID_FontSet，在 Messages 列表框中选择 COMMMAND，为菜单项“字体”建立消息映射，并在生成的消息处理函数的函数体中分别添加如下面程序中阴影部分所示的代码：

```
void CFont_set_dlgView::OnFontSet()
{
    // TODO: Add your command handler code here
CFontDialog dlgFont;
if(dlgFont.DoModal() == IDOK)
{
m_fontDlg.DeleteObject();
m_fontDlg.CreateFontIndirect(dlgFont.m_cf.lpLogFont);
m_clrText = dlgFont.GetColor();
Invalidate();
}
}
```

⑤ 双击视图类 CFont_set_dlgView 的成员函数 OnDraw()，在函数体中添加如下面程序中阴影部分所示的代码：

```
void CFont_set_dlgView::OnDraw(CDC * pDC)
{
    CFont_set_dlgDoc * pDoc = GetDocument();
    ASSERT_VALID(pDoc);
    CFont * pfntOld = pDC->SelectObject(&m_fontDlg);
    pDC->SetTextColor(m_clrText);
    pDC->TextOut(150,100,"日新自强,知行合一");
    pDC->SelectObject(pfntOld);
}
```

运行程序，出现如图 15－17 所示的界面，选择“设置”|“字体”，弹出如图 15－18 所示的公用字体对话框，在“字体”对话框中进行相关的选择后，单击“确定”按钮，则在视图区显示经公用字体对话框进行字体设置以后的文字效果，如图 15－19 所示。

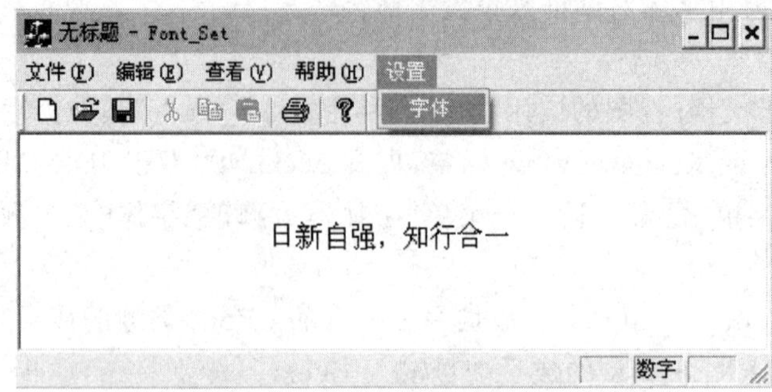

图 15-17 例 15.14 的程序运行界面

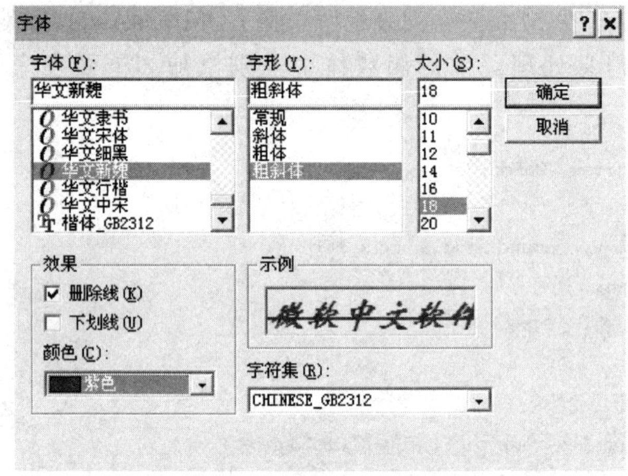

图 15-18 公用字体对话框

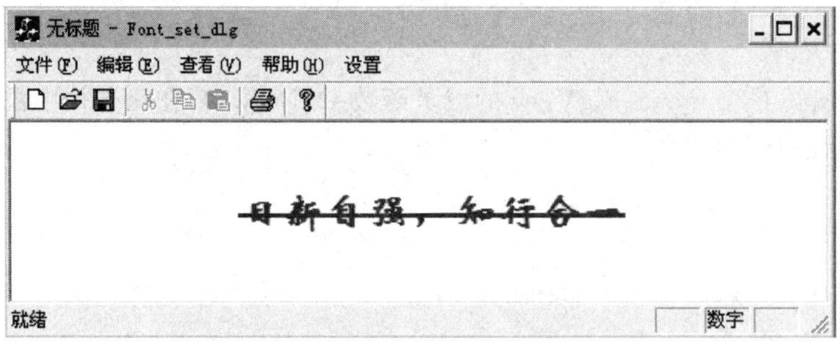

图 15-19 经公用字体对话框进行字体设置以后的文字效果

15.6 位图的显示

位图是一个由位构成的图形，它是由一系列像素点组成的矩阵结构，这些像素点表示了点的位置和颜色信息。Windows 支持两种不同形式位图的显示：设备相关位图 DDB(Device Dependent Bitmap)和设备无关位图 DIB(Device Independent Bitmap)。

DDB 又称为 GDI 位图，它是某种显示设备的内部表示。DDB 是针对某个设备创建的位图，显示它依赖具体硬件的调色板，当在一台机器上创建的位图在另一台机器上显示时就可能会出现问题。DIB 是不依赖硬件的位图，因为它包含了创建 DIB 位图时所需要的格式，再由具体的设备显示。

MFC 只提供了处理 GDI 位图的类 CBitmap，要显示 DIB 位图，可以先将一个 DIB 位图转换为 GDI 位图。也可以将位图作为资源插入程序中，通过 Insert|Resource 菜单命令插入 Bitmap 位图资源。

位图在显示之前必须先装入内存，当驻留在内存的位图数据送到显卡内存时，位图就在显示器上显示出来。

例 15.15　位图的显示。

设计说明：

① 新建一个基于文档/视图的应用程序，名称为 BmpShow，其他为默认操作。

② 插入一幅位图资源，位图资源的插入方法见例 15.9。

③ 双击视图类 CFont_set_3View 的成员函数 OnDraw()，在函数体中添加如下面程序中阴影部分所示的代码：

```
void CBmpShowView::OnDraw(CDC * pDC)
{
    CBmpShowDoc * pDoc = GetDocument();
    ASSERT_VALID(pDoc);
    CBitmap bitmap;
    bitmap.LoadBitmap(IDB_BITMAP1);                    //载入位图资源
    CDC Mem;                                           //源设备环境
    Mem.CreateCompatibleDC(pDC);                       //创建与 pDC 兼容的设备环境
    Mem.SelectObject(&bitmap);                         //载入位图到设备环境
    pDC->BitBlt(0,0,640,320,&Mem,0,0,SRCCOPY);         //复制到目标区域
}
```

程序运行结果如图 15-20 所示。

图 15-20　例 15.15 的程序运行结果

参考文献

[1] 谭浩强. C ++面向对象程序设计. 北京:清华大学出版社,2006.
[2] 郑莉,董渊,张瑞丰. C ++语言程序设计. 3 版. 北京:清华大学出版社,2004.
[3] 谭浩强. C 程序设计. 北京:清华大学出版社,1991.
[4] 李春葆. C ++程学设计导学. 北京:清华大学出版社,2002.
[5] 钱能. C ++程序设计教程. 北京:清华大学出版社,2005.
[6] 刘天印,李福亮. C ++面向对象程序设计. 北京:北京大学出版社,2006.
[7] 葛晓东. C/C ++程序设计入门与提高. 北京:清华大学出版社,2003.
[8] 王育坚. Visual C ++面向对象程序设计编程教程. 北京:清华大学出版社,2003.
[9] 郑阿奇. Visual C ++实用教程. 北京:电子工业出版社,2005.
[10] 王世同,李强. Visual C ++ 6.0 编程基础. 北京:清华大学出版社,1999.
[11] 侯俊杰. 深入浅出 MFC. 武汉:华中科技大学出版社,2001.
[12] 四维科技. Visual C ++系统开发实例精粹. 北京:人民邮电出版社,2005.
[13] 孙鑫,余安萍. VC ++深入详解. 北京:电子工业出版社,2008.
[14] 朱晴婷. Visual C ++程序设计——基础与实例分析. 北京:清华大学出版社,2004.
[15] 张卫华. 举一反三 Visual C ++程序设计实战训练. 北京:人民邮电出版社,2004.
[16] 宋坤,刘瑞宁. Visual C ++程序设计自学手册. 北京:人民邮电出版社,2008.
[17] 求是科技. Visual C ++ 6.0 程序设计与开发技术大全. 北京:人民邮电出版社,2004.
[18] 刘晓华. 精通 MFC. 北京:电子工业出版社,2004.
[19] 赛奎春. Visual C ++工程应用与项目实践. 北京:机械工业出版社,2005.